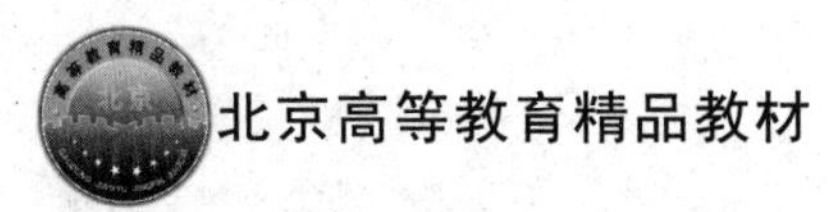
北京高等教育精品教材

全国优秀畅销书奖（科技类）
北京大学优秀教材
北京大学信息技术系列教材

网络程序设计——ASP

（第4版）

尚俊杰　编著

清华大学出版社
北京交通大学出版社
·北京·

内 容 简 介

本书详细讲述了使用 ASP 进行网络程序设计的应用技术。全书共包括 12 章，依次讲述了 WWW 的工作原理、ASP 运行环境与开发工具、HTML 基础知识、ASP 脚本语言——VBScript 基础知识、Request 和 Response 等内部对象、数据库存取组件和文件存取组件等内部组件、文件上传及发送 E-mail 等第三方组件的知识，并在第 12 章给出了 3 个功能基本完善的开发实例。

本书采用了“图书+支持网站”的立体教材支持模式，其中支持网站中提供了全部示例的源文件等补充资源。

本书非常适合作为高等院校、高职高专院校的网络程序设计课程教材，同时也适合网络程序设计人员自学使用。

图书在版编目（CIP）数据

网络程序设计：ASP/尚俊杰编著.—4 版. —北京：北京交通大学出版社：清华大学出版社，2022.4（2023.11 重印）

北京大学信息技术系列教材/蔡翠平主编

ISBN 978-7-5121-4689-1

Ⅰ. ① 网…　Ⅱ. ① 尚…　Ⅲ. ① 网页–制作–软件工具–高等学校–教材　Ⅳ. ① TP393.092

中国版本图书馆 CIP 数据核字（2022）第 046607 号

网络程序设计——ASP
WANGLUO CHENGXU SHEJI——ASP

责任编辑：孙秀翠
出版发行：清 华 大 学 出 版 社　邮编：100084　电话：010-62776969
　　　　　北京交通大学出版社　邮编：100044　电话：010-51686414
印 刷 者：北京时代华都印刷有限公司
经　　销：全国新华书店
开　　本：185 mm×260 mm　印张：20.75　字数：518 千字
版 印 次：2002 年 1 月第 1 版　2022 年 4 月第 4 版　2023 年 11 月第 2 次印刷
印　　数：3 001～6 000 册　定价：59.00 元

本书如有质量问题，请向北京交通大学出版社质监组反映。对您的意见和批评，我们表示欢迎和感谢。
投诉电话：010-51686043，51686008；传真：010-62225406；E-mail：press@bjtu.edu.cn。

作者简介

尚俊杰，男，1972 年出生于河南省林州市，1991 年考入北京大学，1999 年硕士毕业后留校任教，2004—2007 年在香港中文大学攻读博士学位。曾任北京大学教育学院副院长、教育技术系系主任，现任北京大学教育学院学习科学实验室执行主任，兼任教育部高等学校教育技术专业教学指导分委员会委员、中国教育技术协会教育游戏专委会理事长、中国人工智能学会智能教育技术专委会副理事长。主要研究方向为学习科学与游戏化学习、信息技术教育、网络教育等，承担和参与国家级、省部级等研究项目 20 余项；在国内外各级各类学术期刊、学术会议上发表论文 80 余篇；至今主编或合作出版计算机类教材 10 余本，其中《网络程序设计——ASP》迄今已发行 33 万多册，该书先后被评为全国优秀畅销书（科技类）、北京高等教育精品教材、北京大学优秀教材。

北京大学信息技术系列教材

序　言

人类已进入21世纪，科学技术突飞猛进，知识经济初见端倪，特别是信息技术和网络技术的迅速发展和广泛应用，对社会的政治、经济、军事、科技和文化等领域产生越来越深刻的影响，也正在改变着人们的工作、生活、学习和交流方式。信息的获取、处理、交流和应用能力，已经成为人们最重要的能力之一。培养一大批掌握和应用现代信息技术和网络技术的人才，在全球信息化的发展中占据主动地位，不仅是经济和社会发展的需要，也是计算机和信息技术教育者的历史责任。

为了适应这个大好形势，满足各大专院校非计算机专业学生与社会各阶层从事信息技术和急需掌握信息技术人们的需要，我们组织编写了这套《北京大学信息技术系列教材》。目的是让更多的人以最快的速度掌握计算机信息技术，学会运用国际互联网络平台，不断提高自身素质和专业水平，在传统产业改造、升级、实现跨越式发展中更好地展示自己的才能，为祖国的现代化建设服务。

本系列教材包括《计算机信息技术基础》《计算机网络应用技术》《办公自动化软件》《多媒体应用技术》《数据库技术——SQL》《Visual Basic程序设计》《Visual FoxPro程序设计》《C++语言程序设计》《网页制作技术》《从HTML到XML》《计算机局域网实用技术》《网络程序设计——ASP案例教程》《网络程序设计基础》《Java程序设计》《Delphi程序设计教程》《Flash MX网络编程案例教程》《网络程序设计——ASP（第4版）》等。随着信息技术的发展和读者的需要，我们还将不断对这一系列教材进行补充或增删，以期形成读者欢迎的动态系列教材。此系列教材既可作为高等院校、高职高专院校非计算机专业信息技术普及教材，也可供社会各种信息技术培训班选用。

本系列教材具有以下编写特点。

1. 适合不同层次的读者选用

此系列教材从内容上讲，跨度较大，从计算机基础知识一直到动态网页制作，这样可以满足不同领域和不同层次的读者需要，读者可以根据自己的水平像吃自助餐一样自主选用。

2. 实用性强

本系列教材的主要对象是非计算机专业人员，因此在内容上强调实用，尽量不涉及高深的与软件使用无关的理论问题。比如《多媒体应用技术》，作者着重阐述多媒体信息的获取、处理、传输、保存、制作等实用技术，不涉及多媒体的理论问题。又如《计算机局域网实用技术》，作者重点介绍局域网的构架、服务器的安装、各种网上信息服务的建立及网络安全管理方面的内容，读者可按照书中所讲的内容自己独立构建局域网。

3. 充分体现案例教学

在本系列教材中读者会发现，凡是操作型软件都是以一个案例为主线进行阐述，这是本系列丛书作者多年来在教学第一线经验的总结。案例教学引人入胜，易理解，易掌握，能使读者举一反三，技术掌握扎实。

4. 写作风格通俗易懂

介绍每一个软件开门见山，语言简明扼要，重点突出，难点翔实编写，同一功能决不重复；在每章后附有习题，适合自学。

参加本系列教材编写的作者都是在大学从事信息技术课一线教学的中、青年教师，他们都有极强的敬业精神，本系列教材凝聚了他们多年丰富的教学经验和心血。

本系列教材得到了北京大学教育学院教育技术系各位老师和北京大学信息管理系余锦凤教授的支持和帮助，在此表示诚挚的感谢。

由于本系列教材的编写者担负着繁重的教学任务，在时间紧、任务重的情况下，肯定有不少不尽如人意之处，诚挚接受广大读者的批评、指正。

蔡翠平

2022年4月

第 4 版前言

因为长期从事网络程序设计技术研究和信息技术教育工作，所以我一直想写一些由浅入深、从入门到精通的教材。希望这些教材真正以学生为中心，符合学生的认知规律，化高深为浅显，化复杂为简单。力争让每一位毕业的大学生都能掌握一门网络程序设计语言，都能自己开发简单实用的网络程序。

2002年初，我们出版了《网络程序设计——ASP》（第1版），2004年，又推出了《网络程序设计——ASP》（第2版），2009年，又推出了《网络程序设计——ASP》（第3版），2019年，又推出了《网络程序设计——ASP》（第3版修订本）。本书自第1版出版以来，就受到了广大师生的高度认可，前3版迄今已发行33万多册，先后被评为全国优秀畅销书（科技类）、北京高等教育精品教材、北京大学优秀教材，成为众多高等院校、高职高专院校的网络程序设计课程的首选教材之一。

尽管本书已经取得了不错的成绩，但是几年来我们一直在反思本书的不足之处，也一直在酝酿推出第4版。这期间，我们首先对广大读者发表在本书支持网站中的4万多篇帖子进行了研究，更好地了解了读者的需求和学习过程中常见的问题。其次还通过面谈、电话、E-mail等方式咨询了使用本教材的部分教师、学生，得到了他们的意见和建议。此外，还参考了谭浩强教授等许多著名前辈撰写的计算机教材，深入研究了他们的写作方法和教学方法。在此基础上，对本书中的每一段程序、每一个例子都经过了仔细斟酌，并让一些学生帮我反复测试程序，以发现初学者在学习过程中常常碰到的一些问题，并加以改进。

在本次改写过程中，比较大的调整是改写了第1章的运行环境，并梳理了数据库、第三方组件等内容，使内容适合当前计算机环境的发展要求。不过，由于作者水平有限，尽管进行了精心的编写，可能还有一些不足，敬请大家指正。

下面分别介绍学习本书时需要注意的几个问题。

本书结构

本书共包括12章，第1章讲述了什么是动态网页，主要的动态网页程序语言有哪些，如何搭建ASP的运行环境，如何开发一个简单的ASP程序；第2章讲解了HTML的基础知识；第3章介绍了VBScript脚本语言；第4章到第6章介绍ASP的内部对象，如何获取客户端的数据，如何向客户端输出数据，如何记载特定客户和所有客户的信息；第7章到第9章由简到繁详细介绍了如何利用数据库存取组件开发数据库程序；第10章讲解了文件存取组件、广告轮显组件、浏览器兼容组件、文件超链接组件、计数器组件等内部组件；第11章介绍了如何使用第三方提供的组件实现文件上传和在线发送E-mail；第12章给出了3个开发实例；附录部分给出了常见问题答疑及本书约定。

本书采用了“图书+支持网站”的立体教材支持模式，其中支持网站中提供了全部示例的源文件和大量相关的课件、补充资料、源代码、软件组件等学习资源。

学习本书需要的预备知识

如果此前有网页设计或程序设计语言的基础，将有助于本书的学习。不过本书编写时已经考虑到没有基础的同学，只要有基本的计算机操作基础，就应该能够学习并掌握本门课程。

本书导读

学习程序设计语言的步骤可以用“学、习、悟、通”四个字来概括。

（1）“学”指的是听讲或自学。本书主要采用案例教学法进行讲解，一般的示例开始有解释，示例中易产生疑问的地方有注释，示例后面对重点和难点还有说明。在看示例时，一定要从头开始认真逐行看，可以参考注释或程序说明。程序要反复看，看完后要达到这种程度：不仅要精通每一句，而且对程序的总体思想、总体结构要了然于胸。如果能一边看，一边亲自输入练习，就更好了。看明白以后，还可以动手修改示例使其更完善。

在这个步骤中，大家先不要着急去网上下载复杂的例子，而是要切实掌握基础知识。尤其是要牢固掌握每章前面的“本章要点”中提到的知识点。

（2）“习”指的是练习。本书在每一章后面都精心设计了适量的习题，主要是针对重点、难点和疑点进行训练，对于掌握本章内容有非常重要的作用。请大家务必认真完成这些习题。

（3）“悟”指的是领悟。程序设计语言看起来非常复杂，但是却有很多规律可循，比如各种对象的属性、方法的用法实际上都是类似的。大家在学习过程中要注意总结这些规律，找到各个知识点之间的联系和区别。

（4）“通”指的是融会贯通。经过前几个步骤以后，大家已经基本掌握了 ASP 程序设计技术，此时可以去网上找更多的例子来研究，以真正达到融会贯通的境界。

声明：本书示例中涉及的人名等数据均为虚拟，与实际无关。

致谢

首先要感谢北京大学蔡翠平老师，她使我下定决心编写这本书，并给予了我自始至终的指导，同时要感谢她多年来对我的关心和帮助。其次要感谢孙秀翠编辑，感谢她多年来对我无私的支持和帮助。再次要感谢赵海霞、岳志勇、王相军、任坤、张宇国和张雁飞等人，他们对本书的编辑、校对和测试做出了许多贡献。最后要特别感谢贾楠，他协助我改编了第 4 版图书，提出了很多很好的建议，为此付出了大量的心血。

最后还要特别感谢广大读者多年来对我的一贯支持和关心，祝愿大家早日成功。

尚俊杰

2022 年 4 月于北京大学

特 别 说 明

本书第 4 版不再提供配套光盘，但是依然会利用支持网站等其他形式提供全书所有示例的配套源代码（在正文中为了方便，称配套素材），下载方式如下：

方式一　通过清华大学出版社支持网站下载：

方式二　通过网盘下载：

网盘一链接：https://pan.baidu.com/s/1ZsK4COdYMzAs-d9VDzd7RA

提取码：8888

或

网盘二链接：https://disk.pku.edu.cn:443/link/A800A1F1C1B37741B086C072F0245378

方式三　通过邮件联系：

大家可以发邮件给 jjshang@263.net，然后可以从自动回复中下载相关资源。

目　　录

第 1 章　ASP 程序设计概述

本章要点

☑ 服务器端、客户端的概念及动态网页的工作原理

☑ 搭建 ASP 的运行环境

☑ 新建、保存和浏览一个简单的 ASP 文件

☑ 新建一个应用程序

1.1　网络程序设计语言概述

1.1.1　网络程序设计语言的产生背景

20 世纪发展最快、规模最大、涉及面最广的科技成果当属 Internet，从两台计算机直接相连到局域网、广域网再到 Internet，人类真正进入了信息时代。

Internet 又称互联网，起源于 1969 年美国国防部高级研究计划局协助开发的 ARPAnet 网。1986 年，在美国国家科学基金会的推动下，将之主要用于军事用途转向科学研究和民事用途，形成了今天的 Internet 主干网雏形 NSFnet。1994 年 4 月，中科院计算机网络信息中心正式接入 Internet。近几年来，Internet 发生了飞速发展，每年连入 Internet 的计算机数目呈指数增加，被广泛应用在教育、金融、商业、娱乐等各种领域。

随着时代的快速发展，特别是光纤技术的利用、移动设备的普及、4G 与 5G 网络的全面覆盖，网络提供的服务变得更加丰富多彩。除了 WWW、E-mail、FTP、Telnet 远程登录这些基础服务之外，网络电话、网络聊天、网络购物、网络视频、社交网络及媒体、云计算、云存储等各种类型的云端服务，逐渐构成了万物互联时代的新形态。

WWW（world wide web）又称万维网，起源于 1989 年欧洲粒子物理研究室的发明，最初是为了方便研究人员互相传递文献资料而发明的。在 WWW 发明之前，Internet 主要用于科学研究和军事目的，自从 WWW 发明以后，Internet 迅速进入了千家万户，成为人们学习、工作、交流和娱乐的一个非常重要的手段。

最初的 WWW 网页主要用来呈现一些静态信息，如单位简介、学习资源等，一般是用超文本标记语言 HTML（hypertext markup language）来实现的。人们可以通过在网页上放置各种 HTML 标记以实现文本、图像、超链接和表格等内容。

尽管 HTML 非常简单实用，但是它也有一定的缺陷，比如如果要修改网页，只能修改 HTML 源文件。试想，如果在网上放一个单位人员通信录，由于地址、电话等经常变化，就不得不经常打开 HTML 源文件修改，这样不仅麻烦，还容易出错。如果每个人都可以在线修改自己的信息就方便多了。

在这样的背景下，动态网络程序设计语言就应运而生了。

1.1.2　WWW的工作原理

在了解WWW的工作原理之前，首先要了解什么是服务器端和客户端。一般来说，凡是提供服务的一方称为服务器端，而接受服务的一方称为客户端。例如，当在浏览新浪主页的时候，新浪主页所在的服务器就称为服务器端，而自己的计算机就称为客户端，如图1-1所示。

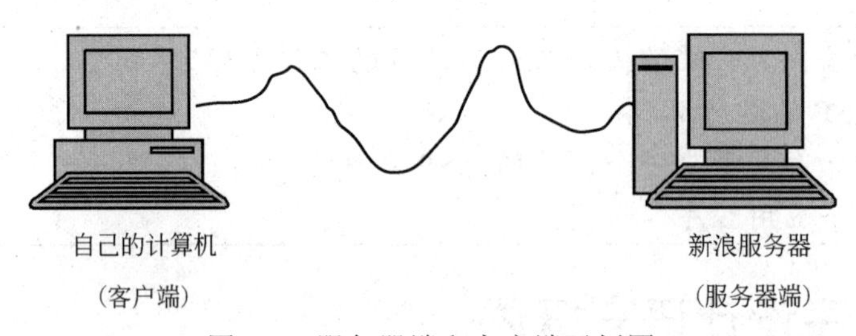

图1-1　服务器端和客户端示例图

服务器端和客户端也不是绝对的，如果原来提供服务的服务器端要接受别的服务器端的服务，它就转化成客户端了；或者原来接受服务的客户端要为别的客户端提供服务，它就转化成服务器端了。

具体到自己的计算机：如果要访问新浪等网站，它就是客户端；如果给它安装服务器软件（具体安装方法见1.2节），就可以把它当作服务器，此时，它就是服务器端；许多初学者在学习ASP时，往往把自己的计算机既当作服务器端，又当作客户端。

> 对于通常的Web程序来说，客户端其实就是浏览器软件（browser），因此这种客户端/服务器端的模式也称为B/S（browser/server）模式。

（1）静态网页的工作原理

所谓静态网页，就是说该网页文件里没有程序代码，只有HTML标记，这种网页的扩展名一般是.htm或.html。静态网页一经制成，内容就不会再变化，不管何时何人访问，显示的都是同样的内容，如果要修改内容，就必须修改源文件，然后重新上传到服务器上。

静态网页的工作原理如下。

当在浏览器里输入一个网址按回车键后，或者在打开的网页中单击一个超链接后，就向服务器端提出了一个浏览网页的请求。服务器端接到请求后，就会找到所要浏览的静态网页文件，然后发送给客户端。静态网页的工作原理如图1-2所示。

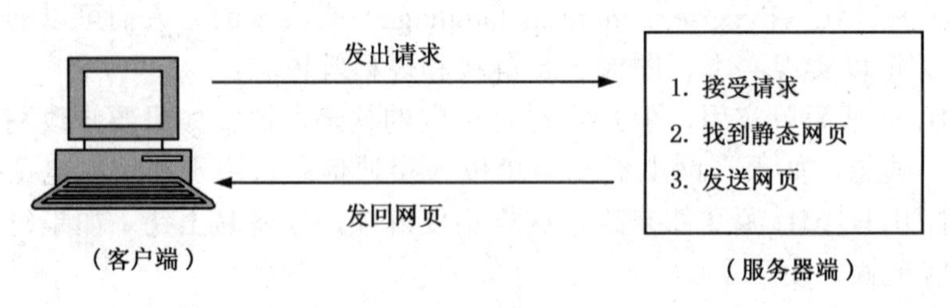

图1-2　静态网页的工作原理

客户端发出的请求又称为HTTP请求信息；服务器端发回的网页及其他辅助信息又称为HTTP响应信息。

（2）动态网页的工作原理

所谓动态网页，就是说该网页文件不仅含有HTML标记，而且含有程序代码，这种网页的扩展名一般根据不同的程序设计语言而不同，如ASP文件的扩展名为.asp。动态网页能够根据不同的时间、不同的来访者而显示不同的内容。如常见的BBS、留言板、聊天室一般是用动态网页实现的。

动态网页的工作原理与静态网页比较类似，但是在服务器端有很大的不同。

服务器端接到客户端发出的请求后，首先会找到所要浏览的动态网页文件，然后解释执行其中的程序代码，将含有程序代码的动态网页转化为标准的静态网页，然后将静态网页发送给客户端。动态网页的工作原理如图1-3所示。

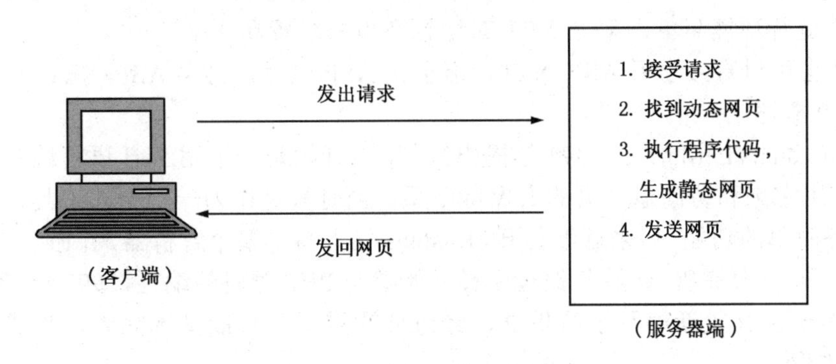

图1-3 动态网页的工作原理

1.1.3 目前主要的网络程序设计语言

目前，主要有ASP、PHP、JSP这几种网络程序设计语言。最近两年也逐渐有人使用Python、Perl、Ruby、Node等语言，开发网页或提供服务。下面依次简介主要的网络程序设计语言。

（1）ASP概述

ASP全称active server pages，是微软推出的用以取代CGI（common gateway interface）的动态服务器网页技术。由于ASP简单易学，又有微软的强大支持，所以目前ASP使用非常广泛，很多大型的站点都是用ASP开发的。

ASP可以在Windows NT、Windows 2000、Windows XP、Windows 2003、Vista、Windows 7及Windows 10上运行，在Windows 98上装上个人Web服务器PWS 4.0（personal web server 4.0）后也可以运行。它对客户端没有任何特殊的要求，只要有一个普通的浏览器就行。

ASP文件就是在普通的HTML文件中嵌入VBScript或JavaScript脚本语言。当客户请求一个ASP文件时，服务器就把该文件解释成标准的HTML文件发过去。在服务器端运行的好处是：第一，因为发出的是标准的HTML文件，所以不会存在浏览器兼容的问题；第二，可以很方便地和服务器交换数据，如读取数据库或操作服务器上的文件；第三，因为在客户端仅可看到由ASP输出的HTML文件，可以保护源代码不被泄露。

ASP 提供了几个内部对象和内部组件，利用它们可以很方便地实现表单上传、存取数据库、操作服务器上的文件等基本功能。除此之外，还可以使用第三方提供的专用组件实现如发送 E-mail、文件上传等功能。如果还有特殊的需要，可以利用 VC 或 VB 开发自己的组件。因此，从理论上说 ASP 几乎可以实现任何功能。

由于 ASP 所使用的 VBScript 脚本语言直接来源于 VB 语言，秉承了 VB 简单易学的特点，所以学习起来非常容易。

不过，ASP 也有它的缺点，就是兼容性不太好，一般用 ASP 开发的 Web 程序只能运行在 Windows 系列的操作系统上。

微软目前已经推出了 ASP 的升级版本 ASP .NET，与 ASP 相比，它增加了很多特性，功能也更为强大。之所以还要学习 ASP，主要有以下原因。

① ASP 简单易学，ASP.NET 学起来毕竟复杂些，如果希望快速掌握动态程序设计技术，那么 ASP 是首选。

② ASP 运行环境简单，ASP .NET 对运行环境要求较高。

③ 虽然也可以直接学习 ASP .NET，但学完 ASP 以后，再学 ASP .NET 就更容易了。

（2）PHP 概述

PHP 是 Rasmus Lerdorf 于 1994 年提出来的。它开始是一个用 Perl 语言编写的简单的程序，Rasmus 用它来和访问他主页的人保持联系。当时只是作为一个个人工具，仅提供留言本、计数器等简单的功能。后来逐渐传开，Rasmus 又重写了整个解析器，并命名为 PHP v1.0，当然功能还不是十分完善。此后其他程序员开始参与 PHP 源码的编写，1997 年，Zeev Suraski 和 Andi Gutamns 又重新编写了解析器，经过此次重写，功能基本完善，形成了今天流行的 PHP3 的雏形。

PHP 程序是多平台支持的，可以运行在 UNIX，Linux 或者 Windows 操作系统上。它对客户端浏览器也没有特殊要求，不过它的运行环境安装比较复杂，PHP、MySQL 数据库和 Apache Web 服务器是一个比较好的组合。

PHP 也是将脚本描述语言嵌入 HTML 文档中，它大量采用了 C, Java 和 Perl 语言的语法，并加入了各种 PHP 自己的特征。它也是在服务器端执行的，这一点和 ASP 类似，因此也具有相应的优点，不受客户端浏览器的限制，存取数据库也比较方便。

它基本上也可以完成目前网络上的大部分功能，包括表单上传、存取数据库、图像处理等。

PHP 是免费的开源软件，所有的源码和文档都可以免费复制、编译和传播。这对于许多要考虑运行成本的商业网站来说非常重要。

PHP 的缺点是运行环境安装相对比较复杂，另外，相对于 ASP 来说，学习起来可能要稍微困难。

（3）JSP 概述

JSP 的全称是 Java server pages，它是由太阳微系统公司（Sun Microsystems Inc.）提出，多家公司合作建立的一种动态网页技术。该技术的目的是整合已经存在的 Java 编程环境（如 Java Servlet 等），结果产生了一个全新的足以和 ASP 抗衡的网络程序语言。

JSP 的最大优点是开放的、跨平台的结构。它可以运行在几乎所有的服务器系统上，包括 UNIX、Linux 及 Windows 系列等。当然，需要安装 JSP 服务器引擎软件，不过 SUN

公司提供了免费的 JDK、JSDK 和 JSWDK 供 Windows 和 Linux 系统使用。JSP 也是在服务器端运行的，对客户端浏览器也没有限制。

JSP 其实就是将 Java 程序片段（Scriptlet）和 JSP 标记嵌入到普通的 HTML 文档中。当客户端访问一个 JSP 网页时，将执行其中的程序片段，然后返给客户端标准的 HTML 文档。和 ASP 不同的是：在 ASP 中，每次访问一个 ASP 文件，服务器都要将该文件解释一遍，然后将标准的 HTML 文档发送到客户端。但在 JSP 中，当第一次请求 JSP 文件时，该文件将被编译成 Servlet，然后再生成 HTML 文档并发送到客户端。在下一次访问时，如果文件没有修改过，就直接执行已经编译成的 Servlet，然后生成 HTML 文档发送到客户端。由于已经编译过，所以执行效率会大大提高。不过，如果文件修改过，就会再次重复编译的过程。

JSP 也能完成目前的动态网页要求的上传表单、数据库操作等绝大部分功能。

JSP 采用 Java 技术，而 Java 作为一个成熟的跨平台的程序设计语言，几乎可以实现任何想实现的功能，对于众多的已有的 Java 程序员来说，学习起来比较容易。

JSP 的缺点和 PHP 一样，运行环境比较复杂，学习起来也略微困难一些。

（4）网络程序设计语言小结

总的来说，ASP、PHP 和 JSP 基本上都是把脚本语言嵌入 HTML 文档中。它们最主要的优点是：ASP 学习简单，使用方便；PHP 软件免费，运行成本低；JSP 多平台支持，转换方便。

具体使用哪种语言编程，全凭个人的条件和爱好。在本书中，主要给大家介绍 ASP 语言，之所以选择它，有以下几个原因。

① ASP 是微软的产品，与目前普遍使用的 Windows 系统很容易相容。

② ASP 所使用的 VBScript 脚本语言直接来源于 VB 语言，而 VB 语言本身就是一种非常简单易学的语言。并且它的运行环境的安装及 ASP 文件的开发环境也很简单。因此，非常适合新手学习，能够让初学者在较短的时间内领会到动态网页的精髓。

其实以上 3 种语言的思想非常相似，无非是一些具体语法的差别而已。只要掌握了其中一种，就可以达到触类旁通、举一反三的效果，再去学习别的语言时也会很轻松。

1.2　ASP 的运行环境

要正确运行 ASP 程序，服务器端需要安装以下软件：

① Windows 7 Professional 或 Windows 10 Professional 或 Windows 2003 Server、Windows 2008 Server、Windows 2012 Server 或更高版本；

② IIS 6.0 或 IIS 7.0（Internet 信息服务管理器 7.0）或更高版本。

客户端只要是普通的浏览器即可，如 Microsoft Edge、Firefox、Google Chrome、Internet Explorer 8.0 及以上版本。

考虑到大部分人的实际情况，通常都是先在自己的计算机上编写、调试好 ASP 程序后，然后再移植到专门的服务器上。那么在编写调试的时候，自己的计算机就既是服务器端，又是客户端，所以必须同时安装服务器端和客户端必需的软件。

此外，考虑到大家学习的方便，本书在编写过程中主要以在 Windows 10 Professional

系统上调试和运行ASP为主。如果是用于正式服务的商业服务器，建议安装Window 2003 Server及以上版本。

下面介绍在Windows 10系统上安装IIS和IE的过程。至于在其他操作系统下运行环境的搭建方法，请参考本书支持网站中相关文章的介绍。

1.2.1　安装IIS

如果是Windows Server系列版本，一般已经自动安装了IIS。如果是Windows 10 Professional版本，则需要自己安装IIS管理器，安装方法如下。

首先单击计算机左下角的“开始”图标，然后在程序列表中，找到“Windows系统”，单击后，即可看到“控制面板”，单击进入控制面板。

此外，还可以通过键盘进入控制面板：同时按住键盘上的win键和R键，在弹出窗口的输入框中输入“control”，如图1-4所示，单击【确定】按钮后，进入控制面板。

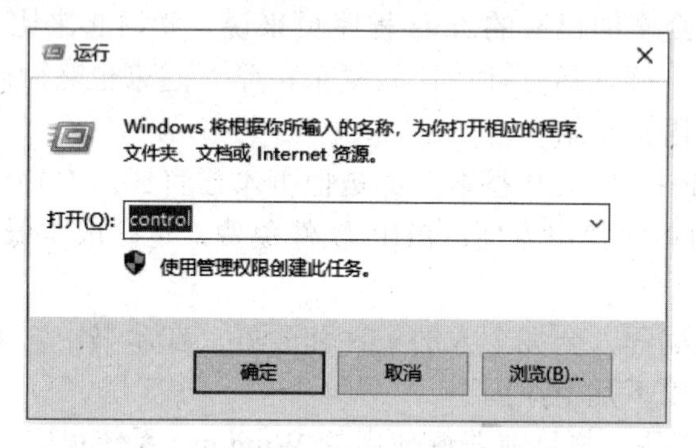

图1-4　“运行”窗口

在控制面板中依次单击【程序】|【程序和功能】|【启用或关闭Windows功能】，就会弹出如图1-5所示的“Windows功能”对话框。在其中依次选择【Internet Information

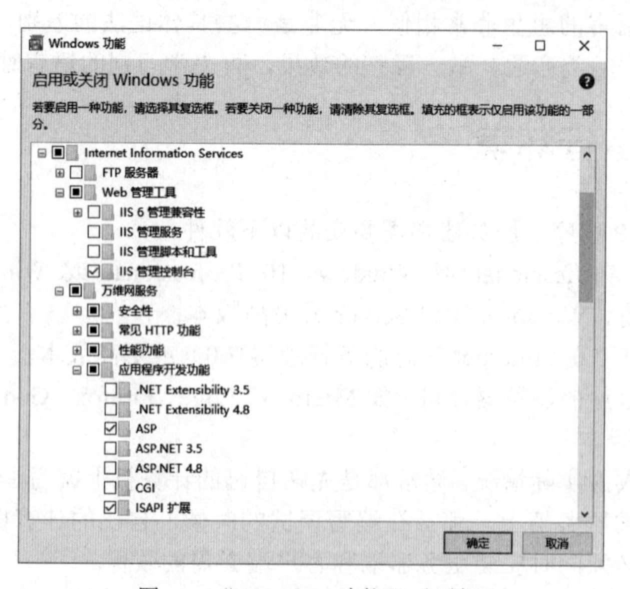

图1-5　“Windows功能”对话框

Services】|【Web 管理工具】|【IIS 管理控制台】、【Internet Information Services】|【万维网服务】|【应用程序开发功能】|【ASP】，然后单击【确定】按钮。系统将会自动开始安装，安装成功后，系统出现提示“Windows 已完成请求的更改”，最后单击【立即重新启动(N)】按钮，重启计算机即可。

计算机重启后，在 IE 浏览器中输入 http://localhost，如果能显示 Internet Information Services 欢迎字样，就表示安装成功。

安装成功后，进入控制面板，依次选择【系统和安全】|【管理工具】|【Internet Information Services (IIS)管理器】命令，就会出现如图 1-6 所示的“Internet Information Services (IIS)管理器”窗口。

图 1-6 “Internet Information Services (IIS)管理器”窗口

图 1-6 的左侧为连接区，依次选择“网站”和“Default Web Site”，然后在右侧的操作区，单击“浏览”，可以打开文件夹：“C:\Inetpub\wwwroot”。该文件夹是默认的 WWW 主目录，是 IIS 安装过程中自动生成的，一般情况下，大家制作的网页文件都可以存放在该文件夹或该文件夹的子文件夹中。

在程序调试阶段，如果想要在浏览器中及时查看程序的错误信息，那么就必须修改相关的功能设置：在中间区域的功能视图中，先选择“ASP”，然后在右侧操作区，单击“打开功能”，依次选择【编译】|【调试属性】|【将错误发送到浏览器】，在下拉列表中选择“True”，最后在右侧操作区单击“应用”。

1.2.2 安装 Internet Explorer

对 Windows 10 Professional 来说，一般已经自动安装了 Microsoft Edge（简称 Edge）、Internet Explorer 11.0（以下简称 IE）。如果希望安装更高版本的浏览器软件，请访问微软下载网址：https://www.microsoft.com/zh-cn/edge。

1.3　ASP的开发工具

开发ASP文件，最好的工具是Microsoft Visual InterDev，利用它不仅可以编写，还可以调试，而且可以多人合作开发，开发大型的Web程序最好使用它。

不过，对初学者来说，也可以使用记事本、FrontPage、Dreamweaver等任何文本编辑器，编写完毕后保存扩展名为.asp的文件就可以了。

本书推荐使用EditPlus（下载网址：http://www.editplus.com），它可以将ASP脚本语言与HTML语言分颜色显示，并可帮助编写复杂的HTML语句。图1-7就是EditPlus 5.5版的主窗口，其中的内容是EditPlus新建一个文档时默认给出的内容。

EditPlus的操作比较简单，在图1-7左侧上方可以选择要操作的文件夹，在左侧下方可以选择要操作的文件，操作方法和在Windows中管理文件和文件夹非常相似。

在图1-7右侧可以直接编辑ASP文件内容或者HTML文件等其他文件，也可以利用工具栏按钮自动编写部分HTML标记。具体操作类似于Word和记事本。

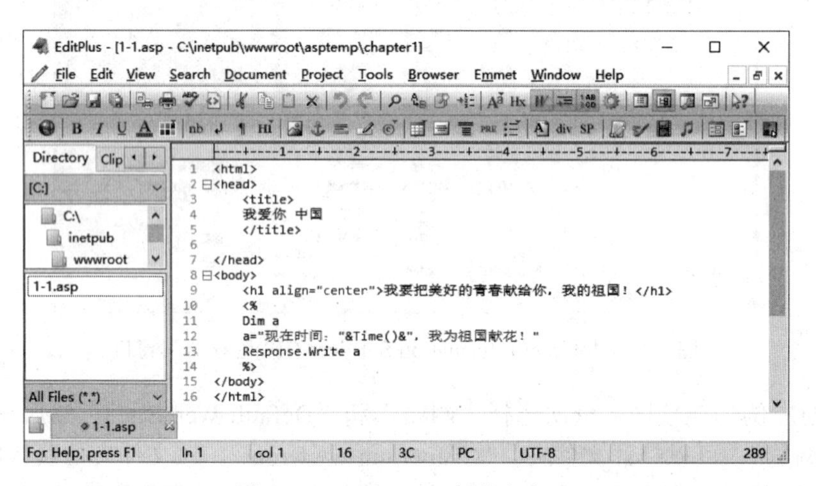

图1-7　EditPlus 5.5版的主窗口

依次选择【Tools】|【Preferences】菜单命令，可以在弹出的“Preferences”对话框中对EditPlus进行各种设置。例如，如果不希望自动生成备份文件，可以在该对话框左侧选择“File”，之后在右侧取消选中“Create backup file when saving”即可。

依次选择【Document】|【File Encoding】|【Convert Encoding】，在弹出的对话框中选择“Chinese Simplified（GB2312）936”，然后单击【OK】按钮，便可以将程序文件的编码格式转换为GB2312。也可以在保存文件时选择编码格式。如有问题，请查看附录A中的常见问题答疑。

1.4　开发一个简单的ASP文件

举一个简单的例子，借以体会开发一个ASP文件的完整过程。该例子的功能是显示来访时间。

为了有条理，本书在“C:\Inetpub\wwwroot”下建立了 asptemp 文件夹，所有示例将分章存放在“C:\Inetpub\wwwroot\asptemp”下。请注意查看浏览器地址栏里输入的路径，并请注意参看配套素材中的使用说明。

1.4.1　新建 ASP 文件

新建 ASP 文件的方法与 Word、记事本等其他软件基本类似。打开 Editplus，然后在菜单栏中依次选择【File】|【New】|【HTML Page】命令，之后就可以在图 1-7 所示的主窗口输入清单 1-1 中所有的程序代码，这样就完成了新建的过程。

清单 1-1　1-1.asp　显示来访时间

```
<html>
<head>
    <title>我爱你 中国</title>
</head>
<body>
    <h1 align="center">我要把美好的青春献给你，我的祖国！</h1>
    <%
    Dim a                                           '声明一个变量
    a="现在时间：" & Time()&"，我为祖国献花！"    '给变量赋值，其中 Time 是时间函数
    Response.Write a                                '在页面上输出变量 a 的值
    %>
</body>
</html>
```

程序说明

① 在清单 1-1 中，只有<%和%>中的三行是 ASP 代码，其他都是普通的 HTML 代码。

②“Response.Write a”语句表示在页面上输出内容。“'声明一个变量”是注释语句，用来给出一些提示信息。

③ 本示例中的语法在以后还会仔细讲解，在本节只要知道即可。

1.4.2　保存 ASP 文件

制作完毕后，依次选择【File】|【Save】命令，就会弹出如图 1-8 所示的“另存为”对话框，将该文件命名为 1-1.asp，保存在“C:\Inetpub\wwwroot\asptemp\chapter1”文件夹中，在 Encoding 的下拉选项中选择“Chinese Simplified（GB2312）936”，然后单击【保存】按钮即可。

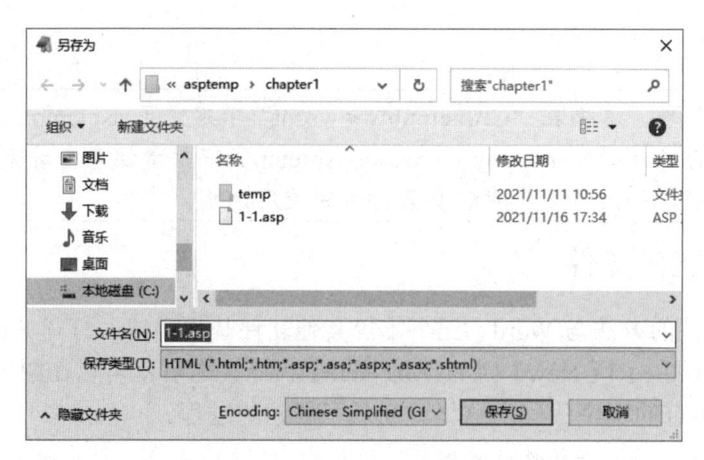

图 1-8 “另存为”对话框

1.4.3 浏览 ASP 文件

大家在上网的时候，需要在浏览器地址栏中输入一个网址，按回车键后就可以打开相应的网页，这个网址又叫作统一资源定位符（uniform resource locator，URL）。在 Internet 中的每一个网页文件或其他类型的文件都有自己的 URL，它的一般形式是：

协议://服务器地址（域名或 IP 地址）：端口号/路径（含文件名）

说明

① 其中协议是用于文件传输的 Internet 协议，有超文本传输协议 http、文件传输协议 ftp 等，WWW 中使用的是 http。

② 服务器地址是必需的，但是端口号和路径可以省略，比如下面的几个 URL 都是正确的：

http://www.sina.com.cn/news/2008-8-17/1001.htm　　标准的 URL
http://www.sina.com.cn　　省略了路径，默认为该网站的首页
http://162.105.133.113:8080/work/index.asp　　标准的 URL，包含端口号
http://www.pku.edu.cn/images/index/main_img/1.jpg　　图片文件的 URL

在本节中，尽管是在自己的计算机上调试 ASP 程序，自己的计算机既是客户端，又是服务器端，但是也必须遵从统一资源定位符的规定，用正确的 URL 来浏览 ASP 程序。就 1-1.asp 来说，一般可以使用 5 种形式的 URL 访问该文件：

① http://localhost/asptemp/chapter1/1-1.asp
② http://127.0.0.1/asptemp/chapter1/1-1.asp
③ http://你的计算机的名字/asptemp/chapter1/1-1.asp
④ http://你的计算机的 IP 地址/asptemp/chapter1/1-1.asp
⑤ http://你的计算机的域名/asptemp/chapter1/1-1.asp

说明

① 大家可以看出，以上 5 种方式中，只有服务器地址有所不同，而路径和文件名都是一样的。

② 关于路径：该文件的物理路径实际是 C:\Inetpub\wwwroot\asptemp\chapter1\1-1.asp，其中 C:\Inetpub\wwwroot 是 IIS 默认的主目录。而这里实际上使用的是虚拟路径，也就是从 IIS 默认主目录开始的路径 asptemp/chapter1/1-1.asp。或者说，当输入以上 URL 访问该文件时，IIS 会自动到 C:\Inetpub\wwwroot 下寻找 asptemp 文件夹，然后寻找 chapter1 文件夹，最后找到 1-1.asp 文件。

③ 关于服务器地址：前两种方式中的“localhost”和“127.0.0.1”都是特指本地计算机服务器地址，一般在本机使用；第 3 种方式一般在局域网内部使用；第 4、5 种方式指的是让别人通过 Internet 访问自己的 ASP 文件，前提是自己的计算机必须连入 Internet 并允许别人访问自己的 WWW 服务（有时候因为网关、防火墙等其他限制，计算机不一定可以被别人访问）。在使用第 5 种方式时，还必须先申请域名并解析到自己的计算机，过程比较复杂。这是商业服务器使用的方式，初学者一般不必考虑。

为了简便起见，本书以后都采用第 1 种方式。打开浏览器，在地址栏中输入“http://localhost/asptemp/chapter1/1-1.asp”，按回车键后，就会出现如图 1-9 所示的运行结果。显示的时间就是服务器端的当前时间，也就是现在所用的计算机的时间。

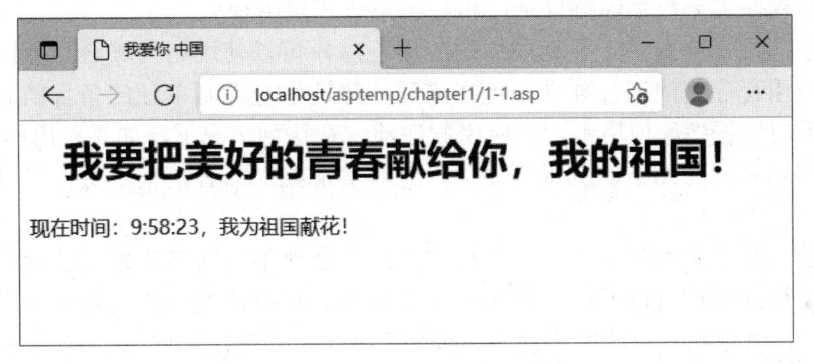

图 1-9　程序 1-1.asp 的结果图

在图 1-9 中单击鼠标右键，在弹出的快捷菜单中选择【查看页面源代码】菜单命令，就会出现如图 1-10 所示的页面源代码。可以看出，发送到客户端的文件是经过解释执行的文件，将它和清单 1-1 比较，可以看出程序代码已经转化成标准的 HTML 标记。

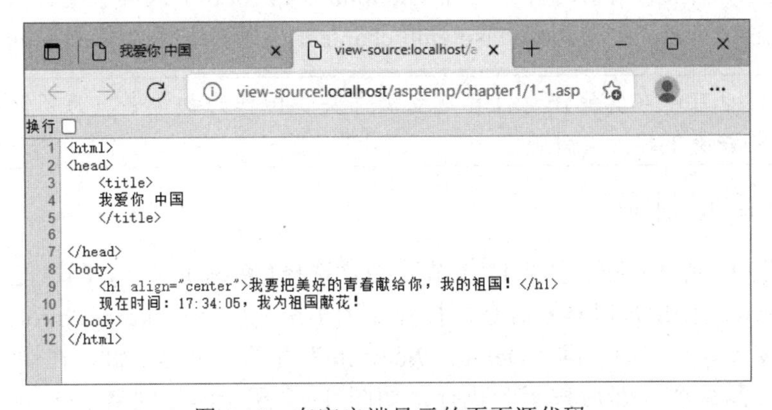

图 1-10　在客户端显示的页面源代码

1.5 新建一个应用程序

1.5.1 什么是应用程序

1.4 节介绍了如何新建一个简单的 ASP 文件，假如现在要建立两个网站：班级网站和个人网站，就可以在 C:\Inetpub\wwwroot 下建立两个文件夹 tempA（班级网站）、tempB（个人网站），然后在两个文件夹下分别建立各自的文件。

这样会带来一个问题：这两个网站看起来相对独立了，但是事实上它们并没有独立。在第 5 章会讲到，ASP 程序可以访问一些公共变量，假如班级网站和个人网站分别由不同的人开发，就有可能在两个程序中用同一个公共变量表示不同的内容，因而容易出现混淆现象。

为了解决这个问题，就需要分别建立不同的应用程序。在 IIS 中，将应用程序具体又细分为 3 种：网站、应用程序、虚拟目录。

网站：不同的网站使用不同的域名访问，每个网站默认独享一个应用程序池（也可以通过修改与其他网站共享），每个网站都自动包含一个“根应用程序”，另外还可以手动添加无数个应用程序、无数个虚拟目录，相当于集成式应用程序。

应用程序：同一个网站下手动添加的应用程序，可以使用相同域名加不同别名的方式进行访问。应用程序之间运行独立，可在应用程序池中查看到单独的条目信息。可以与上级网站的“根应用程序”使用不同的应用程序池，在这种情况下，如果应用程序 A 出现错误，则不会影响到同网站下的应用程序 B。能够实现独立部署，程序文件可以不放在网站的根目录下。

虚拟目录：与应用程序类似，可以使用相同域名加不同别名的方式进行访问，能够实现独立部署，程序文件可以不放在网站的根目录下。与应用程序的差别在于虚拟目录在应用程序池中，没有单独对应的应用程序，直接隶属于“根应用程序”。相当于精简版的应用程序。

下面以“添加虚拟目录”的方式为例，介绍如何新建一个网站应用程序。

1.5.2 新建一个文件夹

假如要建立一个新的网站，首先在 C:\Inetpub\wwwroot 下或其子文件夹下建立一个文件夹，这里就在 C:\Inetpub\wwwroot\asptemp\chapter1 下新建一个文件夹 temp。

其实，也可以在其他任意位置建立文件夹。但作为初学者，为了简便起见，最好在该文件夹下建立文件夹。

1.5.3 添加虚拟目录

进入控制面板（具体方法可参见 1.2.1 节），依次选择【系统和安全】|【管理工具】|【Internet Information Services (IIS)管理器】命令，打开如图 1-6 所示的“Internet Information Services (IIS)管理器”窗口。在其中对准“Default Web Site”并单击鼠标右键，在快捷菜单中选择【添加虚拟目录】命令，然后按提示执行，如图 1-11 所示添加别名“temp”，选择该别名

对应的文件夹“C:\Inetpub\wwwroot\asptemp\chapter1\temp”，最后单击【确定】按钮即可完成。

> 其实，别名可以随便命名，不一定要和实际文件夹名称一样。但是作为初学者，希望虚拟目录别名和文件夹名称一致，这样不容易混淆。

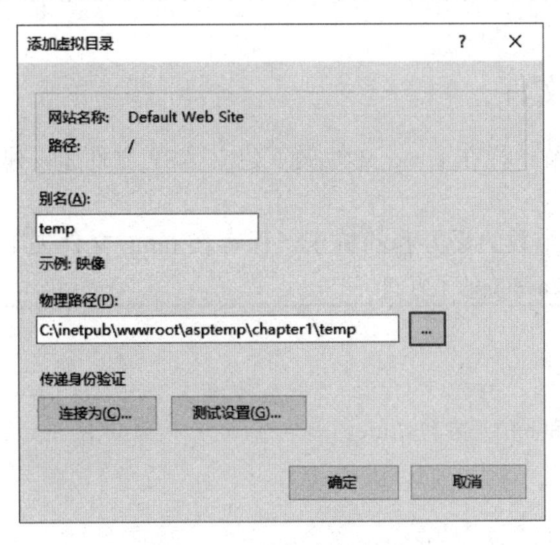

图 1-11　添加虚拟目录

1.5.4　设置默认文档

默认文档的作用是这样的，如果在浏览器地址栏里输入 http://localhost/temp，并没有输入哪个网页文件的名字，系统就会自动按默认文档的顺序在相应的文件夹里查找，找到后就会显示出来。比如，如果按照图 1-12 中默认文档的设置，首先去找 index.asp，如果找不到，就去找 default.asp。默认文档常被称为“首页”，一般作为网站的入口页面。

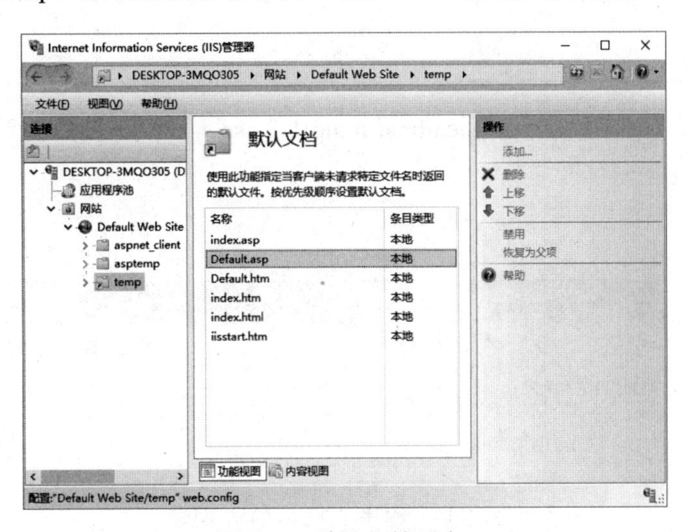

图 1-12　默认文档列表

本书中默认文档一般为 index.asp 或 default.asp，设置方法如下。

在图 1-6 所示的 Internet Information Services (IIS)管理器窗口中，依次单击刚才新添加的虚拟目录 temp、功能视图中的“默认文档”、窗口右侧操作区的“打开功能”，就会出现如图 1-12 所示的默认文档列表。单击右侧操作区的“添加...”，会弹出“添加默认文档”输入窗口。添加 index.asp 默认文档后，单击文档名字，在右侧操作区可以通过“下移”“上移”来调整默认文档顺序。

1.5.5　建立 ASP 文件

现在就可以像 1.4 节一样在 temp 文件夹下建立 ASP 文件了，建立方法相同，只是浏览文件时略有区别。

下面举一个计算两个数的平方和的例子，保存在 temp 文件夹下，名称为 1-2.asp。

清单 1-2　1-2.asp　求 a 和 b 的平方和

```
<html>
<head>
    <title>求 a 和 b 的平方和</title>
</head>
<body>
    <%
    Dim a,b,c                                        '声明三个变量
    a=3                                              '给变量 a 赋值
    b=4                                              '给变量 b 赋值
    c=a^2+b^2                                        '其中^表示求平方
    Response.Write "3 和 4 的平方和为" & c            '在页面上输出结果
    %>
</body>
</html>
```

在浏览器地址栏中输入 http://localhost/temp/1-2.asp，按回车键后会看到如图 1-13 所示的结果图。

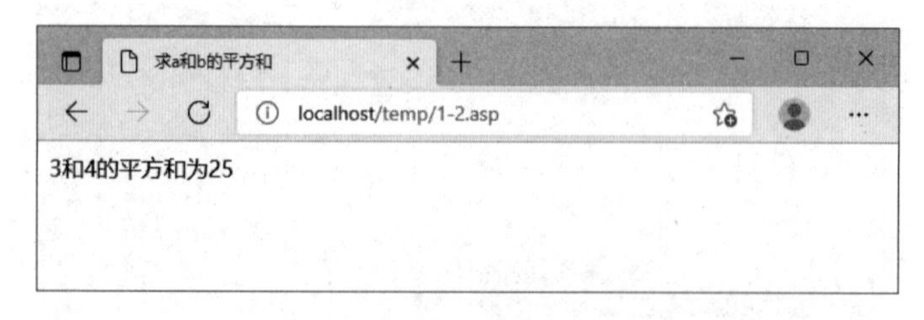

图 1-13　程序 1-2.asp 的结果图

程序说明

① 请注意图 1-13 中的 URL（网址）。因为这里建立了虚拟目录，所以路径有所不同。当输入 URL 访问该文件时，IIS 会自动定位到虚拟目录 temp，而这个虚拟目录实际对应的物理路径是 C:\Inetpub\wwwroot\chapter1\temp 文件夹，那么 IIS 实际上就会定位到该文件夹，然后在其中找到 1-2.asp 文件。

② 事实上，本示例也可以用 http://localhost/asptemp/chapter1/temp/1-2.asp 来浏览，只不过这样访问实际上没有用到刚才建立的虚拟目录。

1.5.6　新建应用程序小结

如果要开发一个新的网站，如班级网站、个人网站等，最好按以下步骤进行：

① 在“C:\Inetpub\wwwroot”或其他文件夹下建立一个子文件夹；

② 为该文件夹添加虚拟目录；

③ 为该虚拟目录设置默认文档，一般为 index.asp 或 default.asp；

④ 在该文件夹下建立 ASP 文件和其他文件，首页一般命名为 index.asp 或 default.asp。

当然开发一个新的网站，除了使用“新建虚拟目录”的方式之外，也可以在 IIS 管理器中，采用“新建网站”“新建应用程序”的方式。

1.6　ASP 文件的组成及约定

从前面的例子可以看出，一个简单的 ASP 文件可以包括以下两部分：

① 普通的 HTML 代码，也就是普通的 Web 页面内容；

② 服务器端的脚本程序代码，也就是位于<%…%>内的程序代码。

以后大家慢慢就会学习到，其实 ASP 文件还可以包括其他部分，如在客户端运行的程序代码、CSS 样式等，不过一个简单的 ASP 文件就是由上面两部分构成的。

在 ASP 中，可以使用 VBScript 或 JavaScript 脚本语言，其中 VBScript 是默认的脚本语言，在本书中一般也使用 VBScript。

如果希望在 ASP 文件中使用其他脚本语言，可以在文件开头添加以下语句进行切换：

```
<% @ Language="VBScript" %>
```

或

```
<% @ Language="JavaScript" %>
```

1.7　ASP 文件的注意事项

① 在 ASP 程序中，字母不分大小写。在本书的源程序中，之所以有的地方用大写字母，有的地方用小写字母，主要是为了突出该语法，方便理解和记忆。

② 在 ASP 中，凡是在语法中用到标点符号的，都是在英文输入状态下输入的标点符号，否则将出错。只有一种情况除外，就是在字符串中使用标点符号，如下面的冒号就是在中文输入法下输入的。

```
<% a="大家好：现在开始学习" %>
```

此时的冒号只是字符串的一个部分，和“大家好”等字符没有本质区别。

③ 普通的HTML元素可以在一行里连着写，而ASP语句一般需要分行写，一条ASP语句就是一行。

如果需要将多条语句写在一行中，中间需要用英文冒号隔开，如：

```
<% a=2: b=3 %>
```

如果一条语句太长，一行写不下，怎么办？此时有两种解决方法。第一种：可以用回车键将其分成多行，只是必须在每行末尾（最后一行除外）加一个下划线，如下面的例子：

```
<%
str="欢迎大家进入ASP学习世界，如果有任何问题，请随时提出，" _
& "或者访问本书支持网站。"
%>
```

第二种：也可以不用回车键分行，直接写，让它自动换行。本书大多采用第二种方法。

④ 要养成良好的书写习惯，如恰当的缩进，这样自己和别人看起来都方便，否则很难读。大家可以参考本书示例中的书写样式。

⑤ 在ASP源程序中，可以包含HTML语言，两者是很好地结合在一起的。事实上，在编写ASP网页时，可以充分利用FrontPage、Dreamweaver等HTML编程工具来编写复杂的HTML语句，然后再将VBScript脚本语言插入到HTML语句中去（用<%…%>括起来），这样可以提高效率。

⑥ 关于字符编码的规定：本书中涉及的所有ASP页面，默认使用GB2312编码，在保存ASP文件时，需要注意对应选择“Chinese Simplified（GB2312）936”。

1.8 本章小结

万事开头难，要想顺利掌握ASP，就要彻底掌握本章所讲的内容。具体来说，就是要理解动态网页的工作原理，能够熟练搭建ASP运行环境（安装IIS），掌握开发一个简单的ASP文件的全过程，并且要掌握应用程序的概念和建立步骤。

第2章将会介绍HTML基础知识，已经掌握的同学可以跳过，直接开始第3章的学习。

习题1

1. 选择题（可多选）

（1）静态网页的扩展名一般是（　　）。

A．.htm　　B．.php　　C．.asp　　D．.jsp

（2）ASP文件的扩展名是（　　）。

A．.htm　　B．.txt　　C．.doc　　D．.asp

（3）当前的Web程序开发中通常采用（　　）模式。

A．C/S　　B．B/S　　C．B/B　　D．C/C

（4）小王正在家里通过拨号上网访问搜狐主页，此时，他自己的计算机是（　　）。

A．客户端　　B．既是服务器端，又是客户端

C．服务器端　　D．既不是服务器端，也不是客户端

（5）小王正在访问自己计算机上的网页，此时，他自己的计算机是（　　）。

A．客户端　　B．既是服务器端，又是客户端

C．服务器端　　D．既不是服务器端，也不是客户端

（6）ASP 脚本代码是在（　　）执行的。

A．客户端　　B．第一次在客户端，以后在服务器端

C．服务器端　　D．第一次在服务器端，以后在客户端

（7）在以下 URL 中，从形式上看正确的是（　　）。

A．http://www.sina.com.cn/history/1998/intro.asp

B．http://www.sina.com.cn/news/1.jpg

C．ftp://ftp.sina.com.cn /history/1998/intro.asp

D．ftp://ftp.sina.com.cn/news/1.jpg

（8）如果在 chapter1 下建立了一个子文件夹 images，并且在其中放置了一个图片文件 1.jpg，那么以下 URL 正确的是（　　）。

A．http://localhost/asptemp/chapter1/images/1.jpg

B．http://127.0.0.1/asptemp/chapter1/images/1.jpg

C．http://localhost/Inetpub/wwwroot/asptemp/chapter1/images/1.jpg

D．http://127.0.0.1/Inetpub/wwwroot/asptemp/chapter1/images/1.jpg

（9）对于 1.5.5 节建立的 1-2.asp，以下浏览方式正确的是（　　）。

A．http://localhost/temp/1-2.asp

B．http://127.0.0.1/temp/1-2.asp

C．http://localhost/asptemp/chapter1/temp/1-2.asp

D．http://127.0.0.1/asptemp/chapter1/temp/1-2.asp

（10）以 1.5.5 节的示例为基础，若现在在 C:\Inetpub\wwwroot\asptemp\chapter1\temp 下又建立了一个子文件夹 temp，其中建立了一个 ASP 文件 1-3.asp，则浏览方式正确的是（　　）。

A．http://localhost/temp/temp/1-3.asp

B．http://127.0.0.1/temp/temp/1-3.asp

C．http://localhost/asptemp/chapter1/temp/temp/1-3.asp

D．http://127.0.0.1/asptemp/chapter1/temp/temp/1-3.asp

2. 问答题

（1）名词解释：静态网页、动态网页、服务器端、客户端、URL。

（2）请结合 URL 知识，简述静态网页和动态网页的工作原理。

（3）请简单比较 ASP、PHP 和 JSP 的优缺点。

（4）某同学开发了一个显示来访时间的 ASP 文件，存放在 C:\Inetpub\wwwroot 下，然后在 Windows 资源管理器中双击该文件，却不能正常显示，请问是什么原因？

（5）在 1.4.3 节中讲的是如何访问 ASP 文件，如果希望访问 HTML 网页文件，可以用

类似的方法吗？

（6）想一想，把一个 HTML 网页文件直接更改扩展名为.asp 行不行？

（7）什么是应用程序？为什么要建立应用程序？

3. 实践题

（1）请根据自己的实际情况搭建 ASP 的运行环境。

（2）请上网下载并安装 EditPlus。

（3）请在文件夹 C:\Inetpub\wwwroot\asptemp\chapter1 下新建一个 asp 文件，在页面上显示来访日期（日期函数为 Date()）。

（4）请在 C:\Inetpub\wwwroot\asptemp\chapter1 下新建一个文件夹 tempb，然后为该文件夹添加虚拟目录 aspb，并设置默认文档为 index.asp 和 index.htm。

（5）（选做题）请参考 IIS 的专门书籍好好研究一下，是否一定要在 C:\Inetpub\ wwwroot 下开发 ASP 文件？可不可以放在别的文件夹下？

第 2 章　HTML 基础知识

学习目标

☑　熟悉 HTML 文档的基本结构和语法
☑　熟悉 HTML 主要标记及标记属性的使用
☑　能够熟练设计 HTML 表单

2.1　什么是 HTML

2.1.1　HTML 简介

HTML 的全称是“hyper text markup language”，即“超文本标记语言”，是用特殊标记来描述文档结构和表现形式的一种语言。

Tim Berners-Lee 于 1990 年发明了 HTML，之后开始迅速流传。最初的 HTML 有许多不同的版本，只有网页制作者和用户都使用同样版本的 HTML 才可以被正确浏览。1997 年，万维网联盟（World Wide Web Consortium）组织编写和制定了新的 HTML 3.2 标准，从而使 HTML 文档能够在不同的浏览器和操作平台中都能够正确显示。目前，HTML 已经发展到了 5.0 版。

严格地说，HTML 并不是一种程序设计语言，它只是一些由标记和属性组成的规则，这些规则规定了如何在页面上显示文字、表格、超链接等内容。网页制作者按照这些规则编写网页，而用户则按照这些规则浏览网页。

2.1.2　Web 浏览器

用户浏览网页实际上是通过 Web 浏览器实现的。第 1 章讲过 WWW 的工作原理，不管是动态网页还是静态网页，最后都会将静态网页发送到客户端，而客户端的 Web 浏览器就会按照相应规则将内容呈现在浏览器窗口。

目前主流的浏览器有微软公司的 IE（Internet Explorer）和开源的 Firefox 浏览器等。本书考虑到大多数读者的实际情况，选用了 IE 6.0。不过就学习 ASP 来说，IE 5.0 以上版本或 Firefox 等浏览器均可。

2.1.3　HTML 开发工具

HTML 文件和 ASP 文件一样，也是文本文件，也可以使用记事本、FrontPage、Dreamweaver 等任何文本编辑器编辑，编写完毕后保存扩展名为.htm 或.html 的文件即可。不过，在本书中仍然推荐使用 1.3 节讲过的 EditPlus 软件。

> 使用 EditPlus 编辑 HTML 文档时，依次选择【View】|【View in Browser】菜单命令，就可以在 EditPlus 中即时预览 HTML 效果。

2.1.4　制作一个简单的 HTML 文件

新建、保存和浏览 HTML 文件的方法与 ASP 文件的方法是完全类似的，下面就编写一个简单的 HTML 文件。

清单 2-1　2-1.htm　一个简单的 HTML 文件

```
<html>
<head>
    <title>一个简单的 HTML 文件</title>
</head>
<body>
    <h1 align="center">我的主页</h1>
    欢迎访问我的主页。
</body>
</html>
```

将上面的文本用 EditPlus 编辑好后，把其命名为 2-1.htm，然后保存到文件夹 C:\Inetpub\wwwroot\asptemp\chapter2 中。

在 IE 浏览器中输入 http://localhost/asptemp/chapter2/2-1.htm，结果如图 2-1 所示。

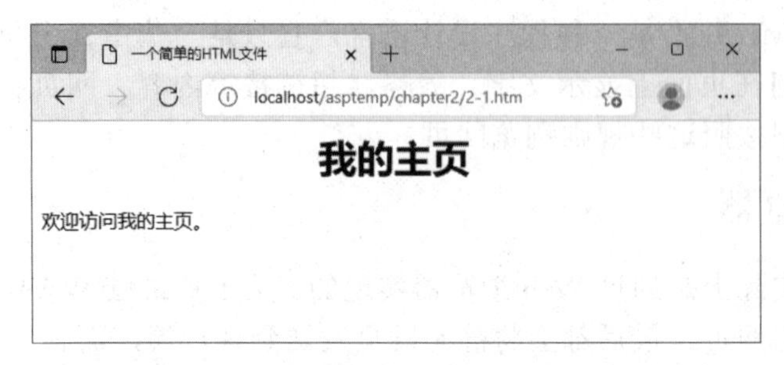

图 2-1　程序 2-1.htm 的运行结果图

程序说明

① 利用 EditPlus 编辑 ASP 和 HTML 文件方法是类似的，只不过保存文件时要选择扩展名为.htm。

② 本示例中浏览 HTML 文件的方法和 ASP 文件是一样的，不过就 HTML 文件来说，还有一种简单的浏览方式，只要在“我的电脑”中找到该文件，直接双击它即可。一般也可以用浏览器打开，运行结果和图 2-1 一样。不过，这两种打开方式是有本质区别的，前者尽管访问的也是本地计算机，但是它是由客户端向服务器端发出请求，服务器端将 HTML 文件发送到客户端，由浏览器显示的；而后者纯粹就是由浏览器软件打开本地的文件，和大家平时用 Word 打开.doc 文件类似，并没有经过这个复杂的过程。

2.2　HTML 基本语法

HTML 的语法比较简单，不管是清单 2-1 中的简单例子，还是一些复杂的网页，其框架基本上都是相同的。一般来说，都是以<html>开头，以</html>结束，表示中间是一个 HTML 文档。而文档可以分为文档头部“<head>…</head>”和文档主体“<body>…</body>”两部分，其中文档头部内的内容也叫作“头信息”，它们不会显示在浏览器窗口中，只是用来告诉浏览器一些信息，而文档主体的内容将会显示在窗口中。

下面将详细介绍 HTML 标记、标记属性、文档头部等基本语法。

2.2.1　HTML 标记

在 HTML 文档中，<html>、</html>、<head>、</head>、<body>和</body>等称为标记（Tag），这些标记实际上就规定了内容的显示方式等。

标记在使用时必须用尖括号“<>”括起来，而且大部分都是成对出现的，起始标记无斜杠，终止标记有斜杠。对成对标记而言，起始标记和终止标记之间的部分，连同标记在内，称为 HTML 的元素，如“<title>一个简单的 HTML 文件</title>”就是一个元素，表示网页标题。

也有少数标记是单独出现的，表示在该标记所在的位置插入一个元素，如<p>表示插入一个分段符，而
表示插入一个换行符。

2.2.2　标记属性

细心的同学已经注意到了，在示例 2-1 中的<h1>标记有一些特殊，多出了一些字符：

<h1 align="center">我的主页</h1>

其中的 align 用来规定标题文字的对齐方式，center 表示居中显示，它的作用就是让“我的主页”4 个字居中排列。

而 align 就称为标记属性。所谓标记属性，是指为了明确元素功能，在标记中描述元素的某种特性的参数及其语法。一般语法格式为：

<标记名 属性名="属性值" 属性名="属性值"…> … </标记名>

在 HTML 标记中，可以有多个属性，中间用空格隔开即可。另外，不同的标记一般有不同的属性，但也有一些属性是通用的，如 align 属性也可以用在<p>等许多标记中，所以希望大家学习时一定要善于总结规律，以便达到举一反三的目的。

2.2.3　文档头部

文档头部就是包含在<head>和</head>之间的所有内容。尽管文档头部不显示在页面中，但是它仍然是非常重要的，它会告诉浏览器如何处理文档主体内的内容。

简单的文档头部一般只包括一个<title>标记，如清单 2-1。下面再举一个比较复杂的例子。

清单 2-2　2-2.htm　文档头部示例

```
<html>
```

```
<head>
    <title>北京大学：计算机教学网站</title>
    <bgsound src="bgmusic.mp3" loop="-1">
    <meta name="Generator" content="EditPlus">
    <meta name="Author" content="北京大学">
    <meta name="Keywords" content="ASP, ASP.NET, 教学网站">
    <meta name="Description" content="这是一个计算机教学网站">
    <meta http-equiv="Content-Type" content="text/html; charset=gb2312">
    <meta http-equiv="Refresh" content="10">
</head>
<body>
    <p>该页面用来演示文档头部
</body>
</html>
```

下面详细讲述这些主要标记。

（1）<title>与</title>标记

该标记用来设置网页的标题，其中的文字会显示在浏览器窗口标题栏中。一般情况下，应该给网页添加一个合适的标题，这样可以方便该网页被搜索引擎正确收录。

（2）<bgsound>标记

该标记用来设置网页的背景音乐，其中属性及属性值如表 2-1 所示。

表 2-1　<bgsound>标记的属性及属性值

属性名称	说　明	取　值
src	背景音乐文件路径	相对路径或绝对路径或 URL，请参考附录 A
loop	循环播放次数	正整数表示播放次数，-1 表示一直循环播放

说明

① <bgsound>标记看起来简单，但是它涉及的文件路径非常复杂，也很容易出错。在 1.1.2 节讲过静态网页的工作原理，本示例中的 HTML 代码实际上是在客户端的浏览器中执行的。而 src 属性并没有将音乐文件添加到 HTML 文件中，也没有将该音乐文件传送到客户端，而只是告诉浏览器在哪里可以找到这个音乐文件。当浏览器执行到这一句时，它就会根据 src 属性值向相应的服务器端提出请求，服务器端就会将这个音乐文件发送到客户端（一般保存在客户端的临时文件夹中），然后浏览器就会播放这个音乐文件。

② 背景音乐文件既可以是本网站内的音乐文件，也可以是 Internet 上其他网站中的音乐文件。在 1.4.3 节讲过，Internet 上的所有文件都有自己的 URL，因此只要知道 Internet 上某音乐文件的 URL，一般就可以将其作为本示例的背景音乐文件，并令 src 的属性值为相应的 URL 即可，例如：

<bgsound src="https://oss.gamepku.com/asptemp/bgmusic.mp3" loop="-1">

③ 事实上，如果使用本网站内的音乐文件，也可以使用 URL。如本示例中背景音乐文件的 URL 是“http://localhost/asptemp/chapter2/bgmusic.mp3”，将 src 属性值替换为这个 URL，一样可以正常运行。不过对于本网站内的文件来说，这种方法比较烦琐，也不便于移植程序，所以在实际开发中一般采用相对路径或绝对路径的方式。

④ 所谓相对路径，就是根据音乐文件与当前 HTML 文件的相对位置关系所形成的路径。本示例就采用了相对路径，路径只包含文件名“bgmusic.mp3”，表示该音乐文件和 HTML 文件在同一个文件夹下。当大家在浏览器地址栏中输入“http://localhost/asptemp/chapter2/2-2.htm”访问本示例时，浏览器就会根据输入的 URL 和相对路径“bgmusic.mp3”自动推算出该音乐文件的 URL“http://localhost/asptemp/chapter2/bgmusic.mp3”，然后根据这个 URL 去找到该音乐文件。

⑤ 所谓绝对路径，就是以“/”或“\”开头，一般情况下从 C:\Inetpub\wwwroot 算起的路径，如本例中音乐文件的绝对路径就是“/asptemp/chapter2/bgmusic.mp3”。与相对路径类似，浏览器也会根据输入的 URL 在绝对路径之前加上协议和服务器地址（http://localhost），生成该音乐文件的 URL，然后去找到该音乐文件。

⑥ 相对路径和绝对路径比较复杂，大家可以参考附录 A 仔细体会。不过对于初学者来说，最简单的方法就是将音乐文件和 HTML 文件放在同一个文件夹下，然后直接写文件名即可。

（3）<meta>标记

<meta>标记稍微复杂些，主要用来提供描述网页的信息。它有 3 个最重要的属性，分别是 name、http-equiv 和 content 属性，不过要注意这几个属性的用法和其他属性不太一样。

其中 name 和 content 为一组，name 的属性值一般是给定的，分别用来说明网页的生成工具、作者、关键字和网页描述信息，而 content 的属性值则是对应的信息：

Generator 说明网页的生成工具，本例中是“Editplus”；

Author 说明网页的作者，本例中作者是“北京大学”；

Keywords 表示关键字，可以有多个关键字，中间用逗号隔开，本例中是“ASP，ASP.NET，教学网站”；

Description 是网页的基本描述信息，本例说明是“这是一个计算机教学网站”。

<title>标记及这里的 Keywords 和 Description 有助于被百度等搜索引擎正确、快速地收录，所以建议给每一个网页都添加适当的标题、关键字和描述信息。

---

http-equiv 和 content 为另一组，http-equiv 的属性值一般也是给定的，用来说明网页的文件类型、语言编码方式和自动刷新时间等，而 content 的属性值也是对应的信息：

Content-Type 说明文件的内容类型和语言编码方式。本例中 text/html 表示是 HTML 文档，gb2312 表示用的是国标语言。

Refresh 用来设置网页自动刷新的时间，本例表示 10 秒自动刷新一次。

事实上，该属性还可以让网页在指定时间后自动转到另一个页面或网址，用法如下：

<meta http-equiv="Refresh" content="10; URL=http://www.sina.com.cn">

说明：其中Content-Type表示文件的内容类型是HTML文件、图片文件还是其他文件。常用的类型有：HTML文件是text/html；Gif图片文件是image/gif；JPG图片文件是image/jpeg；Word文件是application/msword；Excel文件是application/vnd.ms-excel。

（4）其他标记

在文档头部中其实还可以包括其他许多标记，如<link>和<style>标记都是用来设置文字、图表等元素的CSS（cascading style sheets）样式。而<script>标记用来添加脚本语言。这些标记在用到的时候再仔细讲解。

利用CSS样式可以快速设置整个网站的背景颜色、文字字体、大小等风格。如果大家有兴趣，可以参考支持网站中的CSS专门教程。

2.2.4　文档主体

文档主体是指包含在<body>和</body>之间的所有内容，它们将显示在浏览器窗口。文档主体可以包含文字、图片、表格等各种标记，后面几节将详细讲解。这里需要注意的是<body>标记与<head>标记略有不同，它可以添加许多属性，用来设置网页背景、文字、页边距等。下面来看一个较复杂的例子：

```
<body bgcolor="green" background="whiteflower.jpg" text="#FF0000" link="#0033FF"
vlink="#990033" alink="#FF0099" leftmargin="5" rightmargin="5" topmargin="5"
bottommargin="5">
```

其属性说明如表2-2所示。

表2-2　<body>标记的常用属性

属性名称	说　明	取　值
bgcolor	背景颜色	可以用英文单词，如green、red等，也可以用颜色的十六进制表示方法，如#008000
background	背景图片文件路径	相对路径或绝对路径或URL，请参考附录A。另外同<bgsound>标记的src属性
text	文档中文字的颜色	取值同背景颜色bgcolor
link	超链接文字的颜色	同上
alink	正在访问的超链接的颜色	同上
vlink	已访问过的超链接的颜色	同上
leftmargin	左边距的像素值	可以取整数，表示像素值
rightmargin	右边距的像素值	同上
topmargin	上边距的像素值	同上
bottommargin	下边距的像素值	同上

> 如果同时设置了背景颜色和背景图片，将只有背景图片起作用。另外，在 HTML 文件中，各种标记的路径、颜色、像素的取值都是类似的，请注意总结规律。

2.2.5　注释语句

注释语句又称为注释标记，这些标记在浏览网页时不会显示，只是在编辑文件时可以看到。适当使用注释语句，可以让网页的维护和更新变得十分方便，因此建议大家养成给程序加上注释的好习惯。

注释语句是以“<!--”开始，以“-->”结束的，其间可以加入解释或说明文字。例如：

```
<!-- 下面是一个表格 -->
```

2.3　HTML 基本元素

2.3.1　文字

文字是网页中最主要的元素，文字的设置也是比较复杂的，一般包括文字格式和文字样式的处理，文件格式即文字的位置、段落等属性，文字样式指文字的颜色、字体大小等。下面详细介绍常用的文字处理标记。

（1）<p>和</p>标记

该标记用来开始一个新的段落，它可以成对出现，也可以省略</p>。用法如下：

```
<p align="center">欢迎来到 ASP 编程世界</p>
```

其属性及属性值如表 2-3 所示。

表 2-3　<p>标记的常用属性及属性值

属性名称	说　明	取　值
align	对齐方式	left、right 或 center，分别表示左对齐、右对齐和居中

（2）
标记

该标记是换行标记。这是一个单独标记，用法如下：

```
床前明月光，<br>疑是地上霜。
```

> 它和<p>标记的区别是换行但不分段，使用
标记，行与行之间没有空行，而使用<p>标记后，两行之间实际上会有一个空行，请注意比较。

（3）<pre>和</pre>标记

这是预格式化标记。所谓预格式化，是指网页显示时将严格按照预先安排好的文字布局输出，而不进行另外的设置，它主要应用于需要保留文本中的空白时。具体用法如下：

```
<pre>
床前明月光，
     疑是地上霜。
```

　　举头望明月，
　　　　低头思故乡。
</pre>

使用<pre>标记后，在页面中会原样显示内容和格式，但是如果去掉该标记，所有内容会显示在一行中。

（4）<hn>和</hn>标记

该标记用来定义网页正文中标题的字体大小。n 是变量，取值范围为 1～6，对应的字号由大到小，也就是说有 6 级标题。用法如下：

<h1 align="center">我的主页</h1>

其属性 align 取值同<p>标记（见表 2-3）。

（5）<font>和</font>标记

该标记用来设置文字的字体、大小、颜色。用法如下：

<font face="宋体" color="red" size="6">欢迎光临我的主页</font>

其属性及属性值如表 2-4 所示。

表 2-4　<font>标记的属性及属性值

属性名称	说　明	取　值
face	字体名称	字体名称，如“宋体”“幼圆”“隶书”等，默认值为宋体
color	字体颜色	同 bgcolor，见表 2-2
size	字体大小	属性值为 1～7 的数字，对应的字号由小到大

（6）文字样式标记

HTML 的文字样式分为物理样式和逻辑样式两类。物理样式指文字的粗体、斜体、下划线等；逻辑样式指文字的大号字样、小号字样、强调字样、着重字样等。常用的文字样式标记及其说明如表 2-5 所示。

表 2-5　文字样式标记及其说明

物理样式	说　明	逻辑样式	说　明
<b>…</b>	粗体	<big>…</big>	大号字样
<i>…</i>	斜体	<small>…</small>	小号字样
<u>…</u>	下划线	<blink>…</blink>	闪烁字样
<tt>…</tt>	等宽字样	<em>…</em>	强调字样
[…]	上标体	<strong>…</strong>	着重字样
_…	下标体	<cite>…</cite>	引用字样
<strike>…</strike>	删除线		

这些标记有相同的使用方法，如下面例子中的文字将以粗体显示。

```
<b>欢迎光临我的主页</b>
```

标记可以嵌套使用，但必须一一匹配出现。当一段文字的多个标记冲突时，里层的标记先起作用。

2.3.2 列表

在 Word 中，经常使用“项目符号”（见图 2-2）或“项目编号”来使文档更有条理，更便于阅读。在 HTML 中，也可以使用符号列表或排序列表标记来实现类似的效果。

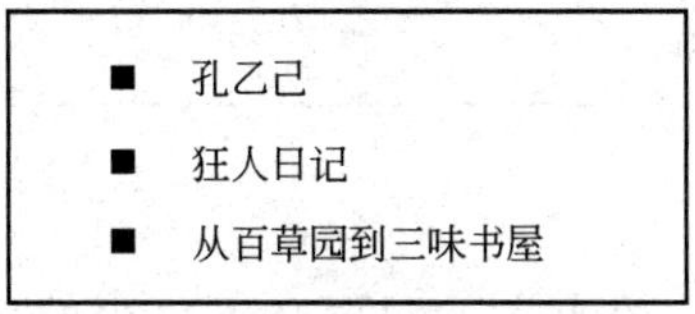

- 孔乙己
- 狂人日记
- 从百草园到三味书屋

图 2-2 项目符号效果图

（1）符号列表

符号列表又称为无序列表，每一个列表项目的前面可以是空心圆点、实心方块或实心圆点等符号。具体用法如下：

```
<ul type="Square">
    <li>孔乙己
    <li>狂人日记
    <li>从百草园到三味书屋
</ul>
```

在符号列表中，<ul>和</ul>标记就表示一个符号列表，一个<li>标记表示一个项目。<ul>标记中有一个属性 type，它用来指定列表项目前面的符号，其属性值如表 2-6 所示。

表 2-6 符号列表 type 属性的取值

属 性 值	表 示 符 号	属 性 值	表 示 符 号
Circle	空心圆点	Disc	实心圆点
Square	实心方块		

（2）排序列表

排序列表与符号列表不同，每个列表项目前面都是一个编号字符，可以是数字，也可以是字母。具体用法如下：

```
<ol type="1" start="1">
    <li>孔乙己
    <li>狂人日记
    <li>从百草园到三味书屋
</ol>
```

在排序列表中，<ol>与</ol>标记就表示一个排序列表，一个<li>标记表示一个列表项目。<ol>标记有两个属性，type 属性指定编号字符的种类，其属性值见表 2-7，start 属性表示编号字符的起始值，属性值为数字，默认值为 1。

表 2-7　排序列表 type 属性的取值

属性值	编号字符	属性值	编号字符
1	1，2，3，…	i	i，ii，iii，…
a	a，b，c，…	I	I，II，III，…
A	A，B，C，…		

2.3.3　图像

为了使网页更加生动活泼，图像成了网页必不可少的部分。在 HTML 中，用<img>标记插入图片。这是一个单独标记，用法如下：

```
<img src="flower.jpg" width="270" height="167" border="1" alt="鲜花" align="left" >
```

其中的属性及属性值如表 2-8 所示。

表 2-8　<img>标记的常用属性及属性值

属性名称	说明	取值
src	用于指定图片的路径	相对路径或绝对路径或 URL，请参考附录 A
width	指定图片宽度	属性值的单位为像素或百分比
height	指定图片高度	属性值的单位为像素或百分比
border	指定图片边框宽度	属性值也是像素，在默认情况下值为 0
alt	替换文字	如果浏览器不能显示图片，将在图片位置显示这些文字
align	指定图片对齐方式	与文字的 align 属性作用相似，也可用来指定图片在网页中的对齐方式，不同的是它还可以指定图片和文字的对齐方式，其属性值有 7 种，如表 2-9 所示

表 2-9　图片与文字的对齐方式

属性值	对齐方式	属性值	对齐方式
top	顶部对齐	right	居右对齐，文字绕排
middle	居中对齐	absmiddle	绝对中央对齐
bottom	底部对齐	absbottom	绝对底部对齐
left	居左对齐，文字绕排		

在 HTML 中最常用的图像文件类型主要有 JPG 文件和 GIF 文件。

2.3.4　表格

在 HTML 中，表格有两个主要功能：一是用来展示文字或图像等内容；二是用来实现版面布局，使网页更规范、更美观。下面先来看一个例子，这是一个 3 行 3 列的表格。

清单 2-3　2-3.htm　表格示例

```
<html>
<head>
    <title>表格示例</title>
</head>
<body>
    <table bgcolor="#E1E1E1" border="1" bordercolor="blue" width="80%" height="60"
    cellpadding="0" cellspacing="0" align="center">
        <caption align="center" valign="top">学生成绩</caption>
        <tr align="center" valign="middle" height="40">
            <td width="40%">姓名</td>
            <td width="30%">学号</td>
            <td width="30%">成绩</td>
        </tr>
        <tr align="center" valign="middle" height="30">
            <td>张岚</td>
            <td>08000701</td>
            <td>95</td>
        </tr>
        <tr align="center" valign="middle" height="30">
            <td>李若云</td>
            <td>08000712</td>
            <td>80</td>
        </tr>
    </table>
</body>
</html>
```

运行结果如图 2-3 所示。

（1）<table>与</table>标记

<table>标记用来声明表格，<table>和</table>标记之间就是整个表格的内容。该标记有许多属性用来设置表格背景、表格边框宽度等，具体参见表 2-10。

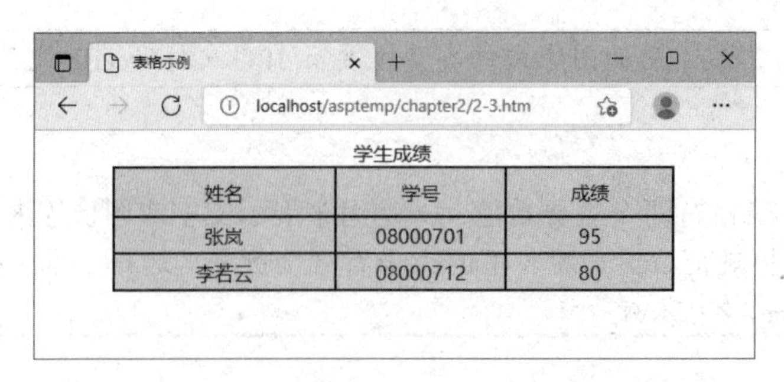

图 2-3　表格示例 2-3.htm 运行结果

表 2-10　<table>标记的常用属性

属性名称	说　明	取　值
bgcolor	表格背景颜色	同<body>标记的 bgcolor 属性，见表 2-2
background	表格背景图片路径	同<body>标记的 background 属性，见表 2-2
width	表格宽度	属性值的单位为像素或百分比，默认状态下将自动依据单元格中的内容多少计算
height	表格高度	同上
border	表格边框宽度	属性值为像素，在默认情况下值为 0
bordercolor	表格边框颜色	同 bgcolor 属性
cellspacing	单元格之间的间隙宽度	属性值为像素，默认为 2
cellpadding	单元格内容与单元格边界之间的距离	属性值为像素，默认为 2
align	表格水平对齐方式	同<p>标记的 align 属性，见表 2-3

（2）<caption>与</caption>标记

该标记用来设置表格的标题，它有 align 和 valign 两个属性，其中 align 属性表示水平对齐方式，与<table>标记相似，其属性如表 2-11 所示。

表 2-11　<caption>标记的常用属性

属性名称	说　明	取　值
valign	标题与表格的相对位置	取值为 top 或 bottom，分别为表格上方或下方

（3）<tr>和</tr>标记

表格是由行和列组成的，一个<tr>标记表示一行，一个<td>标记表示一列。

<tr>标记事实上也有 bgcolor、background、width、height 和 align 属性，其属性及属性值和<table>标记类似（参见表 2-10），只不过是针对该行进行设置的。

需要注意的是它的 align 和 valign 属性区别：align 属性表示单元格内容在单元格中的水平对齐方式，取值同<p>标记的 align 属性；valign 属性则表示垂直对齐方式，取值有 top、middle、bottom，分别表示上对齐、居中对齐和底部对齐。

（4）<td>与</td>标记

一个<td>标记表示一列，准确地说，是一行中的一列，也就是一个单元格。该标记也有 bgcolor、background、width、height、align、valign 属性，其属性及属性值也与<table>标记和<tr>标记类似（参见表 2-10），只不过是针对该单元格进行设置的。

说明

① 这里要强调的是，如果设置了单元格的 width 属性值，那么该单元格所在列的所有单元格的宽度都将是这个值；如果设置了单元格的 height 属性值，那么该单元格所在行的所有单元格的高度都将是这个值。如在示例 2-3 中只设置了第一行单元格的宽度，下面两行自动也是该宽度。

② 另外，这里的百分比是该单元格相对于表格宽度的百分比。

此外，要特别注意<td>标记还有两个非常重要的属性：rowspan 和 colspan，这两个属性主要用来合并单元格，其详细说明如表 2-12 所示。

表 2-12　<td>标记的常用属性

属性名称	说　明	取　值
rowspan	指定当前单元格跨越行的数量	属性值都是数字，默认值为 1
colspan	指定当前单元格跨越列的数量	属性值都是数字，默认值为 1

下面举一个简单的例子来体会这两个属性的用法。

清单 2-4　2-4.htm　合并单元格示例

```
<html>
<head>
    <title>合并单元格示例</title>
</head>
<body>
    <table border="1" cellpadding="0" cellspacing="0" width="80%" align="center" >
        <tr>
            <td width="40%">   </td>
            <td width="60%" colspan="2">   </td>
        </tr>
        <tr>
            <td width="40%" rowspan="2">   </td>
            <td width="30%">   </td>
            <td width="30%">   </td>
        </tr>
        <tr>
            <td width="30%">   </td>
```

```
            <td width="30%">   </td>
        </tr>
    </table>
</body>
</html>
```

运行结果如图 2-4 所示。

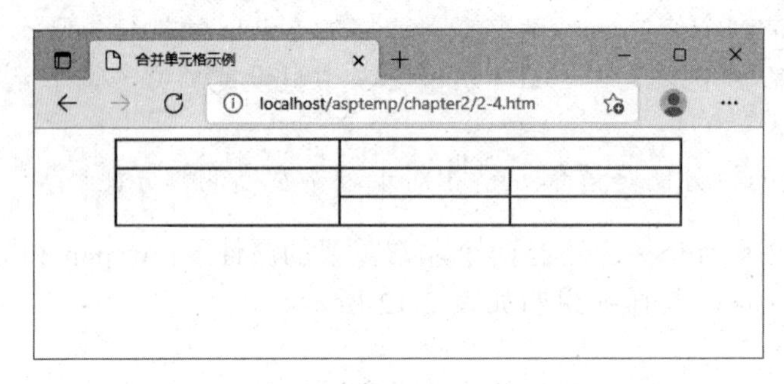

图 2-4　合并单元格示例 2-4.htm 运行结果

（5）<th>与</th>标记

该标记用来设置一个单元格为标题栏，其用法和<td>标记相似，只是自动将单元格内容以粗体显示。大家可以将清单 2-3 中第一行的<td>标记都换成<th>标记，试试会出现什么结果。

> 表格是可以嵌套使用的，如在一个<td>与</td>标记中间插入一个完整的表格。

2.3.5　超链接

因为有了超链接，人们可以方便地从一个页面跳转到另一个页面，实现真正的网上冲浪。可以说，没有超链接，就没有 Internet 的今天。

在 HTML 中，采用<a>标记来设置超链接，用法如下：

```
<a href="http://www.sohu.com" target="_blank" title="搜狐网站">搜狐</a>
```

其属性及属性值如表 2-13 所示。

表 2-13　<a>标记的常用属性及属性值

属性名称	说　明	取　值
href	超链接文件路径	相对路径或绝对路径或 URL 或 E-mail 用法类似于<bgsound>标记的 src 属性
target	指定打开超链接的窗口或框架	_blank　在新窗口打开链接 _self　在当前窗口打开链接，默认为_self _parent　在当前窗口的父窗口打开链接 _top　在整个浏览器窗口中打开链接 窗口框架名称　在指定名字的窗口或框架中打开链接
title	当鼠标移到链接上时显示的说明文字	属性值可以是字符串

下面举例详细说明。

清单 2-5　2-5.htm　超链接示例

```
<html>
<head>
    <title>超链接示例</title>
</head>
<body>
    <p><a href="2-4.htm" title="这是合并单元格示例">合并单元格示例</a>
    <p><a href="temp.rar" tilte="请单击此处下载文件">下载文件</a>
    <p><a href="http://www.sohu.com" target="_blank" title="搜狐主页">搜狐</a>
    <p><a href="mailto:jjshang@263.net">给我发信</a>
    <p><a href="http://www.pku.edu.cn" target="_blank"><img src="gate.jpg"></a>
</body>
</html>
```

在上面的例子中依次是：链接到一个网页文件；链接到一个普通压缩文件；在新的窗口中链接到搜狐；链接到一个信箱；给图片添加一个超链接，在新的窗口中打开北大主页。

2.3.6　字符实体

在网页设计过程中，有些字符是无法在 HTML 中直接显示的。例如，如果在 HTML 代码中连续输入 3 个空格，在浏览器中只会显示出一个空格，其他的空格会被忽略掉。要解决该问题，就要用到字符实体。如下面的代码可以输出 3 个空格：

其中 就是空格的字符实体。一个实体一般包括 3 个部分，一个 and 符号（&），一个字符实体名或者实体号和一个分号（;）。表 2-14 列举了一些常用的字符实体。

表 2-14　常用字符实体

实 体 名	实 体 号	描　述	显示结果
		空格	
<	<	小于	<
>	>	大于	>
&	&	and 符号	&

2.4　HTML 高级元素

2.4.1　表单

在上网的时候，经常需要输入一些信息，如用户注册资料、用户意见等。填写完信息后，单击【提交】按钮，就可以将有关信息提交给网站。这里要填写的文本框、下拉列表框等元素组合在一起就称为表单（FORM）。就 ASP 来说，表单设计非常重要，因为在大部分情况下，客户端都是通过表单将信息提交给服务器端。只有这样，才能实现客户端和服务器端的互动与交流，也才能实现“真正”的动态网页程序设计。

不过，本节先来介绍如何编辑一个表单，至于向服务器端提交表单信息，将在后面第 4 章详细讲解。下面先来看一个典型的表单例子：

清单 2-6　2-6.htm　表单示例

```
<html>
<head>
    <title>用户注册表单示例</title>
</head>
<body leftmargin="100">
    <h1 align="center">用户注册</h1>
    <p><font color="red">以下内容请如实填写，其中带有*号的栏目是必须填写的</font>
    <form name="frmUserReg" method="POST" action="mailto:jjshang@263.net" >
        <p>请选择用户名:
        <input type="text" name="txtUserId" size="15">*
        <p>请输入你的密码:
        <input type="password" name="txtPwd" size="8" maxlength="8">*(密码不能超过 8 位)
        <p>请再次输入密码:
        <input type="password" name="txtPwd2" size="8" maxlength="8">*
        <p>请输入你的姓名:
        <input type="text" name="txtUserName" size="15">*
        <p>请选择你的性别:
        <input type="Radio" name="rdoSex" value="male" checked >男
        <input type="Radio" name="rdoSex" value="femail">女*
        <p>请输入你的生日:
        <input type="text" name="txtYear" size="4">年
        <input type="text" name="txtMonth" size="2">月
        <input type="text" name="txtDay" size="2">日*
        <p>请选择你的最高学历:
        <select size="1" name="sltEducation">
            <option value="高中" >高中</option>
            <option value="本科" selected>大学本科</option>
            <option value="硕士">硕士</option>
            <option value="博士">博士</option>
        </select>
        <p>请选择你的爱好:
```

```
            <input type="checkbox" name="chkLove" value="book">读书
            <input type="checkbox" name="chkLove" value="movie">看电影
            <input type="checkbox" name="chkLove" value="travel">旅游
            <input type="checkbox" name="chkLove" value="other">其他
            <p>你有什么意见吗?
            <textarea name="txtMemo" rows="4" cols="40"></textarea>
            <p align="center"><input type="submit" name="btnSubmit" value="提交" >
            <input type="reset" name="btnReset" value="取消" >
        </form>
    </body>
</html>
```

运行结果如图 2-5 所示。

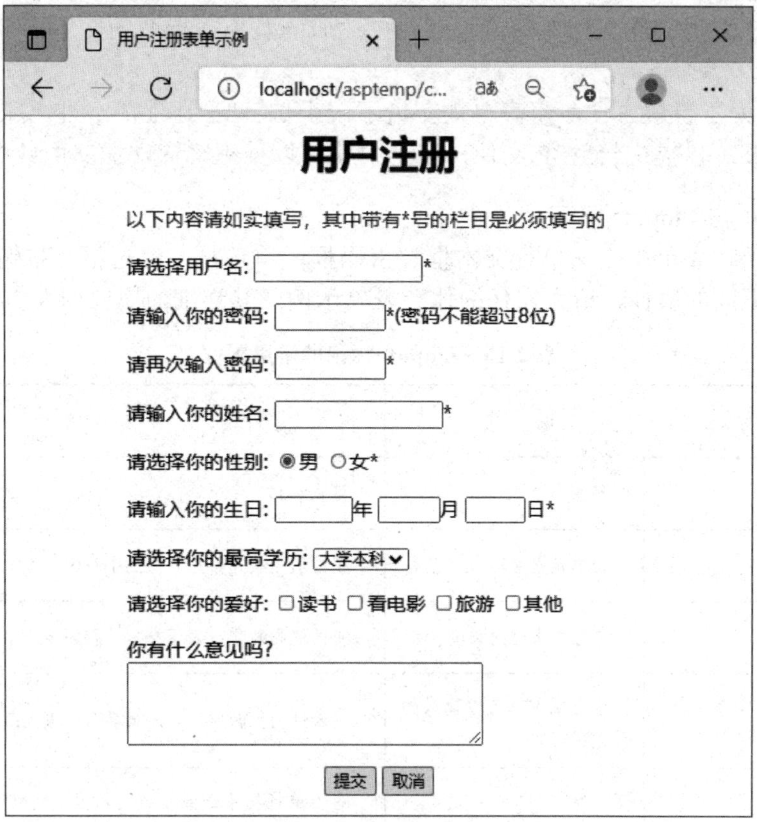

图 2-5　表单示例 2-6.htm 运行结果

下面来详细介绍构成表单的各个标记及属性。

（1）<form>与</form>标记

该标记用于定义一个表单，任何一个表单都是以<form>开始，以</form>结束。在其中包含了一些表单元素，如文本框、按钮、下拉列表框等。其属性及属性值如表 2-15 所示。

表 2-15　<form>标记的常用属性及属性值

属性名称	说　明	取　值
name	表单的名字	属性值为字符串
method	表单的传送方式	可以取 POST 或 GET 两个值，一般取 POST POST 表示将所有信息当作一个表单传递给服务器 GET 表示将表单信息附在 URL 地址后面传给服务器，这种传送方式有字节限制
action	处理程序文件的路径	一般是相对路径或绝对路径，请参考附录 A 本例令属性值为 E-mail，用户提交的信息将会寄至该邮箱

说明

① 这里要注意表单的 name 属性值 frmUserReg，它其实是可以任意命名的。不过大家应该尽量采用规范的命名方式，以便提高程序的可读性。这里的前缀 frm 表示这是一个表单，UserReg 采用了英文的缩写，表示用户注册的意思（后面的文本框、单选框、复选框等同此）。

② 在这里为了讲解方便，将表单提交给了一个 E-mail 地址。不过大家在第 4 章就会看到，表单一般可以提交给 ASP 文件，在其中就可以处理客户端提交的数据。

（2）<input>与</input>标记

该标记用于在表单中定义单行文本框、密码框、单选框、复选框、按钮等表单元素。不同的元素有不同的属性，请大家仔细体会表单示例。其详细的属性如表 2-16 所示。

表 2-16　<input>标记的常用属性

属性名称	说　明	取　值
type	元素类型	见表 2-17
name	表单元素名称	属性值一般是字母开头的字符串
size	单行文本框的长度	属性值为数字，表示文本框有多少个字符长
maxlength	单行文本框可以输入的最大字符数	其属性值为数字，表示最多可以输入多少个字符
value	表单元素的值	对于单行文本框或隐藏文本框，用来指定文本框的默认值，可省略 对于单选框或复选框，则指定被选中后传送到服务器的实际值，必选 对于按钮，则指定按钮表面上的文本，可省略
checked	项目是否被选中	没有属性值，加入该属性就表示该项目被选中

表 2-17　type 属性的值

属性值	说明
text	表示是单行文本框
password	表示是密码文本框，输入的字符以*显示
radio	表示是单选框
checkbox	表示是复选框
submit	表示是提交按钮
reset	表示是取消按钮，单击后将清除所填内容
image	表示是图像按钮，此时 input 标记还有一个重要属性：src，用来指定图像文件路径
hidden	隐藏文本框，类似于 text，但不可见，常用来在页面之间传递数据
file	文件选择框，在第 11 章上传文件时会用到

说明

① 在表 2-16 中的 value 属性是非常重要的，将表单提交到服务器端后，通常都是依靠 value 属性来获取用户提交的信息。当然，对单行文本框和密码框来说，该属性一般可以省略，value 值由用户自己输入到文本框中；对单选框和复选框来说，该属性必须设置，否则服务器无法获取到值。

② 在示例清单 2-6 中，两个单选框的 name 属性值一样，表示这是一组，两个里面只能选一个。几个复选框也一样，不过可以多选。

（3）<select>与</select>标记

该标记用来定义一个列表框，其中的一个<option>标记就是列表框中的一项。它们的属性及属性值分别如表 2-18、表 2-19 所示。

表 2-18　<select>标记的属性及属性值

属性名称	说明	取值
name	表单元素名称	属性值是字符串
size	指定列表框中显示列表项的项目数	属性值为数字，如取 1，则为下拉列表框；如为其他数字，则为普通列表框
multiple	是否允许多选	没有属性值，加入该属性就表示列表框允许多选。多选时按住 Ctrl 键逐个选取

表 2-19　<option>标记的属性及属性值

属性名称	说明	取值
value	列表项目的值	属性值为字符串。如果省略，则该值为<option>和</option>之间的内容
selected	项目是否被选中	没有属性值，加入该属性就表示该项目被选中

（4）<textarea>与</textarea>标记

该标记用于定义一个多行文本框（也叫文本区域），常用于需要输入大量文字内容的网页中，如留言板、BBS 等。其属性及属性值如表 2-20 所示。

表 2-20　<textarea>标记的属性及属性值

属性名称	说明	取值
name	表单元素名称	属性值为字符串
rows	多行文本框的高度	属性值为数字，表示多少行
cols	多行文本框的宽度	属性值为数字，表示多少列

说明：多行文本框和单行文本框略有不同，它没有 value 属性，<textarea>和</textarea>之间的内容实际上就是它的值。如果需要在文本框中显示默认内容，用法如下：

```
<textarea name="memo" rows="4" cols="40">这里是默认信息</textarea>
```

2.4.2　框架网页

所谓框架网页，是指在一个浏览器窗口同时显示几个不同的 HTML 文档。图 2-6 是框架网页的一个示例，其中浏览器窗口分成了左右两部分。通常情况下，在左边框架中单击一个超链接，就会在右边框架中打开对应的页面。

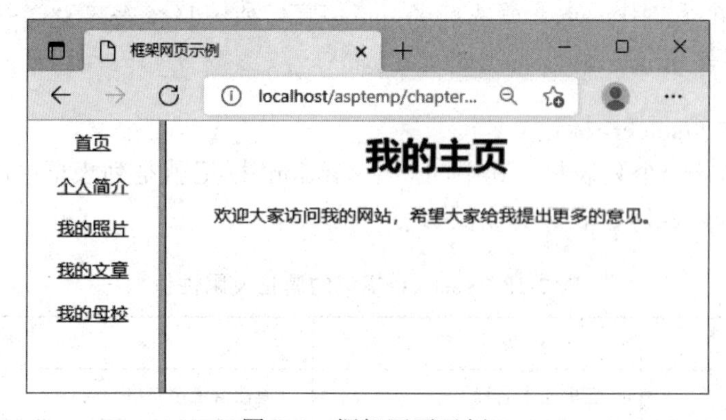

图 2-6　框架网页示例

由于本示例左边框架中设置了多个超链接，所以本示例实际上由 6 个网页文件组成。不过，对这样的左右框架网页来说，至少需要 3 个网页文件，分别是框架网页文件、左边框架中的网页文件和右边框架中的网页文件。

其中框架网页文件是最为重要的文件，它并不在页面中显示任何内容，但是却将窗口分成了左右两部分。下面是它的详细代码：

清单 2-7　2-7.htm　框架网页示例

```
<html>
<head>
    <title>框架网页示例</title>
```

```
</head>
<frameset cols="20%,*">
    <frame name="left" src="2-8.htm">
    <frame name="right" src="2-9.htm">
</frameset>
</html>
```

下面讲解示例清单 2-7 中涉及的重要标记。

（1）<frameset>与</frameset>标记

大家可以看到，在示例清单 2-7 中并没有<body>，而有一个<frameset>标记，该标记用来定义一个左右或上下框架。其属性及属性值如表 2-21 所示。

表 2-21　< frameset>标记的属性及属性值

属 性 名 称	说　　明	取　　值
cols	对于左右框架样式，依次指定每个框架窗口的宽度	其属性值的个数与框架数相等，各个值之间用逗号分隔，属性值可以是数字、百分数或*号。数字表示框架所占像素，百分数表示框架占整个浏览器窗口的比例，*号表示框架按比例分割后的剩余空间
rows	对于上下框架样式，依次指定每个框架窗口的高度	同上
frameborder	指定框架窗口边框状态	其属性值为 0 或 1，0 表示不显示边框，1 表示显示边框
border	指定边框的宽度	属性值为像素
bordercolor	指定边框的颜色	同其他颜色属性

（2）<frame>标记

一个<frame>标记表示一个框架窗口，<frame>标记的个数应该与框架数相当。其属性及属性值如表 2-22 所示。

表 2-22　< frame>标记的属性及属性值

属 性 名 称	说　　明	取　　值
name	指定框架的名称	属性值一般为字符串
src	指定框架的初始网页	其属性值为相对路径或绝对路径，请参看附录 A
scrolling	指定是否显示滚动条	其属性值有 Yes、No 或 Auto，分别表示显示、不显示或自动调整
noresize	指定是否可以调整框架大小	无属性值，如果加入，则用户不能调整框架大小

下面来看左侧框架中的初始网页 2-8.htm，详细代码如下：

清单 2-8　2-8.htm　左边框架中的初始网页文件

```
<html>
<head>
```

```
    <title>目录</title>
    <base target="right">
</head>
<body>
    <p align="center"><a href="2-9.htm">首页</a>
    <p align="center"><a href="myintro.htm">个人简介</a>
    <p align="center"><a href="myphoto.htm">我的照片</a>
    <p align="center"><a href="mydocument.htm">我的文章</a>
    <p align="center"><a href="http://www.pku.edu.cn" target="_blank">我的母校</a>
</body>
</html>
```

在使用框架网页时，一般会将各个网页的超链接放在一个框架中，作为导航目录；将这些超链接指向的网页显示在另一个框架中，这样可以方便用户浏览。如图 2-6 所示，左边是导航目录，超链接页面在右边窗口中显示。

那么浏览器又怎么知道要在右边框架中打开超链接呢？请注意示例 2-8 中的如下语句：

```
<base target="right">
```

该语句告诉浏览器，如果没有特殊指定，超链接默认会在名称为 right 的框架中打开，也就是在右边框架中打开。

大家再注意一下其中的另一个超链接：

```
<a href="http://www.pku.edu.cn" target="_blank">我的母校</a>
```

尽管本网页已经指定默认目标框架，但该超链接页面仍然会在新的窗口中打开。这是因为该超链接本身利用 target="_blank"指定了超链接页面在一个新窗口中打开，所以以本身的设定为准。

总而言之，对于框架网页，可以综合利用<a>标记和<base>标记中的 target 属性（参见表 2-13），就可以控制超链接在任意框架或窗口中打开。

如果希望在整个浏览器窗口中打开超链接，只要设置 target="_top"即可。

最后来看一下右侧框架中的初始网页 2-9.htm，详细代码如下：

清单 2-9　2-9.htm　右边框架中的初始网页文件

```
<html>
<head>
    <title>我的主页</title>
</head>
<body>
    <h1 align="center">我的主页</h1>
    <p align="center">欢迎大家访问我的网站，希望大家给我提出更多的意见。
</body>
```

```
</html>
```

事实上，2-9.htm 就是一个普通的 HTML 文件，而且其他文件 myintro.htm、mydocument.htm、myphoto.htm 也都是普通的 HTML 文件，只不过它们被显示在右侧框架中而已。

2.5 其他元素

由于篇幅所限，本书无法一一介绍所有标记，下面用表 2-23 列出较为常用的其他标记。请大家参考专门的 HTML 教程进行理解。

表 2-23　其他常用标记

标记名称	说　明	示　例
<center>…</center>	其中内容会居中显示	<center><h1>我的主页</center>
<hr>	插入一条横线	<hr width="90%" size="10" color="#FF0000">
<marquee>…</marquee>	插入一个滚动字幕	<marquee bgcolor="#FFFFCC" direction="right" scrolldelay="10" scrollamount="2" behavior="scroll" width="80%" height="50">欢迎访问我的主页</marquee>
<img>	插入动态视频	<img dynsrc="chee.avi" start="mouseover" loop="1" loopdelay="100">

使用<img>标记一般只能插入 avi 格式的视频文件。如果要插入其他格式的视频，就需要使用 Active X 插件，比如 Windows Media Player 插件。

2.6 本章小结

本章的重点是 HTML 标记及标记属性的使用，尤其是表单的设计，因为表单在后面的 ASP 程序中会经常用到。本章的难点主要是路径和框架网页的使用。

要学好本章内容，首先要认真掌握各节讲到的标记，并注意总结规律；其次要掌握利用 FrontPage 或 Dreamweaver 学习 HTML 知识的能力，在其中可以利用所见即所得的方式制作网页，然后通过查看源代码学习 HTML 知识。当然，最重要的还是要多动手、多练习。

第 3 章将开始学习 ASP 的脚本语言——VBScript 基础知识。

随着时代的发展，HTML 的下一代标准 HTML 5，已由万维网联盟完成标准制定，目前仍处于不断完善中。大部分最新版的浏览器已经支持或部分支持 HTML 5。大家如果有兴趣，可以自己去网上搜索相关资料进行学习。

习题 2

1. 选择题（可多选）

（1）HTML 文档包含的两个部分是指（　　）。

A．文档头部　　B．标题　　C．注释　　D．文档主体

（2）HTML 中的注释格式是（　　）。

A．<!-- 注释内容 --!>　　B．<!-- 注释内容 -->

C．<%-- 注释内容 --%>　　D．<!-- 注释内容 --%>

（3）下列（　　）语句将会以粗体、下划线显示。

A．<b><u>欢迎大家</u></b>　　B．<u><b>欢迎大家</b></u>

C．<i><b>欢迎大家</b></i>　　D．<b><i>欢迎大家</i></b>

（4）在 HTML 中，插入换行符用（　　）标记。

A．<hr>　　B．
　　C．<p>　　D．Enter 键

（5）在 HTML 中，下面（　　）方法可以在网页上显示“<p>”。

A．<p>　　B．<p>

C． p 　　D．\<p\>

（6）如果希望使用实心方块作为符号列表前面的符号，type 属性的取值应该为（　　）。

A．Circle　　B．Squire　　C．Disc　　D．■

（7）在 HTML 中，用（　　）标记表示表格的一行。

A．<row>和</row>　　B．<tr>和</tr>

C．<td>和</td>　　D．<table>和</table>

（8）在表格中（　　）属性用于设置文本水平对齐方式。

A．align　　B．valign　　C．top　　D．bottom

（9）关于网页中的图像，下列说法正确的是（　　）。

A．图像标记是以<img>开始，以</img>结束

B．href 属性用于指定所要显示图像文件的路径

C．src 属性用于指定所要显示图像文件的路径

D．alt 用于指定显示在图像上的文字

（10）当前文件夹下有一个 HTML 文件 a.htm 和一个子文件夹 B，文件夹 B 中有一个图片文件 flower.jpg，下面（　　）写法可以在 a.htm 中插入该图片。

A．<img src="flower.jpg">　　B．<img src="../flower.jpg">

C．<img src="B/flower.jpg">　　D．<img src="/B/flower.jpg">

（11）在超链接标记中，下面（　　）属性用来指定超链接路径。

A．src　　B．href　　C．dynsrc　　D．action

（12）在一组单选框中，下面（　　）属性可以用来默认选中某个选项。

A．selected　　B．checked　　C．multiple　　D．noresize

（13）下面（　　）方法可以设置单行文本框的默认值为“在这里输入用户名”。

A．<input type="text" name="txtUserId" value="在这里输入用户名">

B．<input type="text" name="txtUserId">在这里输入用户名</input>

C．<textarea type="memo" name="txtUserId" value="在这里输入用户名">

D．<textarea type="memo" name="txtUserId"> 在这里输入用户名</textarea>

（14）下面（　　）文本框中输入数据后，数据将以*号显示。

A．单行　　B．多行　　C．数值　　D．密码

（15）在表单中，下列（　　）属性用于指定表单处理程序文件的地址。

A．method　　B．action　　C．GET　　D．POST

（16）在框架网页中，如果一个超链接在整个浏览器窗口中打开，target 属性的值为（　　）。

A．_blan　　B．_self　　C．parent　　D．_top

（17）要实现一个上下型框架网页，至少需要（　　）个网页文件。

A．2　　B．3　　C．4　　D．6

（18）下列（　　）属性可以用来使框架不显示滚动条。

A．cols　　B．rows　　C．scrolling　　D．noresize

（19）在示例清单 2-7 中，下面（　　）语句可以将 C:\Inetpub\wwwroot\asptemp\chapter1 文件夹中的 1-1.htm 当作“right”框架的初始网页。

A．<frame name="right" src="1-1.htm">

B．<frame name="right" src="../1-1.htm">

C．<frame name="right" src="../chapter1/1-1.htm">

D．<frame name="right" src="/asptemp/chapter1/1-1.htm">

（20）下列（　　）标记可以单独使用（不需要结束标记）。

A．<p>　　B．
　　C．<img>　　D．<input>

2. 问答题

（1）为什么需要给 HTML 文件添加注释语句？

（2）如果同时设置了背景颜色和背景图片，会出现什么情况？

（3）请比较背景图片、图片标记、超链接、框架网页中用到的文件路径的语法。

（4）为什么 HTML 文件一般可以直接双击打开，而 ASP 文件就不能呢？

（5）在示例清单 2-2 中，也可以将背景音乐文件的路径修改为“C:\Inetpub\wwwroot\asptemp\chapter2\bgmusic.mp3”，而且也可以正常运行。但是，这样做实际上是有问题的，请大家想想为什么（提示：要注意客户端和服务器端的区别）。

3. 实践题

（1）请开发一个网页，3 秒后自动转到新浪网站，并且在页面上显示文字“3 秒后将转到新浪网站……”。

（2）请开发一个网页，并在 Internet 中搜索找到一个 MP3 文件，作为该网页的背景音乐；然后再搜索找到一个图片文件，并将其插入到该页面中（提示：请直接用 URL）。

（3）请尝试将清单 2-6 中的提交按钮替换为图片按钮。

（4）请在 2.4.2 节框架网页示例的基础上制作自己的个人主页，并且要满足以下要求。

A．在“个人简介”页面上方给出一段自我介绍的文字和一张照片。

B．在“个人简介”页面下方利用表格说明自己的教育经历。

C．在“我的照片”页面中添加一些照片的缩略图，单击缩略图自动打开原始照片。

D．在“我的文章”页面中用排序列表的方式添加一些自己撰写或下载的文章标题，并为标题添加超链接，单击超链接在新窗口中打开对应的文章页面。

E．在左侧框架中添加一个“给我留言”的超链接，然后在对应的页面中添加一个留言表单，其中应该包括留言主题、留言内容、留言人姓名、留言人 E-mail 等内容。单击“提交”按钮后，将留言发送到自己的信箱。

（5）（选做题）请为“C:\Inetpub\wwwroot\chapter2”添加虚拟目录 temp2，然后分别用相对路径、绝对路径和 URL 改写 2-2.htm（提示：请参考附录 A）。

第 3 章　VBScript 基础知识

本章要点

- ☑ VBScript 的数据类型
- ☑ 变量（包括数组）的命名规则、声明、赋值和引用
- ☑ 算术运算符、连接运算符、比较运算符和几个逻辑运算符
- ☑ 数学函数中的 Int、Round 和 Rnd 等
- ☑ 字符串函数中的 Len、Trim、Mid、Replace、InStr 等
- ☑ 日期和时间函数中的 Now、Date、Time、DateAdd 和 DateDiff 等
- ☑ 数组函数中的 UBound、LBound、Split 和 Join 等
- ☑ 转换函数中的 CStr、CInt 和 CDate 等
- ☑ 检验函数中的 VarType、IsNumeric、IsDate 和 IsArray 等
- ☑ 过程的声明与调用，形式参数与实际参数
- ☑ If…Then…Else 和 Select Case 条件语句
- ☑ For…Next 和 Do…Loop 循环语句

3.1　脚本语言概述

所谓脚本语言，就是一种介于 HTML 语言和 Visual Basic（简称 VB）、Java 等高级语言之间的语言。它更接近于高级语言，但却比高级语言简单易学，当然也没有高级语言的功能那么强大。

ASP 本身并不是一种脚本语言，但它却为嵌入 HTML 页面中的脚本语言提供了运行的环境。在 ASP 程序中，常用的脚本语言有 VBScript 和 JavaScript 等，默认为 VBScript 语言。在本书中，将主要介绍 VBScript 语言。

VBScript 语言直接来源于 VB 语言，而 VB 是风靡全球的一种学习简单、功能强大的程序设计语言，因此 VBScript 也继承了 VB 的简单易学的特点。

下面就 VBScript 的语法作一简单介绍。

3.2　VBScript 代码的基本格式

脚本语言既可以在服务器端执行，也可以在客户端执行。不过，就 ASP 来说，其中的 VBScript 语言都是放在服务器端执行的。具体方法有以下两种。

方法一：<%VBScript 代码%>

方法二：<Script Language="VBScript" Runat="Server">

　　　　　VBScript 代码

```
    </Script>
```

说明：这两种方法没有本质区别，一般使用方法一，方法二很少使用。

有时为了需要，也可以将 VBScript 代码放在客户端执行，此时的语法如下：

```
<Script Language="VBScript">
    VBScript 代码
</Script>
```

说明：根据 1.1.2 节讲过的 WWW 的工作原理，此时的 VBScript 代码会原封不动地被发送到客户端，由客户端的浏览器解释执行。事实上，这样运用 VBScript 其实和 ASP 没有太大关系。

3.3 VBScript 的数据类型

什么是数据类型呢？就像在大学中为师生安排宿舍一样，有男教师、女教师、男学生、女学生等不同类型的人员，必须要为他们分别安排不同的宿舍，否则就会出麻烦。在计算机中，也要处理数值、字符串和日期等不同类型的数据，这就称为数据类型。

在 VB、Java 等高级语言中，有整数、字符串、浮点数等不同的数据类型，但在 VBScript 中只有一种数据类型，称为变体类型（Variant）。这是一种特殊的数据类型，根据不同的使用方式，它可以包含不同的数据类别信息，如整数、字符串、日期等。这些不同的数据类别称为数据子类型，如表 3-1 所示。

表 3-1　Variant 的数据子类型

子 类 型	说　　明
String（字符串）	变长字符串类型，最大长度可为 20 亿个字符
Byte（字节）	字节整数类型，其值是 0 到 255 之间的整数
Integer（整数）	一般整数类型，其值是－32 768 到 32 767 之间的整数
Long（长整数）	长整数类型，其值是－2 147 483 648 到 2 147 483 647 之间的整数
Single（单精度数）	单精度浮点数类型，负数从－3.402823E38 到－1.401298E-45 范围取值，正数从 1.401298E-45 到 3.402823E38 范围取值
Double（双精度数）	双精度浮点数类型，负数从－1.79769313486232E308 到－4.94065645841247E-324 范围取值，正数从 4.94065645841247E-324 到 1.79769313486232E308 范围取值
Date(Time)（日期和时间）	日期和时间类型，范围从公元 100 年 1 月 1 日到公元 9999 年 12 月 31 日
Boolean（布尔）	布尔类型，只有 True（真）和 False（假）两个值
Currency（货币）	货币类型，其值是－922 337 203 685 477.580 8 到 922 337 203 685 477.580 7 间的数
Empty（空）	空类型，表示未初始化的变量值
Null（无效）	无效类型，表示不包含任何有效数据的变量值
Object（对象）	对象类型，可以用来表示对 ActiveX 控件或其他对象的引用
Error（错误）	错误信息编号类型

说明

① 请注意区分 Empty 和 Null 类型，这两种类型不常用，但是容易混淆。其中 Empty 表示未初始化的变量值，如果变量是数字，则其值就是 0，如果变量是字符串，则其值就是一个零长度的字符串（""）；而 Null 则表示变量不包含任何有效的数据。

② 在一般情况下，Variant 会将其代表的数据子类型作自动转换，但有的时候，也会遇到一些数据类型不匹配造成的错误，就像一个人加一条鱼等于什么的错误。这时，可以使用后面要讲的转换函数来强制转换数据子类型。

3.4　VBScript 常量

在程序运行过程中，其值不能被改变的量称为常量。常量又分为两种：直接常量或符号常量。

3.4.1　直接常量

直接常量（常数）也称为字面常量，指的是可以从字面形式上辨别出来的常量，其实就是通常所说的常数。例如，100 是一个整数常量，"中国"是一个字符串常量，#1990-9-9# 是一个日期常量。

说明

① 两边加双引号（"）表示字符串常量。区别字符串常量和数字常量的标志就是看两边是否有双引号。如"100"看起来是数字，但实际上是字符串常量。

② 如果发生引号嵌套，就将内层引号替换为单引号（'）或连续两个双引号（""），比如"ab'cd'ef"或"ab""cd""ef"。不过，内层如果是中文引号，则不必替换。

③ 两边加#号表示日期或时间常量。

3.4.2　符号常量

所谓符号常量，指的是用一个具有一定含义的直观的名字来代表一个数值、字符串或日期等常数。使用符号常量的意义是可以在程序中用该常量来代表特定的值，从而方便编程。例如，在科学计算程序中常用 PI 来表示 3.141 592 6，这样既不容易出错，也使程序更加简洁。

声明（定义）符号常量可以使用 Const 语句，语法如下：

```
<%
Const PI=3.1415926                    '表示数值型常量
Const conCountry="中国"               '两边加"表示字符串常量
Const conBirthday=#1990-9-9#          '两边加#表示日期或时间常量
%>
```

说明

① 常量的引用非常简单。像第一个例子，一旦声明 PI 这个常量后，在程序的其他地方就可以用 PI 来表示 3.141 592 6 了。

② 常量的命名规则和其他程序设计语言一样，一般可以使用字母、数字和下划线。

不过为了清楚起见，可以在常量名称前加上 con 或 vb 前缀，表示这是一个常量。

③ 要注意符号常量的作用范围。后面会讲到过程，在过程内声明的符号常量只在本过程内有效；在过程外定义的符号常量在整个页面内均有效。

以上说的符号常量也常称为自定义常量，表示是自己定义的。事实上，VBScript 还有一些内置符号常量（见表 3-2），也可以称为系统常量，表示是系统定义的。大家在程序中不必自己定义，可以直接引用，如 vbSunday 表示星期日，它的值是 1。

表 3-2　部分内置符号常量（系统常量）

日期/时间格式常量			日期/时间常量		
常　量	值	说　明	常　量	值	说　明
vbGeneralDate	0	显示日期/时间	vbSunday	1	星期日
vbLongDate	1	以长日期格式显示	vbMonday	2	星期一
vbShortDate	2	以短日期格式显示	vbTuesday	3	星期二
vbLongTime	3	以长时间格式显示	vbWednesday	4	星期三
vbShortTime	4	以短时间格式显示	vbThursday	5	星期四
			vbFriday	6	星期五
			vbSaturday	7	星期六

大家可能会有一些困惑，究竟什么时候需要使用这些系统常量呢？其实，它一般应用在函数或对象的参数中，如在 3.8 节中可以利用日期格式化函数将日期按照指定的格式显示出来，此时就需要设置参数值，vbLongDate 表示以长日期格式显示。当然，大家也可以直接用数字 1 来作为参数值，结果是一样的。

如果希望掌握更多的内置符号常量，请参考教材支持网站中的专门介绍。

3.5　VBScript 变量

所谓变量，顾名思义，就是在程序运行过程中，其值可以被改变的量。严格来说，变量代表内存中具有特定属性的一个存储单元，它用来存放数据，也就是变量的值。为了方便引用，可以给这个存储单元定义一个名字，这就是变量的名称（见图 3-1）。

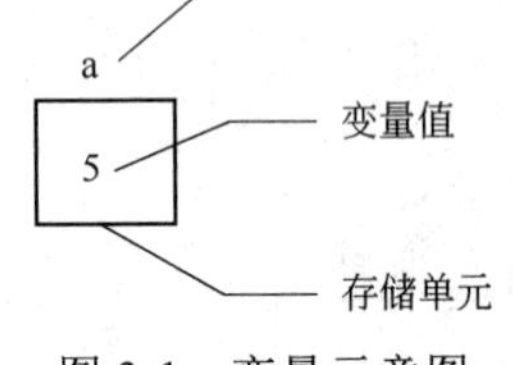

图 3-1　变量示意图

变量与常量非常类似，只不过常量一经声明其值就不能改变了，而变量在声明后仍可随时对其值进行修改。

下面就来详细介绍变量的命名规则、声明、赋值、引用和作用范围等内容。

3.5.1　变量的命名规则

在 VBScript 中，变量的命名规则如下：

① 变量名必须以字母开头；

② 可以使用字母、数字和下划线，但不能使用任何标点符号；

③ 长度不能超过 255 个字符；

④ 不能使用 VBScript 的关键字，所谓关键字，就是 Const、Dim、Sub、End 等在语法中使用的一些特殊字符串。

为了清楚起见，大家最好采用科学的命名方法：用一个约定俗成的前缀（见表 3-3）表示变量的数据子类型，用英文或汉语拼音表示变量的含义，并且适当使用大小写突出显示。比如 strUserId 表示用户名，intAge 表示年龄，dtmBirthday 表示生日。

表 3-3　常用数据子类型的前缀

子类型	前缀	示例	子类型	前缀	示例
String	str	strUserId	Double	dbl	dblPopulation
Byte	byt	bytGrade	Date(Time)	dtm	dtmBirthday
Integer	int	intAge	Boolean	bln	blnMarriage
Long	lng	lngDistance	Currency	cur	curPay
Single	sng	sngOutput	Object	obj	objFile

3.5.2　变量的声明、赋值和引用

声明（定义）变量可以使用 Dim 语句，例如：

```
<%
Dim intA                    '声明一个变量
Dim intB,strC,dtmD          '可以同时声明多个变量，用逗号隔开即可
%>
```

变量的赋值也与许多高级语言相同，变量放在等号的左边，赋值语句放在等号的右边，赋值语句可以是一个常量（常数），也可以是一个表达式。例如：

```
<%
intA=10+20*3                '执行后 intA 的值为 70
strA="北京"                 '执行后 strA 的值为"北京"
%>
```

变量的引用和常量类似，可以将变量直接赋值给另外一个变量，也可以将变量引用到表达式中。例如：

```
<%
Dim intA,intB,intC          '声明 3 个变量
intA=5                      '给变量 intA 赋值
intB=5                      '给变量 intB 赋值
intC=intA+intB              '引用变量 intA 和 intB，将两者之和赋给变量 intC
%>
```

说明：结合图 3-1，可以看出，所谓赋值，就是将等号右侧的常量或表达式的结果计算出来，然后将其作为变量的值存放到该存储单元中；所谓引用，实际上就是从这个存储单元中把变量的值取出来。

3.5.3　使用 Option Explicit 语句强制声明变量

用 Dim 语句声明变量的方法称为显性声明，事实上，还有一种隐性声明的方法，即事先不用 Dim 语句声明，在需要的时候直接赋值或引用，就会自动声明一个变量。如下面的语句就会自动声明一个变量 intA，且它的值为 2。

```
<% intA=2 %>
```

不用声明即可使用，这样看起来很方便，但其实有很大的麻烦。如果在程序中不小心输错了变量名称，就会出现一个新的变量，自然会引起程序错误，而且这种错误还很难发现。所以，建议大家在今后编程中要养成先声明变量后使用的习惯。

如果希望强制要求所有的变量必须先声明才能使用，则可以在 ASP 文件中所有的脚本语句之前添加 Option Explicit 语句，用法如下：

```
<% Option Explicit %>
```

添加了 Option Explicit 语句后，如果使用变量前没有预先声明，调试程序时就会报错。

3.5.4　变量的作用范围和有效期

作用范围也称为作用域，表示在什么空间范围内可以使用该变量。在 VBScript 中，变量的作用范围是由变量的声明位置决定的。

在一个过程（参见 3.9 节）内声明的变量，则只有在这个过程内的代码才可以使用该变量，这样的变量又叫作“过程级变量”。

在所有过程之外声明的变量，则该文件中的所有代码均可以使用该变量，这样的变量又叫作“脚本级变量”。

脚本级变量也只是在一个网页文件里有效，如果要在不同的网页文件里传递数据，则只能利用第 5 章要讲的 Session 对象或其他方法。

有效期也称为存活期，表示在什么时间范围内可以使用该变量。

过程级变量的有效期就是该过程的运行时间，过程结束后，变量就随即消失了。

脚本级变量的有效期就是从它被声明那一刻到整个代码的结束。整个代码结束后，变量也就随即消失了。

根据 1.1.2 节所讲的 WWW 的工作原理，当服务器端找到一个 ASP 文件，并解释执行，之后将生成的静态网页发送到客户端后，该文件中的所有代码就运行结束了。也可以简单地说，脚本级变量的有效期就是服务器端解释执行该文件的时间，并不是用户访问本网站的整个过程。

3.6　VBScript 数组

如果现在要处理 40 名同学的数学成绩，则可以声明 40 个变量，分别表示每位同学的成绩。这种方法确实可以用，但是比较麻烦，此时可以使用数组，利用它能够方便地对成批的数据进行处理。

严格来说，数组代表内存中具有特定属性的若干连续的存储单元，每个单元都可以用来存放数据，根据单元的索引（也称下标）就可以访问特定的存储单元。简单地说，就类似于一排存放鸡蛋的格子（见图 3-2），可以在每一个格子中存放鸡蛋，只要根据索引就可以方便地找到任意一个格子中的鸡蛋。

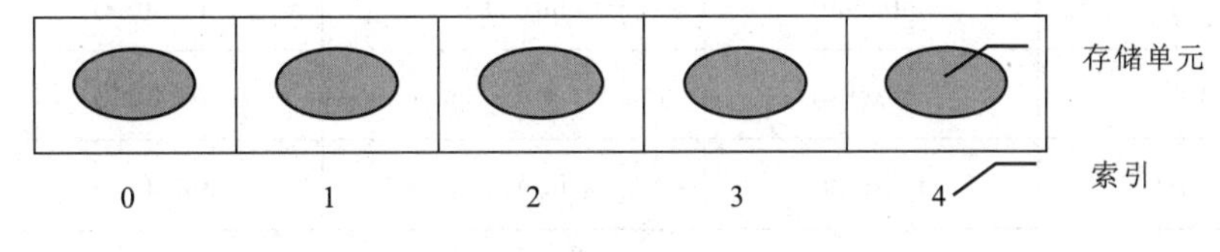

图 3-2　数组示意图

3.6.1　数组的命名、声明、赋值和引用

数组的命名、声明、赋值和引用与 3.5 节讲的变量基本上是一样的，所不同的是要声明数组中的元素数（也就是长度）。下面是一个简单的例子：

```
<%
Dim intA(2)                          '声明一个元素数为 3 的数组
intA(0)=1                            '给第 1 个数组元素变量赋值
intA(1)=2                            '给第 2 个数组元素变量赋值
intA(2)=3                            '给第 3 个数组元素变量赋值
intSum=intA(0)+intA(1)+intA(2)       '引用数组元素变量，赋值给 intSum 变量
%>
```

说明

① 数组中的每一个元素实际上可以被看作一个普通的变量，只是要用括号中的索引（下标）表示是数组中的第几个变量而已。

② VBScript 数组索引从 0 开始计数，所以上面的数组元素是 3 个，而不是 2 个。

3.6.2　多维数组

上面的数组是一维数组，事实上也可以使用多维数组，如常用的二维数组就类似于围棋棋盘，包括多行多列，常用来保存学生成绩表等表格状的数据。

下面的例子将声明一个 3 行 4 列的二维数组，并给部分数组元素变量赋值：

```
<%
Dim intA(2,3)                        '声明一个 3 行 4 列的二维数组
intA(0,0)=85                         '给第 1 行第 1 列的数组元素变量赋值
```

```
intA(0,1)=90                    '给第 1 行第 2 列的数组元素变量赋值
……
intA(2,2)=88                    '给第 3 行第 3 列的数组元素变量赋值
intA(2,3)=78                    '给第 3 行第 4 列的数组元素变量赋值
%>
```

这个二维数组的结构如表 3-4 所示。

表 3-4　二维数组结构示意

	第 1 列	第 2 列	第 3 列	第 4 列
第 1 行	intA(0,0)	intA(0,1)	intA(0,2)	intA(0,3)
第 2 行	intA(1,0)	intA(1,1)	intA(1,2)	intA(1,3)
第 3 行	intA(2,0)	intA(2,1)	intA(2,2)	intA(2,3)

多维数组的引用和赋值与一维数组是一样的，只不过括号中的第 1 个数字表示所在行，第 2 个数字表示所在列。

3.6.3　变长数组

变长数组又称为动态数组，意思是声明数组时可以不确定数组元素个数，以后根据需要再确定。声明变长数组的语法如下：

```
<%  Dim intA()  %>
```

其声明方法和定长数组类似，只是在括号中不指明数组长度而已。当需要使用的时候，可以用 Redim 语句重新声明该数组。如：

```
<%
Redim intA(3)                   '重声明数组，长度为 4
intA (3)=100
Redim intA(5)                   '如果愿意，可以任意多次重声明
intA (5)=200
%>
```

不过需要注意的是，Redim 数组后，原有的数值就全部清空了。如果希望保留原有元素的数值，在 Redim 语句中需要添加 Preserve 参数，例如：

```
<%  Redim Preserve intA(5)  %>
```

变长多维数组比较复杂，一般较少使用。如果有兴趣，请参考 VBScript 专门教程。

3.7　VBScript 运算符和表达式

在前面几节，已经多次使用加号（+）运算符。事实上，VBScript 继承了 VB 所有类别的运算符，包括算术运算符、连接运算符、比较运算符和逻辑运算符，如表 3-5 所示。

表 3-5　各种运算符及其说明

算术运算符		连接运算符		比较运算符		逻辑运算符	
符号	说明	符号	说明	符号	说明	符号	说明
+	加	&	连接两个字符串	=	等于	Not	逻辑非
-	减（或取负）	+	连接两个字符串，类似&	>	大于	And	逻辑与
*	乘			<	小于	Or	逻辑或
/	除			>=	大于等于	Xor	逻辑异或
\	整除			<=	小于等于	Eqv	逻辑等价
Mod	求余数			<>	不等于	Imp	逻辑隐含
^	乘方			Is	两个对象是否相同		

至于表达式，就是由常量、变量和运算符组成的、符合 VBScript 语法要求的式子。VBScript 主要包含 3 种不同的表达式：数学表达式（如 3+5*7）、字符串表达式（如"ab" & "cd"）和条件表达式（如 5>3）。下面将详细讲解各种运算符及表达式。

3.7.1　算术运算符和数学表达式

算术运算符和数学表达式主要用于常规的数学运算，例如：

```
<%
intResult=6.5/2+4*5-1              '求四则运算结果，结果为 22.25
intResult=intA^2+intB^2            '求两个变量的平方和
intResult=5\2                      '求整除后的商，结果为 2
intResult=5 Mod 2                  '求余数，结果为 1
intResult=-5                       '求负数，结果为-5
%>
```

说明

① 大部分运算符左右两边都需要一个操作数（常量或变量），这样的运算符也称为“双目运算符”。不过当“-”用于求负数时，只需要右边一个操作数，这样的运算符也称为“单目运算符”。

② 表 3-5 中的算术运算符在实际运算中是有优先顺序的，不过和代数的运算顺序差不多，依次为^、-（求负）、*和/、\、Mod、+和-。当然，大家也可以使用括号任意改变运算顺序。

③ 大部分运算符两边不需要留空格，但是少数容易混淆的运算符两边必须留空格，如 Mod。

3.7.2　连接运算符和字符串表达式

连接运算符和字符串表达式主要用于将若干个字符串连接成一个长的字符串。其中&运算符表示强制连接，不管两边的操作数是字符串、数值、日期还是布尔值，它都会把它们自动转化为字符串，然后连接到一起，例如：

```
<%
strResult="ab" & "cd"                '将两个字符串连接到一起，结果为"abcd"
strResult="欢迎" & strUserId         '将字符串常量和字符串变量连接到一起
strResult="ab" & #2008-8-8#          '连接字符串和日期，结果为"ab2008-8-8"
strResult="ab" & True                '连接字符串和布尔值，结果为"abTrue"
strResult="ab" & 10                  '连接字符串和数字，结果为"ab10"
strResult="20" & 10                  '连接数值字符串和数字，结果为"2010"
%>
```

说明：请注意其中的"20"，虽然内容是数值，但是两边加了双引号，就变成了字符串。这种字符串也常常被称为“数值字符串”。

+运算符也可以用于连接字符串，不过，使用时要特别小心，只有两个操作数都是字符串时才执行连接运算；如果有一个操作数是数值、日期或者布尔值，就执行相加运算。此时，如果另一个操作数无法转换成可以相加的类型，就会出错。例如：

```
<%
strResult="ab" + "cd"                '将两个字符串连接到一起，结果为"abcd"
strResult="欢迎" + strUserId         '将字符串常量和字符串变量连接到一起
strResult="ab" + #2008-8-8#          '执行相加运算，出错
strResult="ab" + True                '执行相加运算，出错
strResult="ab" + 10                  '执行相加运算，出错
strResult="20" + 10                  '执行相加运算，结果为 30
%>
```

为避免出错，执行连接运算时最好使用&运算符。

连接运算符和字符串表达式还有一个特殊的重要作用，就是用来输出 HTML 代码。因为 HTML 代码实际上也是一些字符串，只要把它们当作普通字符串一样处理就可以了。下面就把第 1 章的 1-1.asp 用此方法改写一下：

清单 3-1　3-1.asp　用字符串表达式输出 HTML 代码

```
<%
Response.Write "<html>"
Response.Write "<head>"
Response.Write "<title>我爱你 中国</title>"
Response.Write "</head>"
Response.Write "<body>"
Response.Write "<h1 align='center'>我要把美好的青春献给你，我的祖国！</h1>"
Dim a
a="现在时间："&Time()&"，我为祖国献花！"
```

```
Response.Write a
Response.Write "</body>"
Response.Write "</html>"
%>
```

运行结果和图 1-9 一样，请大家自己去比较。

程序说明

① 当用户访问该程序时，服务器端就会解释执行每一行，然后将生成的静态网页发送到客户端（大家可以在浏览器中查看源文件，看看究竟生成了什么）。

② 此时会出现引号嵌套的情况，可以将内层引号改为单引号，如<h1 align='center'>。

③ 在一般情况下，HTML 代码不需要这样输出，但是当 HTML 代码和 VBScript 频繁切换时，就可以将 HTML 代码这样输出。

3.7.3　比较运算符和条件表达式

比较运算符和条件表达式常用来根据一系列事件的结果作出决定，如在登录网站时常常需要判断用户输入的密码是否正确，然后决定是否允许登录。

常用的比较运算符包括=、<>、>、<、>=和<=，这些运算符执行后的结果为 True（真）或 False（假），依据结果就可以执行相应的操作。常用的例子如下：

```
<%
blnResult=5>3                        '对两个数字进行比较，结果为 True
blnResult="ABCD"="abcd"              '进行比较，区分大小写，返回 False
blnResult=strPassword="abcdef "      '比较字符串变量和字符串的值是否相等
blnResult=#2008-1-1#<#2008-8-8#      '对两个日期进行比较，结果为 True
%>
```

说明

① 大家对 blnResult="ABCD"="abcd"可能会有一些困惑。事实上第 1 个=是赋值运算符，第 2 个=才是比较运算符。执行时，首先执行右边的比较运算符，结果为 False，然后将其赋值给变量 blnResult。

② 数字和日期都很容易比较大小，对于字符串，实际上是依次比较每一个字符的 ANSI 码（对于字母、数字和常用符号，ANSI 码也就是 ASCII 码，请参看专门教程）。

③ 比较运算符在实际运算中是没有优先顺序的，按从左到右的顺序进行。

3.7.4　逻辑运算符

在条件表达式中，经常还会用到逻辑运算符，它的作用是对两个布尔值（True 或 False）或两个比较表达式进行一系列的逻辑运算，然后再返回一个布尔值结果。

常用的逻辑运算符有 And（逻辑与）、Or（逻辑或）和 Not（逻辑非），运算规则如下：

① And 表示并且，只有两个操作数都是 True 的时候，结果才为 True，否则为 False；

② Or 表示或者，只要两个操作数中有一个是 True，结果就为 True，否则为 False；

③ Not 表示求反，它是单目运算符，只需要一个操作数，当操作数是 True 时，结果为 False，当操作数为 False 时，结果为 True。

下面举例讲解：

```
<%
blnResult=True And False          '逻辑与运算，结果为 False
blnResult=5>3 And 6>4             '先计算两个表达式的值，再进行逻辑运算
                                  '结果为 True
blnResult=True Or False           '逻辑或运算，结果为 True
blnResult=intA>3 Or intA<5        '如果 intA 大于 3 或者小于 5，结果为 True
blnResult=Not True                '逻辑非运算，结果为 False
blnResult=Not blnA                '对逻辑变量 blnA 求反
%>
```

其他几个逻辑运算符不太常用，规则简述如下。

① Xor（逻辑异或），当两个操作数不一致时，结果为 True，否则为 False。如表达式“True Xor False”结果为 True。

② Eqv（逻辑等于），当两个操作数一致时，结果为 True，否则为 False。如表达式“True Eqv False”结果为 False。

③ Imp（逻辑包含），只有当两个操作数依次是 True 和 False 时，如“True Imp False”结果才为 False，其他时候结果均为 True。

说明：逻辑运算符在实际运算中是有优先顺序的，按从高到低依次为 Not、And、Or、Xor、Eqv、Imp。

3.7.5 混合表达式中的优先级

所谓混合表达式，是指一个表达式中包含了多类运算符，如“a+3>2 And True”。此时运算顺序稍微有些复杂，需要先计算算术运算符，其次计算连接运算符，再次计算比较运算符，最后计算逻辑运算符，而在同一类运算符中则按之前各节讲的优先级顺序。

不过，建议大家没有必要去记这些顺序，在编程时可以充分利用括号“()”来改变这种顺序，达到自己的要求，这和在代数里学的运算次序是基本一致的。

3.8 VBScript 函数

所谓函数，是指由若干语句组成的程序模块，它可以实现一个特定的功能，并返回一个函数值。例如，前面多次用到的 Time()函数就可以返回计算机的系统时间。不过作为程序开发者来说，不用关心它内部具体是怎么实现的，只要会引用就可以了。

除了 Time()函数以外，VBScript 还提供了大量的函数，用以完成数值、字符串、日期、数组等各种处理功能，这些函数一般称为内部函数或系统函数。下面再举两个关于平方根函数的例子：

```
<%
```

```
sngResult=Sqr(16)                '求 16 的平方根，函数值为 4
sngResult=Sqr(intA)+2            '先求变量 intA 的平方根，然后加 2
%>
```

说明

① 从以上例子中可以看出，函数和变量非常相似，它可以像变量一样被引用在表达式中，只不过函数名称后面要有一个括号，其中有 0 个或若干个参数。

② 学习函数时要注意参数的个数和类型。参数可以是变量，也可以是常数，还可以是表达式，如 Sqr(23*4/5)。此外，还要注意函数的返回值的类型。

3.8.1 数学函数

数学函数包括取整函数、随机函数、绝对值函数、三角函数和指数函数等，它们的参数和返回的函数值一般都是数值。常用的数学函数如表 3-6 所示。

表 3-6 常用数学函数及功能

函　数	功　能	示　例
Int(number)	返回数的整数部分。对于负数，将返回小于或等于 number 的第一个负整数	Int(10.8)，返回 10 Int(-10.8)，返回-11
Fix(number)	返回数的整数部分。对于负数，将返回大于或等于 number 的第一个负整数	Fix(10.8)，返回 10 Fix(-10.8)，返回-10
Round(number[,decimal])	返回按指定位数四舍五入的数值。如果省略参数 decimal，则返回整数	Round(3.14159,2)，返回 3.14 Round(10.8)，返回 11
Rnd()	返回一个随机数	Rnd()，随机返回一个小于 1 但大于等于 0 的值
Abs(number)	返回数的绝对值	Abs(-10)，返回 10
Sqr(number)	返回数的平方根	Sqr(16)，返回 4
Log(number)	返回数的自然对数	Log(10)，返回 2.30258509299405
Exp(number)	返回 e（自然对数的底）的幂次方	Exp(10)，返回 22026.4657948067
Sin(number)	返回角度的正弦值	Sin(10)，返回-.54402111088937
Cos(number)	返回角度的余弦值	Cos(10)，返回-.839071529076452
Tan(number)	返回角度的正切值	Tan(10)，返回.648360827459087
Atn(number)	返回角度的反正切值	Atn(10)，返回 1.47112767430373

在以上函数中，最为常用的是取整函数和随机函数，下面就利用 Int 和 Rnd 函数来产生一个从 1 到 10 的随机数。具体代码如下：

清单 3-2　3-2.asp　产生随机数示例

```
<% Option Explicit                              '放在程序首行，强制声明变量%>
<html>
```

```
<body>
    <%
    Dim intMyRnd
    Randomize Timer()          '该语句用于初始化随机种子，否则每次产生的值都一样
    intMyRnd = Int((10 * Rnd()) + 1)                '产生随机数
    Response.Write intMyRnd
    %>
</body>
</html>
```

大家可以自行运行一下程序，每次执行将随机产生一个10以内的整数。

程序说明

① Randomize Timer()语句用于初始化随机种子，否则每次产生的值都一样。

② Rnd 函数本身可以产生一个从 0 到 1 的随机数，而 Int((10 * Rnd()) + 1)表示 Rnd 产生的随机数乘 10 加 1 再取整，就变成了从 1 到 10 的随机整数。

③ 要产生从 a 到 b 的随机整数，公式是 Int((b-a+1)*Rnd()+a)。

④ 从本节起，本书省略了 HTML 文档头部代码，主要是为了节省篇幅。

3.8.2　字符串函数

通常在 ASP 程序开发中，用得最多的还是字符串。如在用户注册时输入的用户名、密码等选项，还有在留言板中的留言标题、内容、留言人姓名等信息，都是被作为字符串处理的。前面已经学习过，使用&运算符可以将若干个字符串连接成一个长的字符串，不过，如果需要对字符串进行截头去尾、大小写替换等操作，就需要用到表 3-7 所示的字符串函数。

表 3-7　常用的字符串函数及功能

函　数	功　能	示　例
Len(string)	返回字符串内字符的数目	Len("abcd")，返回 4
LCase(string)	返回字符串的小写形式	LCase("ABCD")，返回"abcd"
UCase(string)	返回字符串的大写形式	UCase("abcd")，返回"ABCD"
Trim(string)	将字符串前后的空格去掉	Trim("abcd")，返回"abcd"
Ltrim(string)	将字符串前面的空格去掉	Ltrim("abcd")，返回"abcd"
Rtrim(string)	将字符串后面的空格去掉	Rtrim("abcd")，返回"abcd"
Mid(string,start[,length])	从字符串中第 start 个字符开始，取长度为 Length 的子字符串。如果省略 Length，表示到字符串结尾	Mid("abcdefg",2,3)，返回"bcd" Mid("abcdefg",2)，返回"bcdefg"
Left(string,length)	从字符串的左边开始取长度为 length 的子字符串	Left("abcdefg",3)，返回"abc"

续表

函 数	功 能	示 例
Right(string,length)	从字符串的右边开始取长度为 length 的子字符串	right("abcdefg",3)，返回"efg"
Replace(string, find, replacewith)	返回字符串，其中的子字符串 find 被替换为另一个子字符串 replacewith	Replace("abcabd", "ab", "*")，返回"*c*d" Replace("ABCabc","AB","*")，返回"*Cabc"
StrReverse(string)	返回与字符串顺序相反的字符串	StrReverse("abcd")，返回"dcba"
InStr(string1, string2)	返回 string2 字符串在 string1 字符串中第一次出现的位置	InStr("abcabc","bc")，返回 2
InStrRev(string1, string2)	返回 string2 字符串在 string1 字符串中从结尾开始第一次出现的位置	InStrRev("abcabc","bc")，返回 5
StrComp(string1, string2[, compare])	返回两个字符串的比较结果 string1 小于 string2，比较结果为-1； string1 等于 string2，比较结果为 0； string1 大于 string2，比较结果为 1。 参数 compare 为 0，表示按二进制比较，1 表示按文本比较。可省略，默认为 0	StrComp("ABC","abc",1)，返回 0 StrComp("ABC","abc",0)，返回-1 StrComp("ABC","abc")，返回-1
Asc(string)	返回与字符串的第一个字符对应的 ANSI 代码	Asc("ABCD")，返回 65 Asc("abcd")，返回 97
Chr(number)	返回与指定的 ANSI 代码对应的字符	Chr(65)，返回"A" Chr(97)，返回"a"
Space(number)	返回由指定数目的空格组成的字符串	Space(10)，返回由 10 个空格组成的字符串
String(number, character)	返回由指定数目的字符组成的字符串。其中 number 表示字符串的长度，character 的第一个字符用于组成返回的字符串	String(5, "a")，返回"aaaaa" String(5, "abc")，返回"aaaaa"

说明

① 对于 Replace、InStr 等函数，实际上还有多个参数，用来决定是否区分大小写或是否按二进制比较等。这里不再展开，如有需要，请参考专门的 VBScript 教程。

② 在 VBScript 中，一个空格或一个汉字也按一个字符计算。

以上函数都比较有用，如在网上填写注册信息时，经常需要去掉用户误输入的空格，限制输入的字符串长度。此外，可能还要替换掉一些不符合要求的字符，这就需要用到 Trim、Replace 和 Left 等几个函数，下面来看一个例子。

清单 3-3 3-3.asp 字符串处理示例

```
<% Option Explicit                              '放在程序首行，强制声明变量%>
<html>
<body>
```

```
    <%
    Dim strPwd                                      '声明一个字符串变量
    strPwd="    abcd*abcd    "                      '给字符串变量赋值
    strPwd=Trim(strPwd)                             '去掉字符串两边的空格
    Response.Write "<p>此时字符串是：" & strPwd
    strPwd=Replace(strPwd,"*","")                   '将*替换为空字符串，也就是去掉*
    Response.Write "<p>此时字符串是：" & strPwd
    strPwd=Left(strPwd,6)                           '从字符串左边开始取 6 个字符
    Response.Write "<p>最后字符串是：" & strPwd
    %>
</body>
</html>
```

运行结果如图3-3所示。

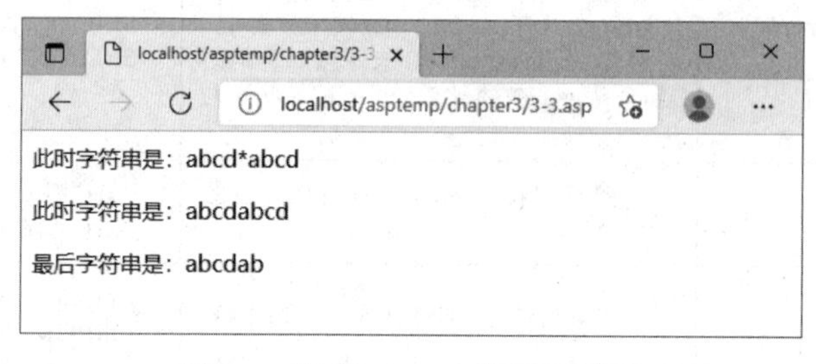

图 3-3　程序 3-3.asp 的运行结果

程序说明

① 请结合图 3-1 理解赋值语句 strPwd=Trim(strPwd)的意思。它表示首先将 strPwd 变量的值取出来，然后利用 Trim 函数将前后的空格去掉，最后再将结果赋值给变量 strPwd。执行完毕后，strPwd 的值实际上是"abcd*abcd"。其他两句则依此类推。

② 在输出字符串中加了“<p>”，主要是为了分段换行显示。

3.8.3　日期和时间函数

在 VBScript 中，可以使用日期和时间函数来得到各种格式的日期和时间，如在留言板里经常要用到 Date 函数来记载留言日期。常用的函数如表 3-8 所示。

表 3-8　常用日期和时间函数及功能

函　数	说　明	示　例
Now()	返回当前系统日期和时间	Now()，本机返回#2008-9-28 12:39:32#
Date()	返回当前系统日期	Date()，本机返回#2008-9-28#
Time()	返回当前系统时间	Time()，本机返回#12:39:32#
Year(date)	返回给定日期的年份	Year(#2008-9-28#)，返回 2008

续表

函　数	说　明	示　例
Month(date)	返回给定日期的月份	Month(#2008-9-28#)，返回 9
Day(date)	返回给定日期是几号	Day(#2008-9-28#)，返回 28
Hour(time)	返回给定时间是第几小时	Hour(#12:39:32#)，返回 12
Minute (time)	返回给定时间是第几分钟	Minute(#12:39:32#)，返回 39
Second(time)	返回给定时间是第几秒	Second(#12:39:32#)，返回 32
WeekDay(date)	返回给定日期是星期几的整数。1 表示星期日，2 表示星期一，依此类推	Weekday(#2008-9-28#)，返回 1
WeekDayName(weekday)	返回星期中指定的某一天的名称	WeekDayName(1)，返回"星期日"
DatePart(interval, date)	返回给定日期的指定部分，其中 interval 代表间隔因子，见表 3-9	DatePart("q", #2008-9-28#)，返回 3，表示是第 3 季度
DateAdd(interval, number, date)	返回已添加指定时间间隔的日期。其中 interval 同上，number 代表要添加时间间隔的个数，date 代表基准时间	DateAdd("d",10,#2008-9-28#)，返回 #2008-10-8# DateAdd("ww",-2,#2008-9-28#)，返回 #2008-9-14#
DateDiff(interval, date1, date2)	返回两个日期之间的时间间隔。其中 interval 同上	DateDiff("ww",#2008-9-14#,#2008-9-28#)，返回 2，表示间隔 2 周
Timer()	返回 0 时以后过去的秒数	Timer()，本机返回 47243.09
DateSerial(year, month, day)	根据给定的年、月、日，返回日期子类型	DateSerial(2008, 9, 28)，返回#2008-9-28#
TimeSerial(hour,minute, second)	根据给定的时、分、秒，返回时间子类型	TimeSerial(12,39,32)，返回#12:39:32#

表 3-9　日期或时间间隔因子

间隔因子	yyyy	q	m	d	ww	h	n	s
说明	年	季度	月	日	周	小时	分钟	秒

要注意的是，函数实际上是可以嵌套使用的。如 Year(Date())就会返回当前日期中的年份，这里 Date()函数的返回值实际上就作为了 Year 函数的参数。下面再举几个例子。

```
<%
intResult=DateDiff("d",#2008-8-8#,Date())        '返回今天距离奥运会过了多少天
strResult=WeekDayName(WeekDay(Date()))           '返回今天是星期几
dtmResult=DateAdd("d",10,Date())                 '返回 10 天后的日期
%>
```

别的函数也都可以嵌套使用，如 Len(Trim("　abcd　"))的结果为 4。

3.8.4 数组函数

VBScript 还提供了几个数组函数（见表 3-10），专门用来处理数组。

表 3-10 常用数组函数及功能

语法	功能	示例
UBound(arrayname[, dimension])	返回数组的指定维数的最大可用下标。dimension 表示维数，可省略，默认为 1	对于数组 intA(3)，UBound(intA)返回 3；对于数组 intB(3,4)，UBound(intB,2)返回 4
LBound(arrayname[, dimension])	返回数组的指定维数的最小可用下标。dimension 同上	对于数组 intA(3)，LBound(intA)返回 0
Split(string[, delimiter])	将字符串根据标识分界字符拆分成一维数组。其中 delimiter 用于标识分界字符。可省略，默认为空格	Split("ab*cd*ef","*")，返回一个长度为 3 的数组，值依次为"ab"、"cd"、"ef"
Join(arrayname [, delimiter])	将数组元素连接成一个字符串。其中 delimiter 同上	假如有数组 intA(2)，值依次为 1、2、3，则 Join(intA, "*")返回"1*2*3"
Array(arglist)	根据给定的元素列表返回一个数组	Array(1,2,3)，返回一个长度为 3 的数组，值依次是 1、2、3
Filter(arrayname, value)	返回数组中以特定过滤条件为基础形成的子数组。其中 value 是过滤条件	假如有数组 strA(2)，值依次为"abc"、"efg"、"abf"，则 Filter(strA, "ab")返回一个长度为 2 的数组，值依次为"abc"、"abf"

在以上数组函数中，UBound 和 LBound 比较简单，其他几个则相对复杂一些，请大家认真体会。下面举一个利用 Split 函数将字符串拆分成数组的例子。

清单 3-4　3-4.asp　将字符串拆分成数组

```
<% Option Explicit                                   '放在程序首行，强制变量声明  %>
<html>
<body>
    <%
    Dim strA
    strA = Split("VBScript*is*good!", "*")           '以*为分界符拆分
    Response.Write strA(0) & "<P>"
    Response.Write strA(1) & "<P>"
    Response.Write strA(2)
    %>
</body>
</html>
```

运行结果如图3-4所示。

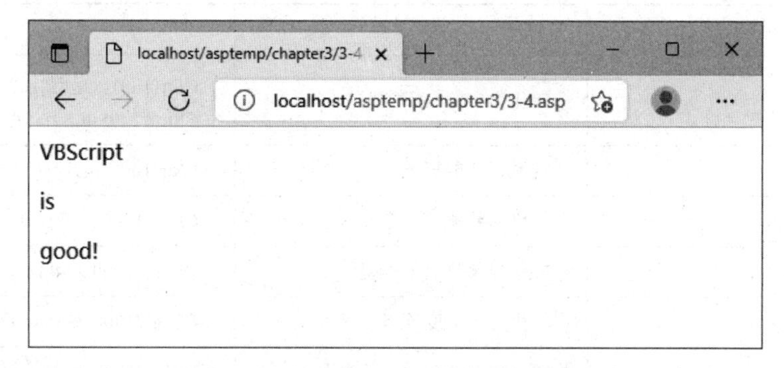

图 3-4　程序 3-4.asp 的运行结果图

程序说明：请注意变量 strA 的声明方式，在声明时只是一个普通变量，但是赋值后就自动变成一个数组变量。

3.8.5　格式化函数

许多时候，需要将数值或日期按指定的格式显示，此时就要用到表 3-11 所示的格式化函数。

表 3-11　常用的格式化函数及功能

语　法	功　能	函　数
FormatNumber(number [, decimal])	返回格式化后的数值 decimal 表示小数点后面的位数，可省略，默认为-1，表示按计算机的设置	FormatNumber(3.1415926,3)，返回 3.141 FormatNumber(3.1415926)，在作者机器上返回 3.14
FormatPercent(number[, decimal])	返回带有%符号的百分比 decimal 同上	FormatPercent(0.567,2)，返回 56.70%
FormatCurrency(number[, decimal])	返回格式化后的货币值 decimal 同上	FormatCurrency(1000.234,2)，返回 ￥1,000.23
FormatDateTime(Date[, namedFormat])	返回格式化后的日期和时间字符串，其中 namedFormat 取值如下： 0，显示日期和时间；1，长日期格式；2，短日期格式；3，长时间格式；4，短时间格式	FormatDateTime(#2008-9-28 2:39:32#,1),返回"2008 年 9 月 28 日" FormatDateTime(#2008-9-28 2:39:32#,4)，返回"12:39"

3.8.6　转换函数

在通常情况下，VBScript 会自动转换数据子类型，以满足计算的需求，但有时自动转换也会造成一些数据类型不匹配的错误。这时，就可以使用转换函数来强制转换数据子类型。常用的转换函数及功能如表 3-12 所示。

表 3-12　常用的转换函数及功能

函　　数	功　　能	示　　例
CStr(variant)	转化为字符串子类型	CStr(100)，返回"100" CStr(#2008-8-8#)，返回"2008-8-8"
CByte(variant)	转换为字节子类型	CStr(100.234)，返回 100
CInt(variant)	转化为整数子类型	CInt("1000.234")，返回 1000
CLng(variant)	转化为长整数子类型	CLng("1000.234")，返回 1000
CSng(variant)	转化为单精度浮点子类型	CSng("1000.234")，返回 1000.234
CDbl(variant)	转化为双精度浮点子类型	CDbl("1000.234")，返回 1000.234
CDate(variant)	转化为日期子类型	CDate("2008-8-8")，返回#2008-8-8#
CBool(variant)	转化为布尔子类型	CBool("True")，返回 True CBool(0)，返回 False
CCur(variant)	转换为货币子类型	CCur(100.234)，返回 100.234

说明

① 在大部分情况下，以上函数都可以进行强制转换，但是如果数据类型确实不合适，也会发生错误，如 CInt("abcd")就会发生类型不匹配的错误。

② 至于什么可以转换，什么不可以转换，这要看数据的实质。如"1000.234"尽管是字符串，但是它的内容是数值；"2008-8-8"也是字符串，但是其内容是日期；"True"虽然是字符串，但是其内容是布尔值。

3.8.7　检验函数

3.8.6 节的转换函数可以用来强制转换数据子类型，但是很多时候需要判断一个变量究竟是什么数据子类型，此时就需要用到表 3-13 所示的检验函数。

表 3-13　常用的检验函数及功能

函　　数	功　　能	示　　例
VarType(variant)	判断变量是什么数据子类型，返回值见表 3-14	VarType(100)，返回 2 VarType("100")，返回 8
IsNumeric(variant)	如果可以转换为数值，则返回 True	IsNumeric(100)，返回 True IsNumeric("100")，返回 True
IsArray(variant)	如果是数组，则返回 True	对于数组 strA(3)，IsArray(strA)返回 True
IsEmpty(variant)	如果未被初始化，则返回 True	假如刚定义了一个变量 a，还没有赋值，则 IsEmpty(a)返回 True
IsNull(variant)	如果不包含任何有效数据，则返回 True	IsNull(Null)，返回 True
IsObject(variant)	如果引用了有效的对象，则返回 True	如果 objA 确实是一个对象，则 IsObject(objA)返回 True

表 3-14　VarType 函数的常用返回值

值	子类型	值	子类型	值	子类型	值	子类型
0	Empty（未初始化）	4	单精度浮点数	8	字符串	13	数据访问对象
1	Null（无效数据）	5	双精度浮点数	9	对象	17	字节
2	整数	6	货币	10	错误	8192	数组
3	长整数	7	日期	11	布尔值		

说明

① 请注意 VarType 和 IsNumeric 的细微区别。VarType 会返回给定变量的数据子类型，但是 IsNumeric 返回值表示是否可以转换为数值子类型。因此 VarType("100")返回值为 8，表示它确实是字符串，但是 IsNumeric("100")返回值为 True，表示它可以转换为数值（VarType 和 IsDate 的区别同此）。

② IsEmpty、IsNull 和 IsObject 很少用到，以后用到时再细心体会。

3.9　VBScript 过程

3.8 节学习了很多函数，利用这些函数可以方便地完成某些功能。可是，有时候经常需要完成一些特殊的功能，如从 1 到 N 的平方和，此时没有现成的函数可用，就需要利用过程自己编制函数。

在 VBScript 中，过程有两种：一种是 Sub 子程序，另一种是 Function 函数。两者的区别在于：Sub 子程序只执行程序而不返回值，而 Function 函数执行程序后会返回值。

3.9.1　Sub 子程序

声明 Sub 子程序的语法如下：

```
Sub 子程序名（[形式参数 1，形式参数 2，…]）
    ⋮
End Sub
```

说明

① 其中的形式参数（简称形参）是主程序和 Sub 子程序传递数据用的，可以传递常量、变量或表达式。

② 在子程序未被调用之前，形参并不占用内存中的存储单元。只有在子程序被调用时，形参才被分配内存单元。在调用结束后，形参所占的内存单元也被释放。

③ 如果 Sub 子程序无任何形式参数，则在 Sub 语句中也必须使用空括号。

④ 子程序名和变量名的命名规则相同。

声明 Sub 子程序后，就可以在别的地方调用它了，调用语法有以下两种方式：

① Call 子程序名（[实际参数 1，实际参数 2，…]）

② 子程序名 [实际参数 1，实际参数 2，...]

说明

① 其中的实际参数（简称实参）是调用时和子程序传递数据用的，它们和形参一一对应，按位置传递。

② 实参可以是常量、变量和表达式，但是应该和形参的数据子类型一致或兼容。

③ 调用子程序时，建议使用方式一，因为这样更清楚。

下面来看一个具体例子，该例通过调用子程序计算两个数的平方和。

清单 3-5　3-5.asp　Sub 子程序示例

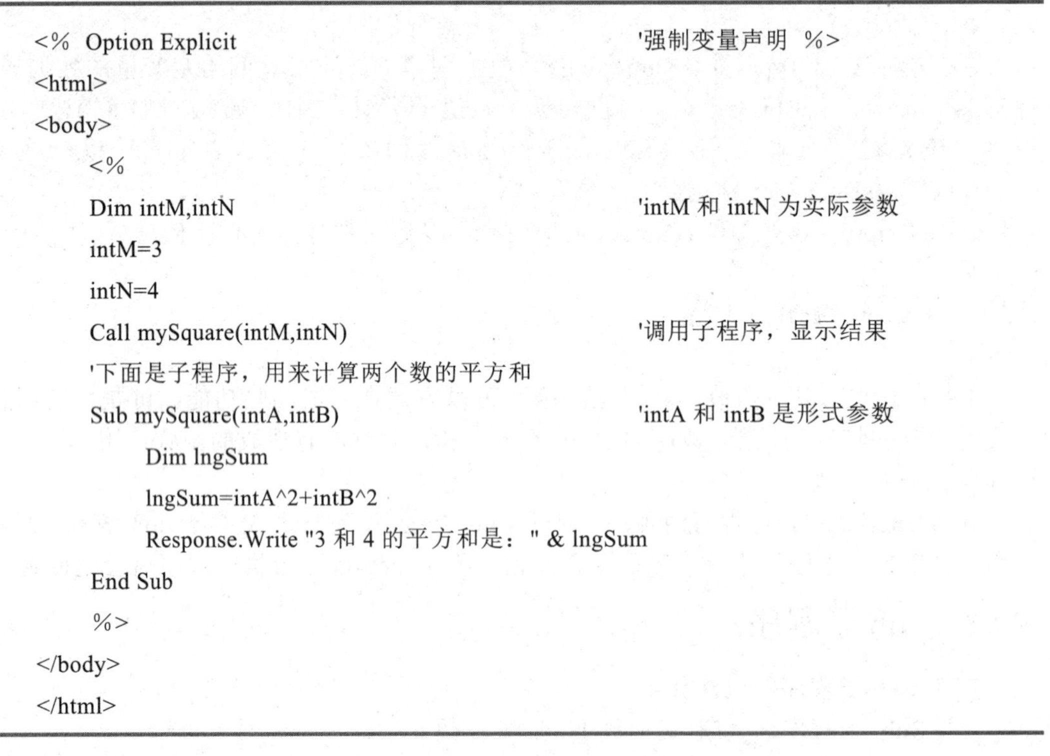

```
<% Option Explicit                          '强制变量声明 %>
<html>
<body>
    <%
    Dim intM,intN                           'intM 和 intN 为实际参数
    intM=3
    intN=4
    Call mySquare(intM,intN)                '调用子程序，显示结果
    '下面是子程序，用来计算两个数的平方和
    Sub mySquare(intA,intB)                 'intA 和 intB 是形式参数
        Dim lngSum
        lngSum=intA^2+intB^2
        Response.Write "3 和 4 的平方和是：" & lngSum
    End Sub
    %>
</body>
</html>
```

程序运行结果如图3-5所示。

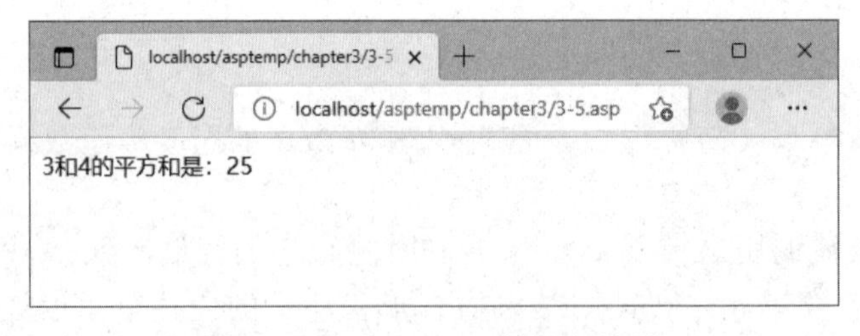

图 3-5　程序 3-5.asp 的运行结果

程序说明

① 此处的 intM 和 intN 是实参，而子程序中的 intA 和 intB 是形参。在运行过程中，由实参将具体数值传给形参，这里 intM 传给 intA，intN 传给 intB。

② 实参和形参按位置对应，而不是按名字对应。实参和形参名字可以相同，也可以不相同。

③ 本例中实参是变量，实际上它也可以是常量和表达式。假如，Call 语句修改为 Call MySquare(3,4)，结果是一样的。

④ 请回忆 3.5.4 节学过的变量的作用范围，本例中 intM 和 intN 就是脚本级变量，在整个 ASP 文件内都可以被引用，而 lngSum、intA 和 intB 就是过程级变量，只能在过程内使用。

⑤ 本示例中函数名的前缀 my 用来表示是自定义过程。

3.9.2 Function 函数

声明 Function 函数的语法如下：

```
Function 函数名（[形式参数 1，形式参数 2，…]）
    ⋮
End Function
```

调用 Function 函数的语法和 3.8 节中的函数一样。

说明

① Function 函数和 Sub 子程序类似，也是利用实参和形参一一对应传递数据。如果 Function 函数无参数，也必须使用空括号。

② 与 Sub 过程不同的是，Function 过程通过函数名返回一个值，这个值是在过程的语句中赋给函数名的。

为了与 Sub 子程序相比较，这里仍举求两个数的平方和的例子。

清单 3-6　3-6.asp　Function 函数示例

```
<% Option Explicit                                    '强制变量声明 %>
<html>
<body>
    <%
    Dim intM,intN,lngResult                           'intM 和 intN 为实际参数
    intM=3
    intN=4
    lngResult=mySquare(intM,intN)                     '调用函数，返回平方和
    Response.Write "3 和 4 的平方和是：" & lngResult
    '下面是函数，用来显示两个数的平方和
    Function mySquare(intA,intB)                      'intA 和 intB 是形式参数
        Dim lngSum
        lngSum=intA^2+intB^2
        mySquare=lngSum                               '赋值给函数名，很重要
    End Function
    %>
```

```
</body>
</html>
```

程序运行结果和图3-5一样，请大家自己运行比较。

程序说明

① 这里的函数和 3.8 节中的内部函数本质上是一样的，只不过这是自己开发的。

② 大家实际上可以像调用内部函数一样调用它，如 mySquare(3,4)也可以返回 25。

3.9.3 子程序和函数的位置

子程序和函数可以放在 ASP 文件的任意位置中，也可以放在另外一个 ASP 文件中。例如，上面的例子也可以改写成以下两个 ASP 文件：其中示例清单 3-7 是主程序，用来调用函数；而示例清单 3-8 专门用来保存函数。

清单 3-7　3-7.asp　主程序

```
<% Option Explicit                                  '强制变量声明 %>
<!--#Include file="3-8.asp"-->
<html>
<body>
    <%
    Dim intM,intN,lngResult                         'intM 和 intN 为实际参数
    intM=3
    intN=4
    lngResult=mySquare(intM,intN)                   '调用函数，返回平方和
    Response.Write "3 和 4 的平方和是：" & lngResult
    %>
</body>
</html>
```

清单 3-8　3-8.asp　函数文件

```
<%
'下面是函数，用来显示两个数的平方和
Function mySquare(intA,intB)                        'intA 和 intB 是形式参数
    Dim lngSum
    lngSum=intA^2+intB^2
    mySquare=lngSum                                 '赋值给函数名，很重要
End Function
%>
```

在浏览器中输入http://localhost/asptemp/chapter3/3-7.asp，会看到和图3-5一样的结果。

程序说明

① 这个例子只是将函数单独保存到了一个文件中，其他和 3-5.asp 基本没有区别。

② 注意示例清单 3-7 中的<!--#Include file="3-8.asp"-->，这一句可以将 3-8.asp 中的代码插入到当前 ASP 文件中，就好像直接写在 3-7.asp 中一样。另外，file 属性的路径请参考 2.2.3 节中的 src 属性，这里因为都在一个文件夹下，所以直接写文件名即可。

③ 利用这种方法可以将常用的函数都放在一个文件中，然后在其他文件中需要时包含该函数文件即可。这也是过程的意义和魅力所在。

3.10　使用条件语句

之前的程序语句基本上都是一条一条按顺序执行的，这样的语句也称为顺序语句。不过有时需要对用户输入的信息进行判断，如用户注册时，判断用户填写的信息是否齐全、密码是否正确等，然后要根据判断结果进行相应的操作，此时就需要用到条件语句（也称分支语句）。在 VBScript 中，有 If…Then…Else 和 Select Case 两种条件语句。

3.10.1　If…Then…Else 语句

If…Then…Else 语句用于判断条件是 True 或 False，然后根据判断结果指定要运行的语句。根据条件和执行语句的不同，有以下几种形式。

（1）If…Then…形式（最简单形式）

```
If 条件表达式 Then 程序语句
```

说明：若条件表达式值为 True，则执行后面的程序语句，否则跳过继续执行下一句。通常只有一条程序语句时使用该形式。

（2）If…Then…End If 形式（单条件单分支）

```
If 条件表达式 Then
    程序语句块
End If
```

说明

① 若条件表达式值为 True，则执行程序语句块，否则跳过继续执行 End If 之后的语句。

② 所谓“语句块”，表示是由 1 条或多条语句组成的。以下同。

（3）If… Then…Else…End If 形式（单条件双分支）

```
If 条件表达式 Then
    程序语句块 1
Else
    程序语句块 2
End If
```

说明：若条件表达式值为 True，则执行程序语句块 1，否则执行程序语句块 2。

（4）If…Then…Elseif…Then…End If 形式（多条件多分支）

```
If 条件表达式 1 Then
    程序语句块 1
Elseif 条件表达式 2 Then
    程序语句块 2
    ⋮
Else
    程序语句块 N+1
End If
```

说明

① 若条件表达式 1 值为 True，则执行程序语句块 1，然后跳出 if 语句，继续执行 End If 之后的语句；若条件表达式 2 为 True，则执行程序语句块 2，然后跳出 if 语句；……；若条件都不符合，执行程序语句块 *N*+1。

② 其实单条件和多条件在本质上是一样的，只是条件的多少而已。

现在来看一个具体例子，该例根据分数给出不同的提示信息。

清单 3-9　3-9.asp　If…Then…Else 语句示例

```
<% Option Explicit                                        '强制声明变量%>
<html>
<body>
    <%
    Dim intGrade
    intGrade=86              '这里为了简单，直接赋值了，一般来说应该是传过来的参数，
                             '比如从数据库中读出，或由程序计算得出
    If intGrade>=85 Then
        Response.Write "你的成绩很优秀，恭喜你。"
    Elseif intGrade>=70 And intGrade<85 Then
        Response.Write "不错啊，继续努力。"
    Elseif intGrade>=60 And intGrade<70 Then
        Response.Write "有点差，还需努力。"
    Else
        Response.Write "你需要加油了。"
    End If
    Response.Write "<p>程序运行结束。"
    %>
</body>
</html>
```

程序运行结果如图3-6所示。

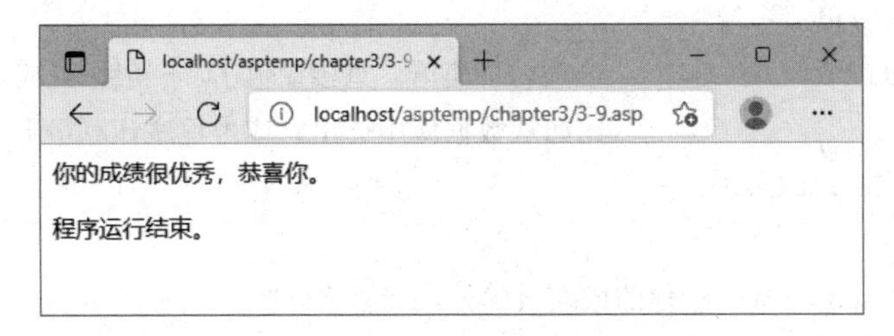

图 3-6　程序 3-9.asp 的运行结果

程序说明

① 在本示例中，因为 intGrade>=85 的值为 True，所以执行第 1 条程序语句，之后跳出 If 语句，继续执行 End If 之后的语句。

② 本示例每一个条件对应的程序语句都只有一条，事实上可以有多条程序语句。

3.10.2　Select Case 语句

Select Case 语句是 If…Then…Else…End If 语句多条件时的另外一种形式，适当使用，可以使程序更简洁方便。它的语法如下：

```
Select Case 变量或表达式
Case 结果 1
    程序语句块 1
Case 结果 2
    程序语句块 2
⋮
Case 结果 N
    程序语句块 N
Case Else
    程序语句块 N+1
End Select
```

说明：首先对表达式进行运算，然后将运算结果依次与结果 1 到结果 N 作比较，当找到与计算结果相等的结果时，就执行该程序语句块，执行完毕就跳出 Select Case 语句，继续执行 End Select 之后的语句。而当运算结果与所有的结果都不相等时，就执行 Case Else 后面的程序语句块 N+1。

下面来看一个具体的例子，可以根据分数给出不同的提示信息。

清单 3-10　3-10.asp　Select Case 语句示例

```
<% Option Explicit                                    '强制声明变量%>
<html>
<body>
```

```
    <%
    Dim strGrade
    strGrade="B"                '这里为了简单，直接赋值了，一般来说应该是传过来的参数，
                                '比如从数据库中读出，或由程序计算得出。
    Select Case strGrade
    Case "A"
        Response.Write "你的成绩很优秀，恭喜你。"
    Case "B"
        Response.Write "不错啊，继续努力。"
    Case "C"
        Response.Write "有点差，还需努力。"
    Case Else
        Response.Write "你需要加油了。"
    End Select
    Response.Write "<p>程序运行结束。"
    %>
</body>
</html>
```

程序运行结果如图3-7所示。

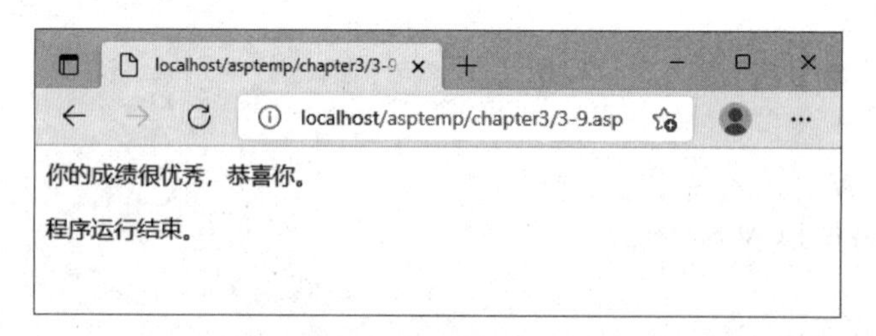

图 3-7　程序 3-10.asp 的运行结果

程序说明：其实在 Case 语句中也可以加多个结果，中间用逗号隔开即可。如“Case "A", "B"”就表示不管表达式的运算结果是"A"还是"B"，均执行其后的程序语句块。

3.11　使用循环语句

所谓循环语句，是指可以反复执行一组语句，直到满足循环结束条件后才停止。它的用处非常广，如累加（从 1 加到 *N*）或从数据库中依次读取所有记录。

在 VBScript 中，常用的循环语句有：For...Next 循环、Do...Loop 循环等。

3.11.1　For...Next 循环

For...Next 循环是一种强制型的循环。在循环的过程中，可以指定循环的次数，当到

达循环运行次数之后，即退出循环。语法如下：

```
For counter=start To end [Step stepsize]
  程序语句块
Next
```

其中，各参数的说明如表 3-15 所示。

表 3-15　For...Next 循环参数表

参　数	说　明
counter	循环的计数器变量。该变量随每次循环增加或减少一个步长
start	计数器变量的初始值，可以是常量、变量或表达式
end	计数器变量的终值，可以是常量、变量或表达式
stepsize	计数器变量的步长，可以为正、负整数和小数。如省略，默认为 1，表示每次循环加 1

下面先来看一个具体的例子，可以计算从 1 到 100 的平方和。

清单 3-11　3-11.asp　For...Next 循环示例

```
<% Option Explicit                              '强制声明变量%>
<html>
<body>
    <%
    Dim lngSum,I                                'lngSum 用来存放结果，I 是循环计数器变量
    lngSum=0                                    '给 lngSum 赋初值 0
    For I=1 To 100                              '计数器变量 I 从 1 循环到 100
        lngSum=lngSum+I^2
    Next
    Response.Write "1 到 100 的平方和=" & lngSum
    %>
</body>
</html>
```

程序运行结果如图3-8所示。

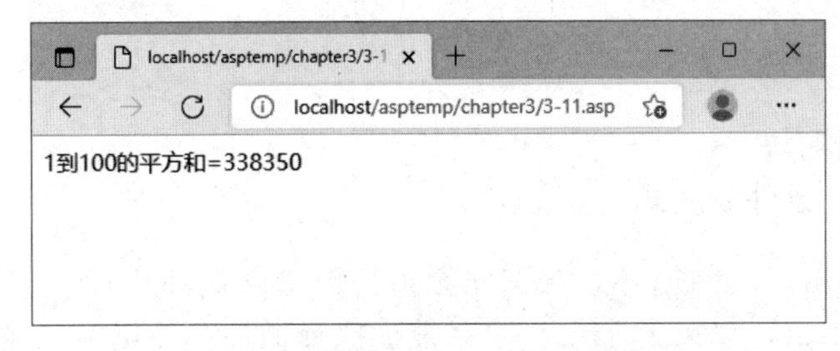

图 3-8　程序 3-11.asp 的运行结果

程序说明

① lngSum=lngSum+I^2 语句表示将 lngSum 的值与 I 的平方相加，把和再赋给 lngSum。类似于从一个盒子里取出一个数字，将它加上另一个数字后，再放回盒子里。

② 循环的执行过程是这样的：当第 1 次执行到 For I=1 to 100 时，此时 I=1，进入循环；执行其中的语句 lngSum=lngSum+I^2；然后执行 Next 语句，该语句就会控制程序返回到 For I=1 to 100 语句。此时 I 变为 2，继续第 2 次循环。周而复始，循环完 100 次后，I 变为了 101，超出了终值范围，循环结束。具体过程请参看表 3-16。

③ 本示例省略了循环步长，因此默认 I 每次增加 1。事实上循环步长也可以是正、负整数或小数，如修改为 For I=1 To 100 Step 2，就可以计算奇数的平方和了。

④ 在循环体中一般不要自己修改计数器变量的值，如在其中不要给变量 I 赋值，否则会引起计数混乱。

表 3-16　示例清单 3-11 的具体循环过程

循环次数	执行前 I 的值	执行前 lngSum 的值	执行后 lngSum 的值
第 1 次	1	0	=0+1^2=1
第 2 次	2	1	=1+2^2=5
第 3 次	3	5	=5+3^2=14
…	…	…	…
第 100 次	100	328350	=328350+100^2=338350

3.11.2　Do…Loop 循环

Do…Loop 是一种条件型的循环。它与 For…Next 循环的区别是循环执行次数并不固定，当条件为 True 或条件变为 True 之前，一直重复执行。它的语法有以下几种形式。

（1）形式一

```
Do While 条件表达式
    程序语句块
Loop
```

说明：这是入口型的循环。它先检查条件表达式的值是否为 True，如果为 True，才会进入循环，否则跳出循环语句，继续执行 Loop 后的语句。

（2）形式二

```
Do
    程序语句块
Loop While 条件表达式
```

说明：这是出口型的循环。它首先无条件地进入循环执行 1 次之后，再判断条件表达式的值是否为 True，如果为 True，才会继续执行循环，否则跳出循环语句。

（3）形式三

```
Do Until 条件表达式
    程序语句块
Loop
```

说明：这是入口型的循环。它先检查条件表达式的值是否为 False，如果为 False，才会进入循环。当条件表达式的值变为 True 后，就会跳出循环语句。换句话说，它会重复执行循环，直到条件表达式的值变为 True。

（4）形式四

```
Do
    程序语句块
Loop Until 条件表达式
```

说明：这是出口型的循环。它首先无条件地进入循环中执行 1 次之后，再判断条件表达式的值是否为 False，如果为 False，才会继续执行循环。当条件表达式的值变为 True 后，就会跳出循环语句。

下面来看一个具体例子，这也是计算 1 到 100 的平方和。

清单 3-12　3-12.asp　Do…Loop 循环示例（注意比较与 3-11.asp 的异同）

```
<% Option Explicit                          '强制声明变量%>
<html>
<body>
    <%
    Dim lngSum,I                            'lngSum 用来保存结果，I 用来控制循环
    lngSum=0                                '给 lngSum 赋初值
    I=1
    Do While I<=100                         '当 I 小于等于 100 时执行循环
        lngSum=lngSum+I^2
        I=I+1                               'I 的值增加 1
    Loop
    Response.Write "1 到 100 的平方和=" & lngSum
    %>
</body>
</html>
```

程序运行结果和图3-8一样，请大家自行比较。

程序说明

① 请注意循环条件 I<=100。每一次循环后，都要判断一下，如果 I 确实小于等于 100，则 I<=100 的值为 True，就执行循环；如果 I 大于 100 了，则 I<=100 的值为 False，就跳出

循环。具体循环过程类似于 For...Next 循环，请大家自己体会。

② 其中 I 变量实际上起到了 For...Next 循环中计数器变量的作用。如果将 I=I+1 语句删除，则 I 的值永远为 1，I<=100 的值永远为 True，循环就会永远执行下去，这就是所谓的“死循环”。

③ 本示例中的循环次数是固定的，对于这样的循环实际上最适合使用 For...Next 循环语句。这里之所以这样举例，主要是为了让大家比较学习。

3.11.3 While...Wend 循环

While...Wend 循环和 Do...Loop 循环非常相似，不过在实际开发中用得较少。语法如下：

```
While 条件表达式
    程序语句块
Wend
```

说明：当条件表达式值为 True 时，执行循环，否则跳出循环。

若将示例清单 3-12 中的 Do...Loop 循环语句替换为以下语句，则执行结果是一样的。

```
<%
While I<=100
    lngSum=lngSum+I^2
    I=I+1
Wend
%>
```

3.11.4 For Each...Next 循环

这是一种特殊的循环方式，它既不指定循环次数，也不指定循环结束条件，而是对数组或集合中的元素进行枚举（一一列举），当枚举结束后才会退出循环。这就好比有一个盒子，里面放着若干个乒乓球，让你一次取一个球，依次将所有乒乓球都取出来。

该循环的语法如下：

```
For Each 元素 In 集合
    程序语句块
Next
```

下面来看一个具体的例子，可利用该循环读取数组的每一个元素。

清单 3-13　3-13.asp　For Each...Next 循环示例

```
<% Option Explicit                          '强制声明变量%>
<html>
<body>
    <%
    Dim strA(2),strSum,Item                 'strSum 用来保存结果，Item 用来返回数组元素
    strA(0)="a"                             '给数组元素赋值
```

```
        strA(1)="b"
        strA(2)="c"
        For Each Item in strA                    '执行循环，取出每个元素
            strSum=strSum & Item
        Next
        Response.Write "全部数组元素形成的字符串是：" & strSum
        %>
    </body>
    </html>
```

程序运行结果如图3-9所示。

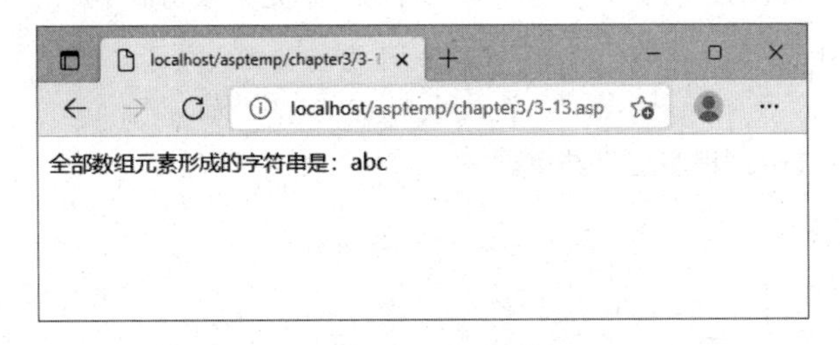

图 3-9　程序 3-13.asp 的运行结果

程序说明

① “strSum=strSum & Item”语句表示将 strSum 的值与 Item 连接起来，然后将结果再赋给 strSum。

② 从图 3-9 可以看出，在取每一个元素时，实际上是以数组的下标为顺序依次进行的。

③ 当不知道数组或集合究竟有多少个元素时，For Each...Next 循环是非常有用的。

3.11.5　循环嵌套

所谓嵌套，就是在一个大循环内可以包含一个小循环，此时小循环就相当于大循环内的程序语句。注意循环可以嵌套，但不可以交叉，请参考图 3-10。

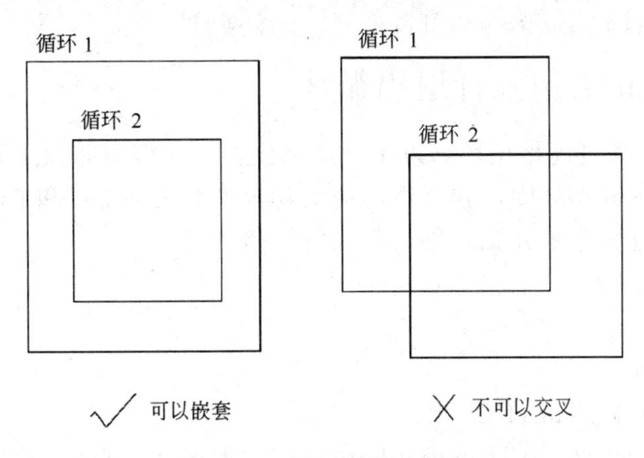

图 3-10　循环嵌套示意图

下面举一个比较简单的例子，利用 For…Next 嵌套循环给一个二维数组赋初值。

清单 3-14　3-14.asp　嵌套循环示例

```
<% Option Explicit                         '强制声明变量%>
<html>
<body>
    <%
    Dim intA(9,9)                          '声明一个 10 行 10 列的二维数组
    Dim I,J                                'I 是外层循环计数器变量，J 是内层循环计数器变量
    For I=0 To 9                           '外层循环
        For J=0 To 9                       '内层循环
            intA(I,J)=10                   '给每一个元素赋初值 10
        Next
    Next
    Response.Write "程序运行结束。"
    %>
</body>
</html>
```

程序运行结果图略。

程序说明

① 关于嵌套循环的执行过程，大家要牢记，对外层循环而言，内层循环就可以看作一条普通的语句。

② 就本示例来说，当执行外层循环的第 1 次循环时，I=0，而此时内层循环就会循环执行 10 次，依次给 intA(0,0)，intA(0,1)，…，intA(0,9)赋初值；然后开始外层循环的第 2 次循环，此时 I=1，而此时内层循环会再次循环执行 10 次，依次给 intA(1,0)，intA(1,1)，…，intA(1,9)赋初值；其他依此类推。

③ 除了 For…Next 循环外，Do…Loop、For Each…Next 循环也都可以嵌套。另外，If…Then…Else、Select Case 语句也可以嵌套，语法类似。

3.11.6　使用 Exit 语句强行退出循环

在一般情况下，都是满足循环结束条件后退出循环，但有时候需要强行退出循环。在 For…Next 和 Do…Loop 循环中，强行退出的语句分别是 Exit For 和 Exit Do。

不过 Exit 语句通常是和 If 语句结合使用的。例如：

```
<%
Dim I,lngSum
For I=1 to 100
    lngSum=lngSum+I^2
    If lngSum>10000 Then Exit For          '如果大于 10000，则强行退出循环
```

```
Next
Response.Write "最后的结果是：" & lngSum
%>
```

说明

① 这里为了方便，使用了 If 语句的最简单形式，实际上也可以使用其他形式。

② Exit 语句也可以用来退出子程序和函数，语句分别为 Exit Sub 和 Exit Function。

3.12　注释语句

注释语句不执行，也不会显示在页面上，只是在自己和别人阅读源文件时才能看到。添加注释语句主要是为了方便以后阅读程序。

一般用'（单撇号）或 Rem 来表示该符号所在行的语句是注释语句，用法如下：

```
<% sngA=Rnd()        '返回一个随机数           %>
```

或

```
<% sngA=Rnd()        Rem 返回一个随机数     %>
```

在调试程序的时候，可以暂时注释掉一些语句，从而方便调试。

3.13　容错语句

一般来说，当程序发生错误时，程序会终止执行，并在页面上显示错误信息。但有时候不希望程序终止，也不希望将错误暴露在访问者面前，就要用到容错语句：

```
<% On Error Resume Next %>
```

这条语句表示，如果碰到错误，就跳过去继续执行下一句。

调试程序时不要添加该语句，否则在页面上就看不到错误信息了。

3.14　本章小结

VBScript 是 ASP 的基础，它对于后面各章的学习有着举足轻重的作用。不过，它的内容非常繁杂，学习起来确实不易，必须掌握一定的学习方法。

首先要抓住重点。具体来说，就是要熟练掌握“本章要点”中列出的知识点。在掌握这些知识点的基础上，再通过练习或参考专门书籍扩展知识。

其次要注意总结规律。例如，对于数量众多的函数和多种循环语句，要善于通过比较，发现彼此之间的异同点。

习题 3

1. 选择题（可多选）

（1）下列（　　）变量名称是正确的。

A．1_ab　　B．ab_1　　C．ab　　D．ab?

（2）在一段程序中，a 是一个变量，那么"a"是（　　）。

A．变量　　B．直接常量　　C．字面常量　　D．符号常量

（3）下面（　　）语句可以正确执行。（注：第四句我的主页两边是中文引号）

A．Response.Write "<h1 align="center">我的主页</h1>"

B．Response.Write "<h1 align='center'>我的主页</h1>"

C．Response.Write "<h1 align=""center"">我的主页</h1>"

D．Response.Write "<h1 align=""center"">“我的主页”</h1>"

（4）执行语句 a="6"后，变量 a 的数据子类型是（　　）。

A．字符串　　B．日期　　C．数值　　D．布尔

（5）执行语句 a="2008-8-8"后，变量 a 的数据子类型是（　　）。

A．字符串　　B．日期　　C．数值　　D．布尔

（6）假设变量 a=5、b=3，则执行语句 c="a>b"后，变量 c 的数据子类型是（　　）。

A．字符串　　B．日期　　C．数值　　D．布尔

（7）语句 a="abc"="abc"运行完毕后，变量 a 的数据子类型是（　　）。

A．数值　　B．字符串　　C．布尔　　D．日期

（8）执行语句 a=3: a=a+5 后，变量 a 的值是（　　）。

A．3　　B．5　　C．8　　D．出错

（9）已知 x=123，那么执行语句 y=x \10 Mod 10 后，变量 y 的值是（　　）。

A．0　　B．1　　C．2　　D．3

（10）已知 a= "ab"，那么执行语句 b="cd'" & a & " " & "ef"后，变量 b 的值是（　　）。（提示：请注意题目和答案中的空格）

A．"cd'ab ef"　　B. "cd'abef"　　C．"cdabef"　　D．"cdab ef"

（11）下面的语句执行完毕后，变量 a、b、c、d 的值分别是（　　）。

<% a="1"+"1":　b="1"+1:　c="1" & "1":　d="1" & 1　%>

A．"11"、"11"、"11"、"11"　　B．"11"、2、"11"、"11"

C．2、2、"11"、"11"　　D．"11"、"11"、2、2

（12）请问表达式 Not(6+3<5+2)的值是（　　）。

A．True　　B．False　　C．9　　D．无法计算

（13）请问 Int(3.45)和 Int(-3.45)的值分别是（　　）。

A．4、-4　　B．3、-4　　C．3、3　　D．3、-3

（14）执行语句 a=Int(10 * Rnd())后，则 a 的值不可能出现的有（　　）。

A．0　　B．1　　C．10　　D．11

（15）在取整时按四舍五入进行的函数是（　　）。

A．Int　　B．Fix　　C．Round　　D．CInt

（16）请问 Mid("八千里路云和月",3,2)的返回值是（　　）。

A．"千里"　　B．"里路"　　C．"里"　　D．"路云"

（17）执行语句 a=InStr(Trim(Replace("　abcdef　","c","")),"ef")后，变量 a 的值是（　　）。

A．0　　B．1　　C．4　　D．5

（18）函数 DateDiff("m",#2008-8-8#,#2008-10-1#)的返回值是（　　）。

A．1　　B．2　　C．54　　D．5

（19）对于数组 a(3,4)，函数 UBound(a,2)的值是（　　）。

A．1　　B．2　　C．3　　D．4

（20）假如变量 a 的值是"100"，则 IsNumeric(a)和 VarType(a)的值分别是（　　）。

A．True、2　　B．True、8　　C．False、2　　D．False、8

（21）假如变量 a 的值是"2008-8-8"，则 IsDate(a)和 VarType(a)的值分别是（　　）。

A．True、2　　B．True、8　　C．False、2　　D．False、8

（22）执行语句 a=Chr(Asc("ABC"))后，则 a 的值是（　　）。

A．"ABC"　　B．"A"　　C．65　　D．出错

（23）退出 Do 循环的语句是（　　）。

A．Exit For　　B．Exit Do　　C．Exit Sub　　D．Exit Function

（24）在示例清单 3-11 和示例清单 3-12 中，循环结束后，I 的值分别是（　　）。

A．100、100　　B．101、101　　C．100、101　D．101、100

（25）以下（　　）语句可以嵌套使用。

A．For…Next　　B．Do…Loop

C．Select Case　　D．If…Then…Else

2．问答题

（1）名词解释：单目运算符、双目运算符、操作数、函数、子程序、过程。

（2）脚本级变量和过程级变量有什么重要区别？

（3）在页面 A 中定义的变量可以在页面 B 中引用吗？

（4）程序中的符号常量可以用变量来代替吗？

（5）请简述四类运算符的优先级顺序。

（6）不同过程中的变量名是否可以一样？

（7）Function 函数中的形参和实参名称是否可以一样？

（8）在 For…Next 循环中，可以给计数器变量赋值吗？

（9）请以示例清单 3-12 为例，简述 Do…Loop 循环的执行过程。

（10）如何将两个变量的值互换？（提示：用一个中间变量）

3．实践题

（1）请在你的个人主页上添加时间显示信息，显示当天的日期、时间及星期几。

（2）请编写程序段，判断当天日期，如果是 25 日，则显示“请注意，明天可能有病毒

发作”。

（3）请编写程序段，随机产生一个 0 到 9 的整数。如果是偶数，则在页面上输出“生成的是偶数”，否则输出“生成的是奇数”。

（4）$S=1^2+3^2+5^2+\cdots+99^2$，请利用两种循环语句编写程序，计算 S 的值。

（5）请编写函数计算 a 到 b 的立方和，并举例调用，调用时 a、b 分别为 3 和 6。

（6）请编写函数，能够随机产生从 a 到 b 之间的整数，并举例调用。

（7）请结合示例清单 3-13 开发一个函数，使其能实现 Join 函数的功能。

（8）请在示例清单 3-14 的基础上增加一段代码，从而可以计算所有数组元素的平方和。（提示：用嵌套循环）

（9）（选做题）有 100 个人吃 100 个馒头，大人 1 人吃 4 个，孩子 4 人吃 1 个，问有多少个大人和多少个孩子？（提示：使用嵌套循环和条件语句）

（10）（选做题）VBScript 也可以在客户端运行，请大家参考 VBScript 专门教程进行学习，尤其要注意其中的 MsgBox 函数。

第 4 章　Request 和 Response 对象

本章要点

☑ 利用 Request 对象的 Form 集合获取表单中的信息
☑ 利用 Request 对象的 QueryString 集合获取标识在 URL 后面的信息
☑ 利用 Request 对象的 ServerVariables 集合获取客户端 IP 地址等信息
☑ 利用 Response 对象的 Write 方法输出信息及它的省略用法
☑ 掌握 Response 对象的 Redirect 方法、End 方法和 Buffer 属性
☑ 利用 Response 对象的 Cookies 集合设置 Cookie 的值，利用 Request 对象的 Cookies 集合获取 Cookie 的值

4.1　ASP 内部对象概述

许多人对“对象”一词比较困惑，其实，世间一切事物都可以称之为对象。而在 ASP 中，对象可以被理解为封装了一些特定功能的程序语句，它的功能通常可以用属性、方法和事件等来描述。举一个简单的例子：一辆汽车就是一个对象，那么汽车的颜色就是它的一个属性；汽车可以运送人员或货物，这就是它的一个方法；如果汽车不幸发生碰撞，就会损坏，这就是它的一个事件。

ASP 之所以简单实用，主要是因为它内置了许多功能强大的对象，这些对象一般称为内部对象。一般而言，并不需要知道它们内部的工作原理，只要会调用它们的属性、方法和事件来完成编程要求即可。其中常用的五大内部对象包括 Request、Response、Session、Application、Server，其简要说明如表 4-1 所示。

表 4-1　ASP 内部对象简要说明

对　象	说　明
Request	从客户端获取数据信息
Response	将数据信息发送给客户端
Session	存储单个用户的信息
Application	存放同一个应用程序中的所有用户之间的共享信息
Server	提供服务器端的许多应用函数，如创建 COM 对象和 Scripting 组件等

本章先来讲述 Request 和 Response 两大对象。

4.2　利用 Request 对象从客户端获取信息

在第 3 章举了很多例子，但没有涉及从客户端向服务器端提交信息。而事实上，服务

器端经常需要获得客户端输入的信息，如常见的注册，用户通过浏览器在表单里输入姓名等内容后，单击【提交】按钮后就可以将数据传送到服务器端。而服务器端利用 Request 对象就可以获取这些信息。

不过需要说明的是，Request 对象获取的信息并不仅仅限于用户提交的表单信息。事实上，不管用户提交表单，还是访问服务器上的任何一个资源文件，都会向服务器端发出一个 HTTP 请求信息。在该信息中，就包含了客户端的请求方法、请求资源文件的 URL、HTTP 协议版本号、客户端 IP 地址等信息，如果用户还提交了表单，自然也包括表单信息。而利用 Request 对象，服务器端就可以轻松获取所有这些信息。

HTTP 请求信息也称 HTTP 请求报文，如有兴趣，请参考专门教程了解具体格式。

4.2.1 Request 对象简介

Request 对象用来获取客户端信息，主要依靠 5 种集合（见表 4-2），分别是 QueryString、Form、Cookies、ServerVariables、ClientCertificate。语法如下：

```
Request[.collection](variable)
```

在实际使用中，它可以像变量一样被引用，例如：

```
<%
strA=Request.Form("txtA")              '获取表单元素 txtA 的值
strB=Request.QueryString("strB")       '获取查询字符串中 strB 的值
%>
```

表 4-2　Request 对象的集合

集　合	说　明	示　例
QueryString	获取客户端附在 URL 地址后的查询字符串中的信息	strA=Request.QueryString(“strUserId”)
Form	获取客户端在 FORM 表单中所输入的信息。注意：表单的 Method 属性值需要为 POST	strA=Request.Form(“txtUserId")
Cookies	获取客户端的 Cookie 信息	strA=Request.Cookies("strUserId")
ServerVariables	获取客户端发出的 HTTP 请求信息中的头信息及服务器端环境变量信息	strA=Request.ServerVariables("REMOTE_ADDR")，返回客户端 IP 地址
ClientCertificate	获取客户端的身份验证信息	strA=Request.ClientCertificate("VALIDFORM")，对于要求安全验证的网站，返回有效起始日期

说明

① collection 表示集合，它和数组很类似，是由若干元素组成的集合。不过数组一般只能用索引（下标）来引用每一个元素，而集合不仅可以用索引来引用每一个元素的值，还可以用元素的名称来引用，如 Request.Form("txtA")。事实上，后者是常用的方法。

② variable 又称参数，它是要获取的元素的名称，可以是字符串常量或字符串变量。例如，对表单信息来说，variable 就是每一个表单元素的名称。

③“[”和“]”之间的参数可以省略，如 Request("txtA")。此时因为没有指定集合，所

以 ASP 将会依次在 QueryString、Form、Cookies、Server Variables、ClientCertificate 这 5 种集合中检查是否有信息传入。如果有信息传入，则会返回获取的信息。

④ 请注意上面的第二个例子，其中前面的 strB 是定义的一个变量名称，而后面的 strB 则是集合中一个元素的名称，两者不是一回事。

Request 对象的集合有时也称为“获取方法”，主要为了强调从客户端获取信息。

除了以上集合外，Request 对象还有两个不太常用的属性 TotalBytes 和方法 BinaryRead，其功能和示例如表 4-3 所示。

表 4-3　Request 对象的属性和方法

属性/方法	功　能	示　例
TotalBytes 属性	只读。获取客户端发出的请求数据的字节大小	intA=Request.TotalBytes
BinaryRead 方法	以二进制方式读取客户端使用 POST 方法所发出的请求数据，返回值是一个数组	strA=Request.BinaryRead(100)，返回请求数据中的前 100 个字节信息

4.2.2　使用 Form 集合获取表单信息

在 2.4.1 节讲过如何来设计一个 FORM 表单，下面通过 3 个例子来学习如何利用 Form 集合来获取这些表单元素的值。

FORM 表单和 Form 集合的区别是：前者是 HTML 提供的表单，并不是 ASP 特有的；而后者是特指 ASP 的 Request 对象获取信息的一种集合。两者的联系是：ASP 用 Form 集合来获取 FORM 表单中的信息。

（1）Form 集合示例 1

这是一个简单的计算器的例子。首先来看 FORM 表单文件的代码。

清单 4-1　4-1.asp　简单的计算器

```
<html>
<body>
    <form name="frmTest" method="POST" action="4-2.asp">
        第 1 个数<input type="text" name="txtA">
        +
        第 2 个数<input type="text" name="txtB">
        <p><input type="submit" name="btnSubmit" value="确定">
    </form>
</body>
</html>
```

用户输入两个数后，单击【确定】按钮，就可以将输入的信息传给处理程序 4-2.asp，并在 4-2.asp 中实现将两个数的和相加。

清单 4-2　4-2.asp　简单的计算器

```
<html>
<body>
    <%
    Dim intA,intB,intC
    intA=Request.Form("txtA")                    '获取表单元素 txtA 的值
    intB=Request.Form("txtB")                    '获取表单元素 txtB 的值
    intC=CInt(intA)+CInt(intB)                   '因为获取的是字符串，所以必须转换类型
    Response.Write "两个数的和=" & intC
    %>
</body>
</html>
```

程序运行结果分别如图4-1、图4-2所示。

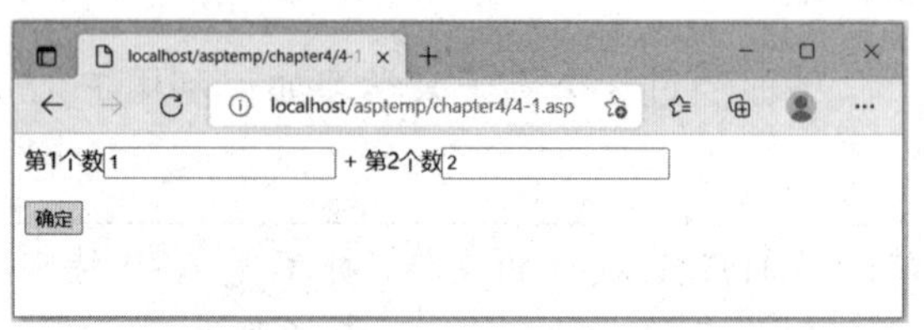

图 4-1　程序 4-1.asp 的运行结果

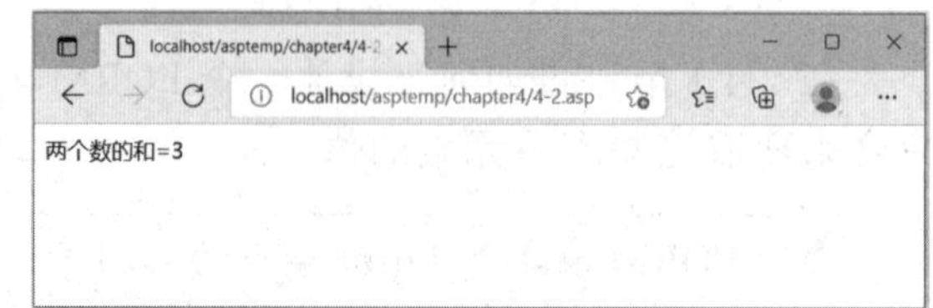

图 4-2　程序 4-2.asp 的运行结果

程序说明

① 在4-1.asp中，请注意<form>标记中的method属性的值POST，它表示表单数据按POST方法提交。如果将其改为GET方法，那么表单信息就会附在URL后面提交到服务器端，此时需要用后面4.2.3节讲的方法获取信息。

② action属性表示将信息传递给哪一个ASP文件处理，它的属性值可以是相对路径、绝对路径或URL。这里因为两个文件都在同一个文件夹下，直接写名字即可。

③ 4-1.asp的表单包括了两个文本框和一个按钮，因此Form集合也就包括了3个元素。其中Request.Form("txtA")会返回第一个文本框中输入的值；Request.Form("txtB")会返回第二个文本框中输入的值；而Request.Form("btnSubmit")会返回按钮的值（即value属性值，这里为"确定"）。不过这个按钮通常只起提交表单的作用，在程序中很少用。

④ 在一般情况下，Request对象的返回值都是字符串类型，不可以直接相加，所以在4-2.asp中需要用CInt函数先将其转换为整数，然后再相加。

⑤ 在4-2.asp中，也可以不声明变量而直接使用，例如，“Response.Write "两个数的和=" & (CInt(Request.Form("txtA"))+CInt(Request.Form("txtB")))”语句直接就可以输出两个数的和。声明变量主要是为了方便引用，尤其对于大程序，更是一个好习惯。

（2）Form 集合示例 2

上面的例子分为了表单文件和表单处理程序文件两个文件。事实上，也可以将这两个文件合并成一个文件，也就是说，可以将表单信息传送给自身。

方法很简单，只要令<form>标记的 action=""或 action="自身文件名"，并且把 ASP 语句写在同一文件中即可。请看具体代码：

清单 4-3　4-3.asp　简单的计算器

```
<html>
<body>
    <form name="frmTest" method="POST" action="">
        第 1 个数<input type="text" name="txtA">
        +
        第 2 个数<input type="text" name="txtB">
        <p><input type="submit" name="btnSubmit" value="确定">
    </form>
    <%
    '下面的条件语句表示只有提交了表单才进行计算
    If Request.Form("txtA")<>"" And Request.Form("txtB")<>"" Then
        Dim intA,intB,intC
        intA=Request.Form("txtA")                  '获取表单元素 txtA 的值
        intB=Request.Form("txtB")                  '获取表单元素 txtB 的值
        intC=CInt(intA)+CInt(intB)                 '因为传送的是字符串，所以必须转换类型
        Response.Write "两个数的和=" & intC
    Else
        Response.Write "请输入两个数后按确定按钮"
    End If
    %>
</body>
</html>
```

程序运行结果分别如图4-3、图4-4所示。

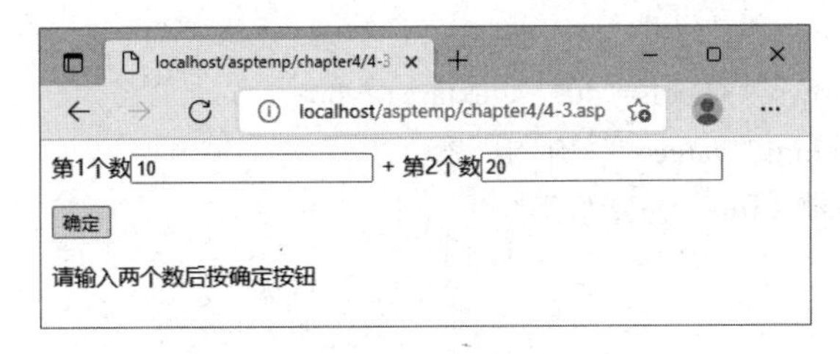

图 4-3　程序 4-3.asp 的运行结果 1

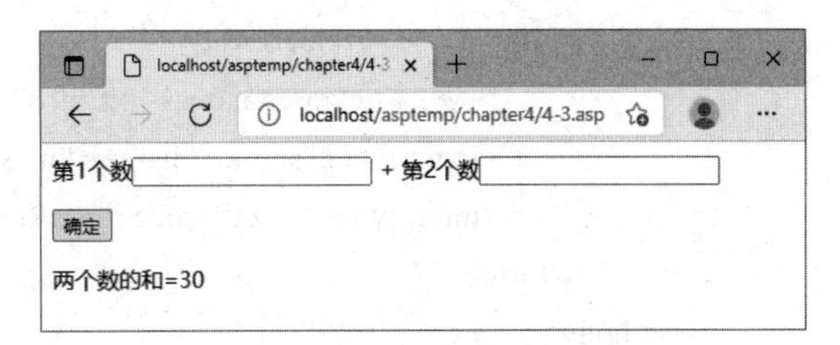

图 4-4　程序 4-3.asp 的运行结果 2

程序说明

① 与示例清单4-2相比，本示例中比较难理解的就是If条件语句。要理解该语句的作用，就要先彻底理解本示例的运行过程。

当用户在浏览器中输入网址第1次访问本文件时，服务器端就会从头到尾解释执行本文件。不过因为此时还没有提交表单，所以Request.Form("txtA")=""，Request.Form("txtB")=""，If语句中条件表达式的返回值为False，因此执行Else后面的语句，输出如图4-3所示的提示信息。

当用户输入数并提交表单后，此时就会第2次访问本文件，服务器端就会再次从头到尾解释执行本文件。不过此时因为已经提交了表单，所以Request.Form("txtA")=10，Request.Form("txtB")=20，If语句中条件表达式的返回值为True，因此执行运算语句，输出如图4-4所示的运算结果。

② 本示例中action=""表示提交给自身，也可以修改为action="4-3.asp"，结果是一样的。

（3）Form 集合示例 3

下面举一个稍微复杂的填写注册信息的例子，重在体会文本框、单选框、复选框、下拉列表框和多行文本框等表单元素的用法。

清单 4-4　4-4.asp　填写注册信息

```
<html>
<body>
    <h2 align="center">请填写个人信息</h2>
    <form name="frmInfor" method="POST" action="4-5.asp">
        姓名：<input type="text" name="txtName"><br>
        密码：<input type="password" name="txtPwd"><br>
        性别：<input type="radio" name="rdoSex" value="男">男
              <input type="radio" name="rdoSex" value="女">女<br>
        爱好：<input type="checkbox" name="chkLove" value="计算机">计算机
              <input type="checkbox" name="chkLove" value="音乐">音乐
              <input type="checkbox" name="chkLove" value="旅游">旅游<br>
        职业：<select name="sltCareer">
                  <option value="教育业">教育业</option>
                  <option value="金融业">金融业</option>
                  <option value="其他">其他</option>
              </select><br>
        简述：<textarea name="txtIntro" rows="3" cols="40"></textarea><br>
        <input type="submit" name="btnSubmit" value="  确 定  ">
        <input type="reset" name="btnReset" value="重新填写">
    </form>
</body>
</html>
```

清单 4-5　4-5.asp　显示注册信息

```
<html>
<body>
    <h2 align="center">下面是您的个人信息</h2>
    <%
    Dim strName,strPwd,strSex,strLove,strCareer,strIntro      '为了引用方便，声明变量
    strName=Request.Form("txtName")
    strPwd=Request.Form("txtPwd")
    strSex=Request.Form("rdoSex")
    strLove=Request.Form("chkLove")
    strCareer=Request.Form("sltCareer")
    strIntro=Request.Form("txtIntro")
    Response.Write "姓名：" & strName
    Response.Write "<br>密码：" & strPwd
    Response.Write "<br>性别：" & strSex
    Response.Write "<br>爱好：" & strLove
    Response.Write "<br>职业：" & strCareer
    Response.Write "<br>简介：" & strIntro
    %>
</body>
</html>
```

程序运行结果分别如图4-5、图4-6所示。

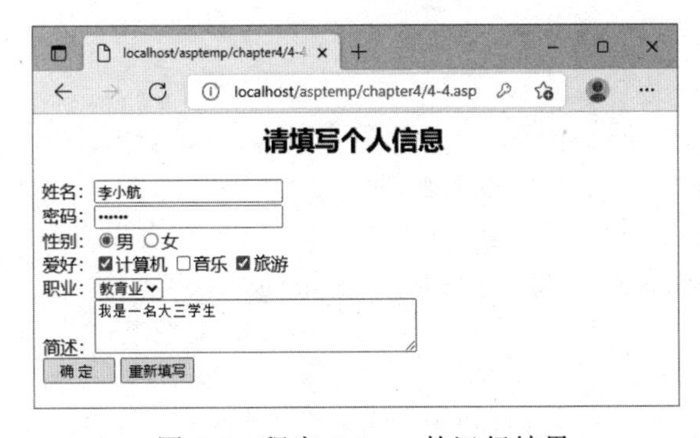

图 4-5　程序 4-4.asp 的运行结果

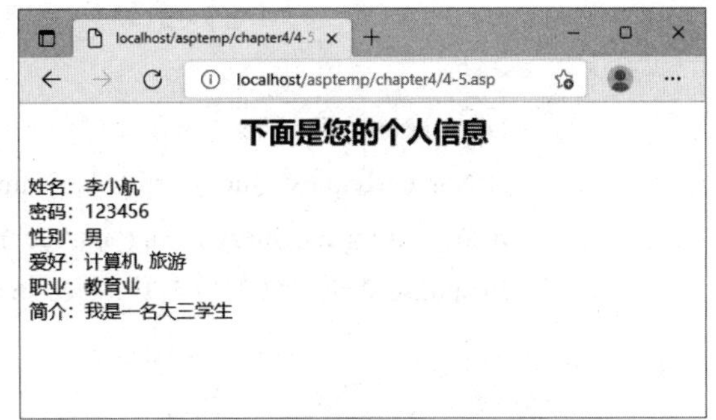

图 4-6　程序 4-5.asp 的运行结果

程序说明

① 对于单行文本框（姓名）、密码文本框（密码）和多行文本框（简介），Form 集合获取的是用户输入的内容；对于单选框（性别）、复选框（爱好）、下拉列表框（职业），Form 集合获取的是 value 属性的值。

② 对于单选框，两个标记的 name 属性一样，表示这是一组，只能选其中一个。

③ 对于复选框，三个标记的 name 属性也一样，也表示这是一组。不过如果选择多个，则获取到的结果中各个值用一个逗号和一个空格隔开。

4.2.3　使用 QueryString 集合获取查询字符串信息

使用 Form 集合可以将客户端在一个页面中输入的信息传送到另一个页面，但是，有时候需要将并不是客户端输入的信息从一个页面传送到另一个页面。打个比方，好比一个人从一个房间去另一个房间，可以顺便带些东西过去。

QueryString 集合可以实现上述功能，它可以获取附加在 URL 后面的查询字符串中的信息。下面举例说明 Request.QueryString 的使用方法。先看第一个文件：

清单 4-6　4-6.asp　准备传送信息

```
<html>
<body>
    请单击下面的超链接
    <p><a href="4-7.asp?strName=白芸&intAge=22">显示</a>
</body>
</html>
```

示例清单 4-6 事实上就是一个普通的 HTML 文件，只不过大家要注意超链接地址后面多了查询字符串“?strName=白芸&intAge=22”，这表示将两个变量及其值传递到 4-7.asp 中。

单击其中的超链接，就会打开 4-7.asp，在其中可以使用 QueryString 集合获取传递过来的值。

清单 4-7　4-7.asp　显示获取的信息

```
<html>
<body>
    <%
    Dim strName,intAge
    strName=Request.QueryString("strName")          '获取姓名
    intAge=Request.QueryString("intAge")            '获取年龄
    Response.Write "您的姓名是：" & strName & "，您的年龄是：" & intAge
    %>
</body>
</html>
```

程序运行结果如图 4-7、图 4-8 所示。

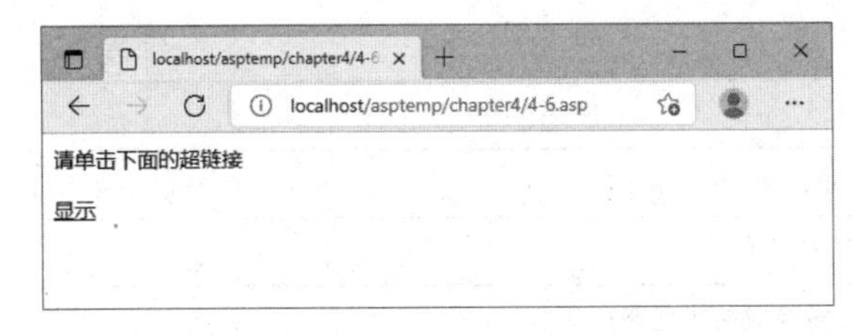

图 4-7　程序 4-6.asp 的运行结果（显示超链接）

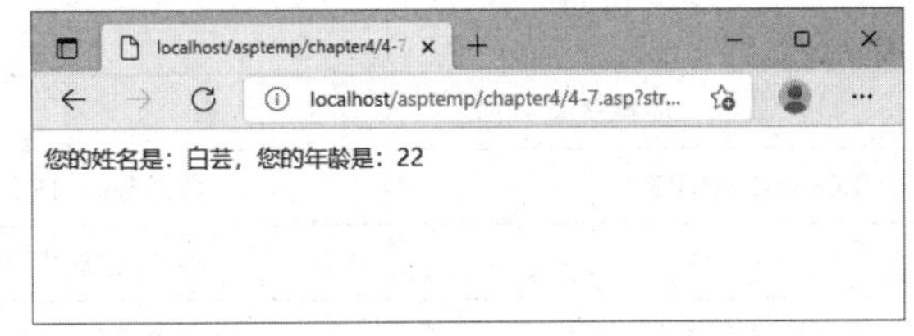

图 4-8　程序 4-7.asp 的运行结果（显示获取的信息）

程序说明

① 在 QueryString 集合中包含两个元素，其中 Request.QueryString("strName")返回查询字符串中第一个变量 strName 的值；Request.QueryString("intAge")返回查询字符串中第二个变量 intAge 的值。

② 请注意“strName=Request.QueryString("strName")”语句，前面的 strName 是 4-7.asp 中定义的变量，而后面的 strName 是集合中元素的名称，也就是查询字符串中的变量名称。两者不是一回事。之所以这样命名，主要是为了方便记忆。

③ 该例子是通过在 4-6.asp 中单击超链接，然后显示 4-7.asp 的。也可以直接在浏览器地址栏里输入“http://localhost/asptemp/chapter4/4-7.asp?strName=白芸&intAge=22”执行。

④ 4-6.asp 中传递了两个变量，也可以传递更多变量，之间用&连接即可。

如果表单的提交方法为“GET”，则需要用 QueryString 来获取表单信息。

4.2.4　使用 ServerVariables 集合获取环境变量信息

在客户端发送到服务器端的 HTTP 请求信息中通常包含了客户端 IP 地址等客户端信息，此外，服务器端在接收到这个请求时也会给出服务器端 IP 地址等环境变量信息。而利用 ServerVariables 集合就可以方便地获取这些信息。语法如下：

Request.ServerVariables(variable)

其中 variable 表示环境变量名称，常用的环境变量如表 4-4 所示。

表 4-4　常用的环境变量

环境变量名称	说　明
ALL_HTTP	客户端发出的 HTTP 请求信息中的所有头信息
AUTH_USER	当服务器端要求登录验证时，客户端认证时使用的用户名
AUTH_PASSWORD	客户端认证时使用的密码
AUTH_TYPE	客户端的认证方式
CONTENT_LENGTH	客户端发出请求数据的长度
CONTENT_TYPE	客户端发出请求数据的内容类型
HTTP_USER_AGENT	客户端浏览器的用户代理字符串
HTTP_ACCEPT	客户端浏览器可接收的内容类型
HTTP_ACCEPT_LANGUAGE	客户端浏览器可接收的语言代码

续表

环境变量名称	说　明
LOCAL_ADDR	服务器端 IP 地址
PATH_INFO	客户端提供的路径信息
PATH_TRANSLATED	由 PATH_INFO 转换成的物理路径信息
QUERY_STRING	HTTP 请求中的查询字符串信息（URL 中？后面的内容）
REMOTE_ADDR	客户端 IP 地址
REMOTE_HOST	客户端计算机名称
REQUEST_METHOD	客户端请求数据的方法，一般为 GET、POST 等方法
SCRIPT_NAME	正在运行的脚本文件的路径信息
SERVER_NAME	服务器端的 IP 地址或名称
SERVER_PORT	服务器端的端口号
URL	URL 的基本信息

下面的例子将输出客户端 IP 地址。

清单 4-8　4-8.asp　显示来访者 IP 地址

```
<html>
<body>
    <%
    Dim IP
    IP=Request.ServerVariables("REMOTE_ADDR")
    Response.Write "来访者 IP 地址是：" & IP
    %>
</body>
</html>
```

程序运行结果图略。

4.2.5　使用 ClientCertificate 集合获取身份验证信息

如果客户端浏览器支持 SSL（secure sockets layer，安全套接层）协议，并且服务器端要求进行身份验证，则利用 ClientCertificate 集合就可以获取客户端浏览器的身份验证信息。语法如下：

```
Request.ClientCertificate(key)
```

其中，key 表示要获取的验证字段名称，例如，Request.ClientCertificate("Subject")可返回验证主题信息。不过如果客户端浏览器未送出身份验证信息，或服务器端也不要求进行身份验证，那么将返回空值。

> 使用 SSL 验证时，URL 以 https://开头，而不是 http://。

4.2.6　TotalBytes 属性

该属性用来获取客户端发出的请求数据的字节大小，语法如下：

```
Request.TotalBytes
```

例如：

```
<% intCount=Request.TotalBytes        '返回客户端请求数据的字节大小 %>
```

> 说明
> ① 该属性仅用来获取 HTTP 请求信息中的正文信息，如提交的表单信息。
> ② 该属性很少使用，因为通常只关注元素的值，而不是整个请求数据的大小。

4.2.7　BinaryRead 方法

该方法用来以二进制方式获取客户端用 POST 方法提交的数据。语法如下：

```
Request.BinaryRead(count)
```

其中，count 表示准备读取数据的字节大小，取值可以是 0 至 Request.TotalBytes 的整数。如下面的例子将以二进制方式获取提交的全部数据：

```
<%
Dim intCount,varData
intCount=Request.TotalBytes                  '返回提交数据的字节大小
varData=Request.BinaryRead(intCount)         '读取指定大小的二进制数据
%>
```

> 说明
> ① 该方法返回值实际上是一个数组，所以这里的 varData 赋值后就成了一个二进制数组。如果需要输出其中的内容，就需要结合后面要讲的 Response 对象的 BinaryWrite 方法。
> ② 如果程序中用了 Request.Form 集合，就不能再使用 Request.BinaryRead 方法了。反之亦然。
> ③ 该属性也很少使用，因为通常情况下只用前面的 5 种集合获取数据。

4.3　利用 Response 对象向客户端输出信息

前面各章已经多次用到 Response.Write 方法向客户端输出信息，不过虽然 Write 是 Response 对象中最常用的方法，但是 Reponse 对象的功能并不仅限于此。

事实上，每当客户端向服务器端发出一个 HTTP 请求信息，服务器端就会给客户端返回一个 HTTP 响应信息。在该信息中不仅包含了要输出到页面上的信息，也包括 HTTP 内容类型、字符集名称等信息。而这些信息都可以利用 Response 对象来输出。

> HTTP 响应信息也称 HTTP 响应报文，如有兴趣，请参考专门教程了解具体格式。

4.3.1　Response 对象简介

Response 对象用来向客户端输出信息，它有一个集合 Cookies（见表 4-5），用来设置客户端的 Cookie。不过该集合将在 4.4 节详细讲解，这里不再展开。

表 4-5　Response 对象的集合

数 据 集 合	说　　明	示　　例
Cookies	设置客户端浏览器的 Cookie 值	Response.Cookies("strName")="高航"

Response 对象提供了多个属性（见表 4-6），用于控制信息的输出方式等。不过在程序中一般很少用到这些属性，因为系统一般会按默认方式自动控制输出。

表 4-6　Response 对象的属性

属　　性	说　　明	示　　例
Buffer	读/写。表示输出信息是否使用缓冲区。取值为 True 或 False，默认为 True	Response.Buffer=True，表示使用缓冲区
Status	读/写。表示服务器页面处理是否成功或错误的状态值和信息	Response.Status=" 401 Unauthorized"，表示无访问权限
ContentType	读/写。表示输出信息的内容类型	Response.ContentType="image/gif"，表示输出的内容类型是 GIF 图片
Charset	读/写。将字符集名称添加到内容类型中	Response.Charset="gb2312"，表示使用国标语言
CacheControl	读/写。表示是否允许代理服务器缓存页面。取值"Public"表示允许，"Private"表示不允许	Response.CacheControl="Public"，表示允许缓存页面
Expires	读/写。表明页面在代理服务器的缓存中保存的时间（单位为分钟）	Response.Expires=10，表示保存时间为 10 分钟
ExpiresAbsolute	读/写。表明页面在代理服务器的缓存中保存的绝对时间	Response.ExpiresAbsolute=#2012-1-8#，表示保存到 2012 年 1 月 8 日
IsClientConnected	只读。表示客户端是否仍然和服务器端保持连接，返回值为 True 或 False	如果 Response.IsClientConnected 返回 True，表示仍然保持连接
PICS	只写。创建一个 PICS 报头	略。如有兴趣，请参考 http://www.w3.org/PICS

Response 对象提供了多个非常有用的方法（见表 4-7），用于向页面输出信息。这也是 Response 对象最重要的功能。

表 4-7　Response 对象的方法

方　　法	说　　明	示　　例
Write	向客户端输出信息	Response.Write "欢迎来访"，输出信息
Redirect	引导客户端至另一页面或 Web 资源。前提是 Response.Buffer=True	Response.Redirect "http://www.sina.com.cn"，引导客户端访问新浪网站
End	停止处理脚本程序	Response.End
Clear	清除缓冲区中的所有页面内容。前提是 Response.Buffer=True	Response.Clear
Flush	立刻输出缓冲区中的页面内容。前提是 Response.Buffer=True	Response.Flush
BinaryWrite	以二进制方式输出信息	Response.BinaryWrite 二进制数据变量
AddHeader	创建一个 HTTP 文档头信息	Response.AddHeader "Refresh","10"，添加一个自动刷新信息，使页面 10 秒自动刷新一次
AppendToLog	在服务器的日志文件中添加日志	Response.AppendToLog "本网站正式开通"

4.3.2　使用 Write 方法输出信息

在 Response 对象中，Write 方法可以说是最普遍、最常用的方法，它可以把信息从服务器端发送给客户端。语法如下：

```
Response.Write string
```

其中 string 表示字符串常量、变量或表达式。事实上，string 几乎可以为任何内容，因为 ASP 会自动将它们转换为字符串并输出到客户端。下面是几个常见的例子：

```
<%
Response.Write "业精于勤而荒于嬉"                    '输出字符串
Response.Write "您来访的日期是" & Date()            '输出一个字符串表达式
Response.Write "<p align='center'>欢迎大家"         '输出 HTML 字符串
%>
```

在 ASP 中，许多方法可以加括号，也可以不加括号。如 Response.Write "abc" 也可以改写为 Response.Write("abc")。具体请参看附录 B。

需要特别注意的是，Write 方法还有一种省略用法，语法如下：

```
<%=string%>
```

其中 string 的意义同上，例如：

```
<%="业精于勤而荒于嬉"%>
<%="您来访的日期是" & Date()%>
<%=intA%>
```

说明：在使用这种省略方式时，必须在输出的每一个字符串两端加<%和%>，请注意 Write 方法的以上两种用法的区别。

请看下面的具体例子。

清单 4-9　4-9.asp　用两种方法输出信息

```
<html>
<body>
    <%
    Dim strName,intAge
    strName="赵菁琪"
    intAge=18
    Response.Write strName & "您好，欢迎您。"
    Response.Write "您的年龄是" & intAge & "岁"
    %>
    <p><%=strName & "您好，欢迎您。"%>
    <%="您的年龄是" & intAge & "岁"%>
</body>
</html>
```

程序运行结果如图 4-9 所示。

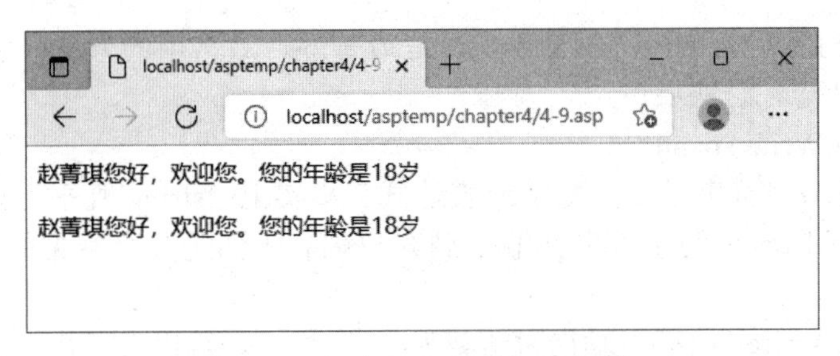

图 4-9　程序 4-9asp 的运行结果

程序说明

① 程序中的简写方式也可以改写为下面的语句，其结果是一样的，而且这种写法用得还更多。

<%=strName%>您好，欢迎您。您的年龄是<%=intAge%>岁

② 这种省略方式通常用在需要在大量 HTML 代码中嵌入少量 VBScript 代码的时候。如果需要输出大量的 VBScript 代码，则使用 Response.Write 方式比较好。

4.3.3　使用 Redirect 方法实现页面重定向

在网页中，可以利用超链接引导用户至另一个页面，但是必须要用户单击超链接才行。可是有时希望自动引导（也称重定向）用户至另一个页面，例如，在进行网上考试时，当考试结束，应自动引导客户端至结束界面。

在 ASP 中，使用 Redirect 方法可以实现该功能。其语法如下：

```
Response.Redirect url
```

其中，url 表示相对路径、绝对路径或 URL，例如：

```
<%
Response.Redirect "http://www.sina.com.cn"          '引导至新浪网
Response.Redirect "4-1.asp"                         '引导至站内其他网页
Response.Redirect strURL                            '引导至变量表示的网址
%>
```

下面来看一个具体例子，将根据不同的用户类型引导至相应的页面。

清单 4-10　4-10.asp　利用 response.redirect 重定向

```
<% Response.Buffer=True                                 '注意，最好有该语句%>
<html>
<body>
    <form name="frmTest" method="POST" action="">
        请选择用户类型：
        <input type="radio" name="rdoUserType" value="teacher">教师
        <input type="radio" name="rdoUserType" value="student">学生
        <input type="submit" name="btnSubmit" value="确定">
```

```
        </form>
        <%
        If Request.Form("rdoUserType")="teacher" Then
            Response.Redirect "teacher.asp"             '将教师用户引导至教师网页
        Elseif Request.Form("rdoUserType")="student" Then
            Response.Redirect "student.asp"             '将学生用户引导至学生网页
        End If
        %>
    </body>
    </html>
```

程序运行结果图略。

程序说明

① 如果 Response.Redirect 不是在文件开头，那么最好加上 Response.Buffer=True 语句，否则可能会出错误。具体原因见 4.3.5 节。

② 如果要引导至网站内的其他网页，一般使用相对路径，至于相对路径请参考附录 A。本例因为处于同一文件夹，所以就直接写文件名了。

③ 这里的页面重定向并不是发生在服务器端，而是发生在客户端。事实上，Response.Redirect 语句会告诉客户端需要转到一个新的 URL 地址，而客户端浏览器就会向相应的服务器端发出一个请求，然后该服务器端就会返回这个新的页面。不过，虽然原理比较复杂，但是大家不必关心其中细节，只要会使用示例中的方法即可。

4.3.4 使用 End 方法停止处理脚本程序

End 方法用来终止脚本程序。在 ASP 程序中碰到 Response.End 语句后会立即终止。不过它会将之前的页面内容发送到客户端，只是不再执行后面的语句。下面请看示例。

清单 4-11　4-11.asp　使用 End 方法终止程序

```
<html>
<body>
    这是第一句
    <%
    Response.Write "<p>这是第二句"
    Response.End
    Response.Write "<p>这是第三句"
    %>
    <p>这是第四句
</body>
</html>
```

程序运行结果如图 4-10 所示。

程序说明

① 从图 4-10 中可以看出，一旦碰到 Response.End 语句，会立即停止执行后面的语句。

② 该方法经常用在调试程序的时候，可以暂时用该语句屏蔽后面的语句，类似于逐条注释掉后面的语句。

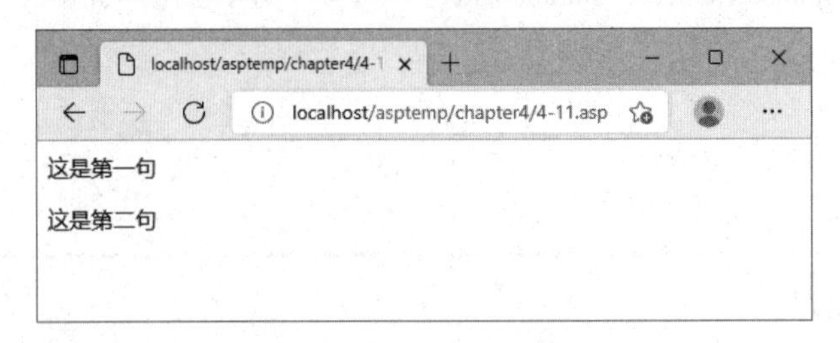

图 4-10　程序 4-11.asp 的运行结果

4.3.5　Buffer 属性、Clear 方法、Flush 方法

Buffer 属性用来设置服务器端是否将页面先输出到缓冲区。所谓缓冲区，就是服务器端内存中的一块区域。假如 Buffer 的属性值为 True，就表示会将页面内容先输出到缓冲区，等当前页面的所有内容处理完毕后，再从缓冲区输出到客户端；假如为 False，就表示不经过缓冲区，而是将页面内容一边处理一边直接输出到客户端。它的基本语法如下：

```
Response.Buffer=True / False
```

在通常情况下，因为页面的处理时间都非常短，因此不管是否经过缓冲区，在客户端都不会感觉到差别，因此在程序中一般不关注该属性。不过有时候就需要用到该属性，如在示例清单 4-10 中，如果 Response.Buffer=False，就表示将页面直接输出到客户端。如果已经输出了部分页面内容到客户端，又想重定向到另一个页面，这是不允许的。而令 Buffer 等于 True 后，将把页面先输出到缓冲区，在缓冲区中则可以随时重定向页面。

> 在一些低版本操作系统中，Buffer 的值默认为 False，而 Windows 2000 以上操作系统中则默认为 True，因此示例清单 4-10 中一般不需要添加该语句。

当 Buffer 的值为 True 时，Clear 方法用于将缓冲区中的当前页面内容全部清除，Flush 方法用于将缓冲区中的当前页面内容立刻输出到客户端。下面结合两个方法举个例子：

```
<%
Response.Write "第一句"
Response.Flush                          '立刻输出缓冲区中的内容
Response.Write "第二句"
Response.Clear                          '清除缓冲区中的内容
Response.Write "第三句"
%>
```

说明：因为 Flush 方法可以将缓冲区中的内容立刻输出到客户端，所以“第一句”会显示出来；因为 Clear 方法会清除缓冲区中的内容，所以“第二句”不会显示出来；“第三句”不受影响，会正常显示。

4.3.6　BinaryWrite 方法

该方法用于在不进行任何字符转换的情况下以二进制方式输出信息。其语法为：

Response.BinaryWrite　二进制数据变量

该方法可以和 4.2.6 节的 TotalBytes 属性、4.2.7 节的 BinaryRead 方法联合起来使用，以二进制方式获取客户端提交的表单信息，并以二进制方式输出到页面。

```
<%
Dim intCount,varData
intCount=Request.TotalBytes                     '返回提交数据的字节大小
varData=Request.BinaryRead(intCount)            '读取指定大小的二进制数据
Response.BinaryWrite varData                    '以二进制方式输出信息
%>
```

该方法很少用到，不过从数据库中读取图片文件信息时可能会用到。

4.3.7　关于 HTTP 响应信息的复杂操作

Response 对象还有几个不常用的属性和方法用于控制输出信息方式和添加 HTTP 响应信息。下面集中举例说明。

（1）缓存网页

客户端浏览器，以及它们和服务器端之间的任一代理服务器都可以缓存页面内容。当用户再次访问同一页面内容时，如果页面未修改，就直接使用缓存中的页面内容；如果页面修改了，才再去服务器端获取最新版本的页面内容。

CacheControl 属性用于设置是否允许缓存，Public 表示允许，Private 表示不允许。在允许的情况下，Expires 属性用于设置在缓存中的保存时间（单位为分钟），ExpiresAbsolute 属性用于设置在缓存中保存的绝对时间。例如：

```
<%
Response.CacheControl="public"                  '允许代理服务器缓存页面
Response.Expires=60                             '缓存时间为 60 分钟
%>
```

说明：适当使用该属性，可以减轻服务器的负担，从而提高程序的运行效率。

（2）创建 HTTP 响应信息的状态行信息

当访问一个不存在的网页时，通常会出现“HTTP 错误 404-找不到文件”，此时服务器端实际上会给客户端发送一个信息“404 Not Found”，这就是状态行信息。利用 Status 属性就可以随时给客户端发送一个状态行信息，例如：

```
<% Response.Status=" 401 Unauthorized" %>
```

说明：该语句表示用户没有访问权限，并在客户端弹出一个登录框。

（3）添加 HTML 文档头信息

在 2.2.3 节讲过可以用<meta>标记添加各种 HTML 文档头信息，而利用 AddHeader 方法也可以动态添加有关信息，例如：

```
<% Response.AddHeader "Refresh","10" %>
```

说明：该语句表示页面 10 秒自动刷新一次，其实它的作用相当于 HTML 文档头中的“<meta http-equiv="Refresh" content="10" %>”。

（4）设置内容类型和字符集

利用 Content-Type 和 Charset 属性可以设置输出页面的内容类型和字符集，例如：

```
<%
Response.ContentType="text/html"
Response.Charset="gb2312"
%>
```

说明：该语句相当于 HTML 文档头中的“<meta http-equiv="Content-Type" content="text/html; charset=gb2312">”。

4.4 使用 Cookie 在客户端保存信息

使用 Cookie 可以将信息保存在客户端。例如，很多网站用该方法来记录客户端的访问次数或用户名。

4.4.1 Cookie 简介

Cookie 俗称甜饼，可以在客户端长期保存信息。它是服务器端发送到客户端的一些文本，保存在客户的硬盘上，一般在 Windows 文件夹下的临时文件夹下的 Cookies 文件夹中。

每个网站都可以有自己的 Cookie，不过每个网站只能读取自己的 Cookie。

当你第一次访问一个网站时，它可能会将有关信息保存在计算机硬盘上的 Cookie 中，下一次再访问该网站时，它就会读取你计算机上的 Cookie，并将新的信息保存在你的计算机上。

Cookie 有两种形式：会话 Cookie 和永久 Cookie。前者是临时性的，只在浏览器打开时存在；后者则永久地存在于用户的硬盘上并在有效期内一直可用。

ASP 利用 Response 对象的 Cookies 集合设置 Cookie 的值，利用 Request 对象的 Cookies 集合来获取 Cookie 的值。

4.4.2　使用 Response 对象设置 Cookie

可以使用 Response 对象的 Cookies 集合设置 Cookie 的值，语法如下：

Response.Cookies(cookie)[(key)|.attribute] = value

其中各参数的说明如表 4-8 所示。

表 4-8　Response 的 Cookies 集合的参数

参　数	说　明
cookie（名称）	必选。表示 Cookie 的名称
key（关键字）	可选。若省略，表示一个单值 Cookie；若指定了 key，则该 Cookie 是一个多值 Cookie，它包含几个元素，可以分别赋值
attribute（属性）	可选。指定 Cookie 自身的信息，见表 4-9
value（值）	必选。表示 Cookie 的值，可以是常量、变量和表达式

表 4-9　Response 的 Cookies 集合的属性

名　称	描　述
Expires	只写。设定 Cookie 的有效日期。如果省略，则关闭浏览器时该 Cookie 消失
Domain	只写。若设定该参数，则 Cookie 仅送到对该指定域的请求中
Path	只写。若设定该参数，则指定 Cookie 仅送到对该路径的请求中
Secure	只写。设定 Cookie 的安全性

下面举例说明其主要功能。

（1）设置不含关键字的单值 Cookie

设置单值 Cookie 很简单，只要指定 Cookie 名称和它的值即可。例如：

```
<%
Response.Cookies("strName")="高航"
%>
```

（2）设置含关键字的多值 Cookie

多值 Cookie 就类似于一个数组，可以包含多个元素，分别用关键字指定即可。例如：

```
<%
Response.Cookies("strUser")("name")="赵敏"
Response.Cookies("strUser")("age")=23
%>
```

（3）设置 Cookie 的有效期

如果不设置 Cookie 的有效期，则关闭浏览器后该 Cookie 就消失了。如果需要长期保存，就需要利用 Expires 属性设置有效期。下面就针对上面的例子设置有效期：

```
<%
Response.Cookies("strName").Expires=#2022-1-8#    '设置单值 Cookie 有效期
Response.Cookies("strUser").Expires=#2022-1-8#    '设置多值 Cookie 有效期
%>
```

说明

① 对于多值 Cookie，只能对整个 Cookie 设置有效期，不可以对具体的某个元素设置。

② 使用 Cookies 集合设置 Cookie 时，如果该 Cookie 不存在，那么会自动建立一个；如果已经存在，那么该值会覆盖已有数据；如果要使一个 Cookie 立即消失，设置为过去的日期即可。

③ 和 Response.Redirect 语句类似，使用 Response.Cookies 时最好在文件开头加上"Reponse.Buffer=True"语句，否则可能出错。不过 Windows 2000 以上系统一般可以省略。

4.4.3 使用 Request 对象获取 Cookie

可以利用 Request 对象的 Cookies 集合获取 Cookie 的值，语法如下：

```
Request.Cookies(cookie)[(key)|.attribute]
```

其中，各参数的说明如表 4-10 所示。

表 4-10 Request 的 Cookies 集合的参数

参 数	说 明
cookie（名称）	必选。表示 Cookie 的名称
key（关键字）	可选。若省略，表示获取单值 Cookie 的值；若指定了 key，则获取该关键字指定的多值 Cookie 中的某个元素的值
attribute（属性）	可选。指定 Cookie 自身的信息，见表 4-11

表 4-11 Request 的 Cookies 集合的属性

名 称	描 述
HasKeys	只读。返回该 Cookie 是否是一个包含关键字的多值 Cookie。如果是，则返回 True，否则返回 False

下面在 4.4.2 节例子的基础上举例说明如何获取 Cookie 值。

（1）获取单值 Cookie 的值

```
<%
strName=Request.Cookies("strName")                    '返回"高航"
%>
```

（2）获取含关键字多值 Cookie 的值

```
<%
strName=Request.Cookies("strUser")("name")            '返回"赵敏"
intUserAge=Request.Cookies("strUser")("age")          '返回 23
%>
```

（3）判断 Cookie 是否含有关键字

如果想知道一个 Cookie 是否含有关键字，可以利用 Haskeys 属性。若返回值为 True，则表示含有关键字；若返回值为 False，则表示不含关键字。例如：

```
<%
blnResult=Request.Cookies("strName").Haskeys          '返回 False
```

```
blnResult=Request.Cookies("strUser").Haskeys            '返回 True
%>
```

> 说明
>
> ① 对于定义过的 Cookie，不管值为数字、日期还是字符串，Request.Cookies 的返回值都是字符串类型。
>
> ② 对于未定义的 Cookie，Request.Cookies 的返回值也是字符串类型，只不过它的值是长度为零的空字符串（""）。

4.4.4　Cookie 综合示例

下面来看一个综合示例，用来显示用户第几次光临本站。

清单 4-12　4-12.asp　显示用户第几次光临本站

```
<% Response.Buffer=True                            '注意：最好有该语句   %>
<html>
<body>
  <%
  Dim varNumber                                    '定义一个访问次数变量
  varNumber=Request.Cookies("intVisit")            '读取Cookie值
  If varNumber="" then                    '如果varNumber=""，表示还没有定义该Cookie
      varNumber=1                                  '如果是第一次，则令访问次数为1
  Else
      varNumber=CInt(varNumber)+1                  '如果不是第一次，则令访问次数加1
  End If
  Response.Write "您是第" & varNumber & "次访问本站"
  Response.Cookies("intVisit")=varNumber           '将新的访问次数保存到Cookie中
  Response.Cookies("intVisit").Expires=DateAdd("d",30,Date())      '设置有效期为30天
  %>
</body>
</html>
```

程序运行结果如图4-11所示。

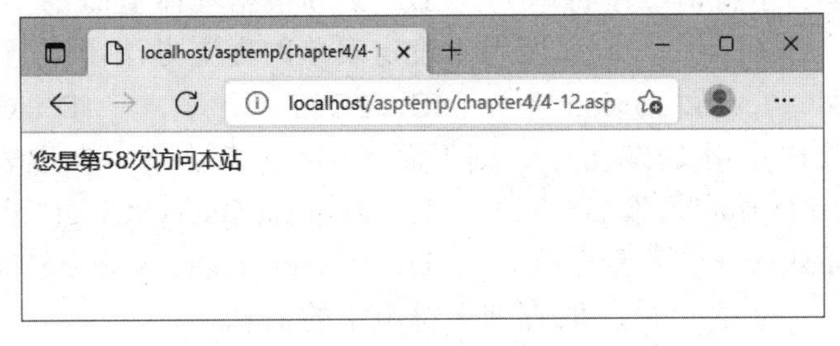

图 4-11　程序 4-12.asp 的运行结果

说明

① 本示例的思路是这样的：不管是第几次访问，首先从客户端获取该 Cookie 值；如果返回值为""，就表示第一次访问，令访问次数为 1；如果返回值不为""，就表示不是第一次访问，因此将原有访问次数加 1；最后将新的访问次数再保存到 Cookie 中。

② 因为 Request.Cookies 返回值是字符串类型，所以程序中用了 CInt 转换为整数。不过这里是+，所以实际上会自动转换。

③ 请注意 DateAdd("d",30,Date())，因为用户每一次访问该页面都会更新有效期，所以该语句总能保证用户访问之后 30 天内有效。这也是一般网站的常用做法。

④ 本示例设置和获取 Cookie 是在一个页面内完成的，事实上也可以在不同的页面内完成。简单地说，同一个网站内的不同 ASP 文件都可以操作该 Cookie。

4.5　本章小结

本章重点之一是服务器端如何利用 Request 对象的 Form、QueryString 和 Cookies 集合获取客户端的信息；重点之二是如何利用 Response 对象的 Write 方法和 Cookies 集合向客户端输出信息。

具体来说，在学习过程中，需要牢固掌握“本章要点”中列出的最重要的基础内容，对于 TotalBytes、BinaryRead、BinaryWrite 等不常用的属性方法，可以留待以后慢慢体会。

习题 4

1. 选择题（可多选）

（1）对于 Request 对象，如果省略集合，如 Request("strName")，将按（　　）顺序依次检查是否有信息传入。

A．Form、QueryString、Cookies、ServerVariables、ClientCertificate
B．QueryString、Form、Cookies、ServerVariables、ClientCertificate
C．Cookies、QueryString、Form、ServerVariables、ClientCertificate
D．Form、QueryString、Cookies、ServerVariables、ClientCertificate

（2）Request 对象的 QueryString、Form、Cookies 集合获取的数据子类型分别是（　　）。

A．数字、字符串、字符串　　B．字符串、数字、数字
C．字符串、字符串、字符串　　D．必须根据具体值而定

（3）在表单中，下列（　　）属性用于设定表单的提交方法。

A．method　　B．action　　C．POST　　D．GET

（4）若表单提交时采用 GET 方法，则下面（　　）集合可以获取表单元素的值。

A．Request.Form("元素名")　　B．Request.QueryString("元素名")
C．Response.Form("元素名")　　D．Response.QueryString("元素名")

（5）下面（　　）集合可以获取查询字符串中的信息。

A．Response("元素名")　　B．Request("元素名")

C．Request.Form("元素名")　　　　D．Request.QueryString("元素名")

（6）请问下面语句执行完毕后，页面上显示的内容是（　　）。

<% Response.Write "<a href='http://www.sina.com.cn'>新浪</a>" %>

A．新浪　　　　B．<a href='http://www.sina.com.cn'>新浪</a>

C．新浪（超链接）　　　　D．错误信息

（7）请问下面程序段执行完毕，页面上显示的内容是（　　）。

```
<%
="北京"
="上海"
%>
```

A．北京上海　　　　B．北京（换行）上海

C．北京　　　　D．错误信息

（8）请问下面程序段执行完毕，页面上显示的内容是（　　）。

```
<%
Response.Write "a":  Response.Flush:  Response.Write "b":  Response.Clear
Response.Write "c":  Response.End:  Response.Write "d"
%>
```

A．ac　　　　B．cd　　　　C．bd　　　　D．ad

（9）Response 对象的（　　）方法可以将缓冲区中的页面内容立即输出到客户端。

A．Write　　　　B．End　　　　C．Clear　　　　D．Flush

（10）下列（　　）集合可以返回客户端 IP 地址。

A．Request("REMOTE_ADDR")

B．Request.ServerVariables("REMOTE_ADDR")

C．Request.ServerVariables("IP")

D．Request.ServerVariables("LOCAL_ADDR")

2. 问答题

（1）请问是否可以将 4-1.asp 的扩展名改为.htm?

（2）假如变量 a="b"，那么 Request(a)和 Request("a")的返回值是一样的吗？

（3）当表单分别以 POST 方法和 GET 方法提交时，获取数据的方法有什么区别？

（4）请问有什么方法可以检验各种集合返回值的数据子类型？

（5）请结合第 1 章讲的 WWW 的工作原理来讲述 4-3.asp 的运行过程。

（6）请简述 Response 的 Write 方法的两种写法的区别及注意事项。

（7）请简述 Redirect 方法的工作原理。

（8）Redirect 方法和超链接的区别是什么？

（9）当使用 Redirect 方法时，为什么有时要在文件开头加“Reponse.Buffer=True”语句？在 Windows 2000 以上系统中一般需要加吗？

（10）本章有哪些方法可以将一个变量从一个页面传递到另一个页面？

3. 实践题

（1）请将 4-4.asp 和 4-5.asp 合并为一个页面。

（2）请修改第 2 章的 2-6.htm，将表单提交给自身。并判断：如果今天正好是用户的生日，就输出祝贺信息。

（3）请开发一个页面，显示来访者的 IP 地址。并判断：如果 IP 地址以 202.112 开头，则显示欢迎信息；否则显示为非法用户，并终止执行程序。

（4）请开发一个页面，让用户通过下拉列表框选择自己想要访问新浪、搜狐还是网易网站，用户提交选择结果后自动打开该网站。

（5）请开发一个页面，可以输入姓名和年龄，并选择有效期为 1 周、1 个月或 1 年。提交表单后将姓名和年龄保存到 Cookie 中，并按选择设置有效期。

（6）请开发一个简单的在线考试程序，包括 5 道单选题和 5 道多选题，单击【交卷】按钮后就可以根据标准答案在线评分。

（7）（选做题）请开发一个程序，当用户第一次访问时，需在线注册姓名和性别，然后把信息保存到 Cookie 中。当该用户再次访问时，则显示“某某先生/小姐，您好，您是第几次光临本站”的欢迎信息。（提示：可以用多个页面实现）

第 5 章　Session 和 Application 对象

本章要点

- ☑ 利用 Session 对象保存信息
- ☑ 利用 Session 对象保存数组信息
- ☑ 利用 Application 对象保存信息，请注意 Lock 和 Unlock 方法
- ☑ 利用 Application 对象保存数组信息
- ☑ 了解 Global.asa 文件的作用和注意事项

5.1　利用 Session 对象记载单个用户信息

在 ASP 中，用户访问网站的过程称为会话，意思是服务器端和客户端在不断地交流。不过，这种会话和生活中打电话等会话方式是有区别的：打电话的时候双方是保持不间断联系的，双方始终都知道自己在和谁说话，也都记得刚才说过的话；但是 Web 上的每一次交流实际上都是独立的，当客户端发出一个 HTTP 请求信息，服务器端就会返回一个 HTTP 响应信息，之后这次交流就结束了。当客户端再发出一个 HTTP 请求信息，服务器端就好像不记得刚才的交流了，而是像对待一个新人一样再发回一个 HTTP 响应信息。简单地说，在服务器端看来，这两次交流是没有任何联系的。

Web 上这种会话方式是一种无状态（state）的会话方式。所谓状态，就是指会话过程中的一些变量、设置等信息，无状态是指在会话过程中并不保留这些信息。举个简单的例子，用户在一个页面中定义的变量在另一个页面中是无效的。这样就会带来一个问题，怎样记载访问过程中多个页面都会用到的信息呢？比如，用户在首页输入了自己的用户名和密码，在其他页面还需要使用该用户名，那么用什么记住用户名呢？

事实上，迄今为止大家已经学了两种方法：① 利用 Request 对象的 QueryString 方法将用户名一页一页传递过去，这种方法理论上可以，但是太麻烦，而且因为查询字符串会在浏览器地址栏中显示出来，所以就不方便传递一些需要保密的信息；② 利用 Cookie 保存用户名，这种方法比第①种方法要稍微简单一些，但是因为是将信息保存在客户端，所以也不是非常安全。

下面就来学习一种更简捷、更安全的方法，就是利用 Session 对象，它用来记载单个用户的信息。在用户访问网站过程中，即使从一个页面跳转到另一个页面，这些信息仍然存在，该用户在该网站的任何一个页面都可以保存或读取这些信息。如图 5-1 所示。

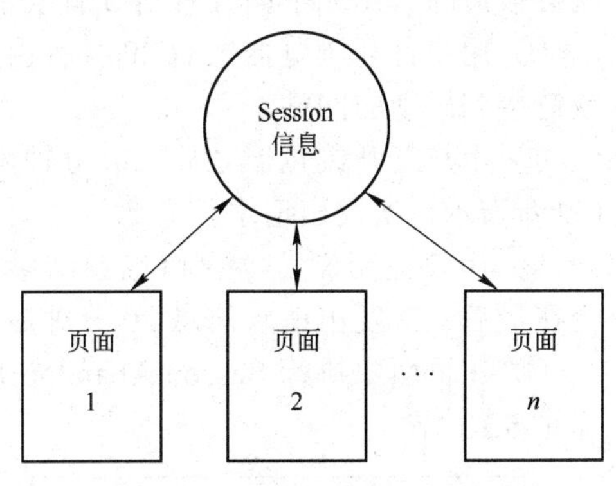

图 5-1　Session 对象示意图

5.1.1 Session 对象简介

事实上，Session 信息保存在服务器端的一块内存区域中。当每一个用户开始访问时（也称开始一个会话时），服务器端就会给该用户建立一个 Session 对象，在服务器端内存中给它分配一块区域，用来存储该用户的信息。当该用户结束访问时（也称结束一个会话时），服务器端就会清除这个 Session 对象，并释放相应的内存区域。这就像大家去游泳池游泳时，管理员会给你分配一个柜子存放自己的衣物，当你离去后，管理员就会把柜子收回，重新分配给其他人。

不过，细心的同学可能会产生一个困惑，刚才讲到 Web 的会话方式是无状态的，服务器端又怎么记住哪块存储区域是哪个用户的呢？事实上，这个问题是依靠 Cookie 解决的。当用户开始访问时，服务器端就会生成一个长整数形式的 ID（也称会话标识符），并把这个 ID 自动保存到客户端的 Cookie 中。当客户端再次向服务器端发送 HTTP 请求信息时，其中会自动包含这个 ID。服务器端就会根据这个 ID 返回相应的 Session 信息。简单地说，这个 ID 就像游泳池柜子的钥匙。

在学习过程中，大家经常还会产生另外一个困惑：我们知道开始一个会话时会建立一个 Session 对象，结束一个会话时会清除一个 Session 对象。可是究竟什么是开始一个会话，什么又是结束一个会话呢？

开始一个会话比较简单。当用户打开一个浏览器窗口开始访问网站时，就会开始一个会话，并建立一个 Session 对象。

如果用户自己从桌面上或开始菜单中打开了两个浏览器窗口，此时相当于两个不同的用户在访问，会开始两个会话，并建立两个不同的 Session 对象。不过在一个窗口中弹出一个新的窗口除外，此时仍然会使用同一个 Session 对象。

结束一个会话则比较复杂，因为 Web 上的会话方式是无状态的，比如用户关掉浏览器窗口时，此时并不会明确地告诉服务器端他要结束访问了。简单地说，在一般情况下，服务器端并不能准确判断客户端什么时候要结束访问。

ASP 是这样解决问题的：它设置了 Session 对象的有效期，默认为 20 分钟。如果客户端在 20 分钟内没有向服务器端发出任何请求信息，就表示这个会话结束了，Session 对象就会被清除。比如下面几种情况就表示一个会话结束了。

① 用户打开浏览器之后 20 分钟内没有继续访问本网站其他页面。比如离开了计算机，或链接到了别的网站。

② 用户打开浏览器之后 20 分钟内没有继续访问本网站其他页面，也没有刷新本页面（刷新表示再次发出请求信息）。

③ 用户关闭浏览器窗口也会结束当前会话。不过需要强调的是，它不会立即结束，会在最后一次发出请求信息 20 分钟后结束当前会话，并清除 Session 对象。

④ 在页面中执行 Sesson.Abandon 后，会立刻结束当前会话，并清除 Session 对象。具体见 5.1.6 节。

再次强调，关闭浏览器窗口并不会立即清除 Session 对象。

下面概述一下 Session 对象的所有成员，首先它提供了两个集合（见表 5-1），可以用来访问存储于用户 Session 空间中的信息。不过，一般可以使用更为简便的访问方法，所以这两个集合很少用到。

表 5-1　Session 对象的集合

集　合	说　明	示　例
Contents	获取脚本中添加的 Session 变量集合	intA=Session.Contents("intAge")，返回 Session 变量值
StaticObjects	获取在 Global.asa 文件中用 OBJECT 标记声明的 Session 变量集合。很少使用	objA=Session.StaticObjects("ad")，返回利用 OBJECT 定义的一个对象变量

Session 对象也提供了几个属性，用于设置 Session 的有效期、浏览器中显示内容的代码页和地区标识等，不过一般情况下使用默认设置就可以，如表 5-2 所示。

表 5-2　Session 对象的属性

属　性	说　明	示　例
SessionID	只读。返回会话标识符（ID），程序中一般不使用	intA=Session.SessionID，返回当前 Session 对象的会话标识符，如 396024095
TimeOut	读/写。定义 Session 的有效期。单位为分钟，默认为 20 分钟	Session.TimeOut=30，设置有效期为 30 分钟
CodePage	读/写。定义显示动态内容的代码页。如 1252 表示英语，936 表示中文	Session.CodePage=936，设置代码页为中文
LCID	读/写。定义页面的国家和地区标识。它可以决定页面的日期、货币等显示格式。美国用 1033，中国用 2052	Session.LCID=2052，设置国家和地区标识为中国

Session 对象只提供了一个方法 Abandon，用于清除当前的 Session 对象，执行后 Session 中保存的信息就会消失，如表 5-3 所示。

表 5-3　Session 对象的方法

方　法	说　明	示　例
Abandon	清除当前 Session 对象	Session.Abandon，清除当前 Session 对象

Session 对象还提供了两个事件（见表 5-4），分别在开始一个会话和结束一个会话时触发。不过这两个事件只能用在 Global.asa 文件中，将在 5.3 节详细介绍。

表 5-4　Session 对象的事件

事　件	说　明	示　例
Session_OnStart	当开始一个会话时，会触发该事件	只能用在 Global.asa 文件中，详见 5.3 节
Session_OnEnd	当结束一个会话时，会触发该事件	只能用在 Global.asa 文件中，详见 5.3 节

5.1.2 利用 Session 存储信息

Session 对象的原理是比较复杂的，但是利用它存储信息却很简单。语法如下：

```
Session(variable)=value
```

其中，参数 variable 表示 Session 变量的名称，value 表示要保存的信息，可以是常量、变量或表达式。下面是保存 Session 信息的例子：

```
<%
Session("strName")="卓云"                '将字符串信息存入 Session
Session("intAge")=22                     '将数字信息存入 Session
Session("strA")=strA                     '将变量 strA 的值存入 Session
%>
```

下面是读取 Session 信息的例子：

```
<%
strName=Session("strName")               '读取 Session 信息
intAge=Session("intAge")                 '读取 Session 信息
%>
```

说明

① 请注意 Session 变量和普通变量的联系和区别：两者之间的赋值和引用方式都是类似的；不过两者的命名方式有一些区别，对 Session 变量来说，括号中的字符串才是该变量的名字；另外，普通变量只在本页面有效，而 Session 变量在整个会话期间一直有效。

② Session 变量和普通的变量名称可以一样，比如 Session("strA")=strA，但是前者和后者是保存在不同位置的变量，不是一回事。名字相同主要是为了方便记忆。

③ 给一个不存在的 Session 变量赋值，将自动创建该变量；给一个已经存在的 Session 变量赋值，将修改其中的值。

④ Session 变量的返回值的类型由其中保存的信息的类型决定。如果读取一个不存在的 Session 变量，返回值为空（Empty）。

下面用两个文件来具体说明 Session 的使用方法，首先在示例 5-1 中存入 Session 信息，然后在示例 5-2 中读取 Session 信息。

清单 5-1　5-1.asp　存入 Session 信息

```
<html>
<body>
    <%
    Dim strName,intAge
    strName="卓云"
    intAge=22
    Session("strName")=strName               '给 Session 变量赋值
    Session("intAge")=intAge                 '给 Session 变量赋值
```

```
        Response.Write "该程序仅用来存入 Session 值，请自己打开 5-2.asp 查看结果。"
        %>
</body>
</html>
```

清单 5-2　5-2.asp　读取 Session 信息

```
<html>
<body>
    <%
    Dim strName,intAge
    strName=Session("strName")                          '读取 Session 变量
    intAge=Session("intAge")                            '读取 Session 变量
    Response.Write strName & "您好，欢迎您<br>"
    Response.Write "您的年龄是" & intAge
    %>
</body>
</html>
```

当程序运行时，首先运行5-1.asp，然后在同一个浏览器窗口中运行5-2.asp，结果分别如图5-2、图5-3所示。

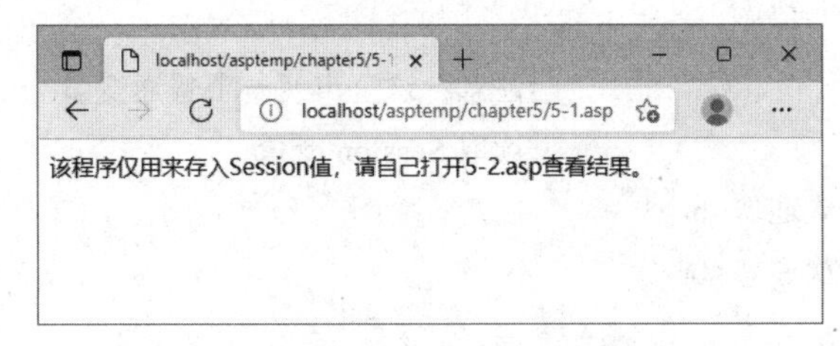

图 5-2　程序 5-1.asp 的运行结果
（保存 Session 信息）

图 5-3　程序 5-2.asp 的运行结果
（读取 Session 信息）

程序说明

① 本示例要求两个文件必须在同一个浏览器窗口中依次打开，如果在不同的窗口中打开，将会建立两个不同的 Session 对象，自然就无法显示正确的信息。

② 这里为了演示 Session 在不同页面中传递信息的用法，用了两个文件。其实在该网站的任何页面中都可以保存或读取 Session 变量。

上面的例子很有实用意义，许多网站要求用户在首页登录，然后将用户名等信息保存到 Session 中，比如用 Session("strUserId")保存。在其他页面开头就可以判断，如果 Session("strUserId")="",就表示该用户还没有登录,就可以用 Response.Redirect 方法将其重定向回首页。如果不为空，就允许其正常访问。

5.1.3 利用 Session 存储数组信息

利用 Session 存储数组和存储简单信息基本上是一样的，只不过要记住：Session 把传入的数组当成一个整体看待，一般都是把一个数组整体存入取出。下面请看具体例子。

清单 5-3　5-3.asp　存入 Session 数组

```
<html>
<body>
    <%
    Dim strNames(1)                                    '声明一个长度为 2 的数组
    strNames(0)="白芸"
    strNames(1)="海霞"
    Session("strNames")=strNames                       '将数组赋值给 Session 变量
    Response.Write "该程序仅用来存入 Session 数组，请自己打开 5-4.asp 查看结果。"
    %>
</body>
</html>
```

清单 5-4　5-4.asp　读取 Session 数组

```
<html>
<body>
    <%
    Dim strNames                                       '注意：这里声明一个普通变量
    strNames=Session("strNames")                       '读取 Session 变量
    Response.Write strNames(0) & "您好，欢迎您<br>"
    Response.Write strNames(1) & "您好，欢迎您<br>"
    %>
</body>
</html>
```

在同一个浏览器窗口中依次运行两个文件，运行结果分别如图5-4、图5-5所示。

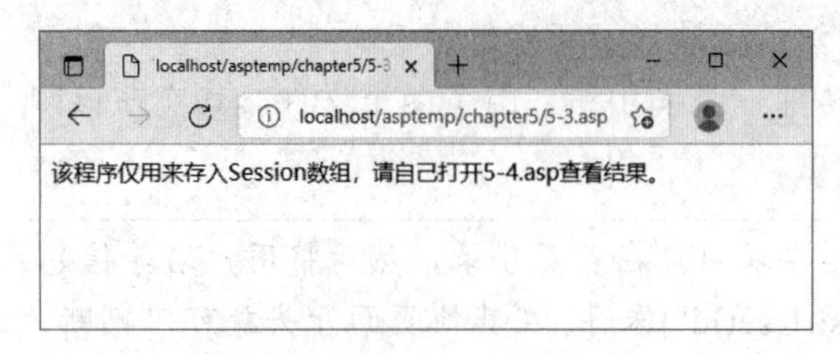

图 5-4　程序 5-3.asp 的运行结果
（保存 Session 数组信息）

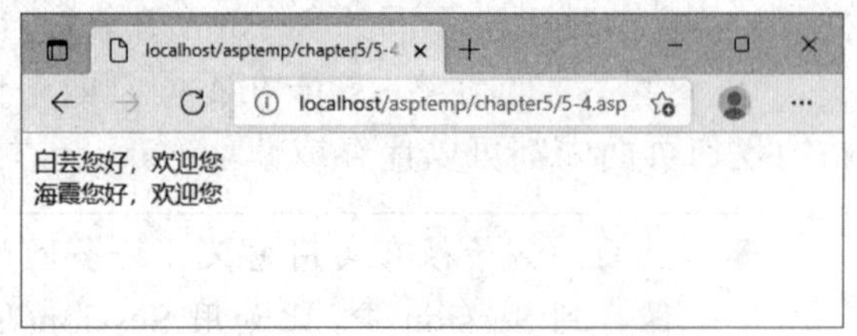

图 5-5　程序 5-4.asp 的运行结果
（读取 Session 数组信息）

程序说明

① 利用 Session 存储数组信息和存储简单信息的方法大体上是类似的，只不过需要将数组当作一个整体存入和取出。如果希望修改数组中某一个元素时，只能将 Session 变量赋给一个普通数组变量，然后在数组变量中操作。

② 在程序 5-4.asp 中，声明变量 strNames 用的是“Dim strNames”，而不是“Dim strNames ()”。这是因为 strNames 是否是数组，会自动由传回来的 Session 变量决定。如果 Session 变量是一个数组，传回来后 strNames 就自动成为一个数组变量。

③ 在读取 Session 数组变量的值时，其实也可以使用 Session("strNames")(0)直接返回数组元素的值，但是保存时不可以简化，为了统一起见，建议大家使用例子中的方法。

5.1.4 Contents 集合

在前两节中用了最简单的方法来存储信息，一直也没有用到 Contents 集合。其实也可以像 Request.Form 集合一样，利用 Session 对象的 Contents 集合来存储 Session 中的信息。例如：

```
<%
Session.Contents("strName")="卓云"          '保存 Session 信息
strName=Session.Contents("strName")         '读取 Session 信息
%>
```

不过这种方式比较烦琐，在实际开发中一般不使用。但是 Contens 本身还有几个属性和方法（见表 5-5），可以用来完成一些特殊的功能。

表 5-5　Contents 集合的属性和方法

属性/方法	说　明	示　例
Count 属性	只读。返回集合中的变量的数目	intA=Session.Contents.Count
Remove 方法	删除集合中一个 Session 变量	Session.Contents.Remove("strName")
RemoveAll 方法	删除集合中全部 Session 变量	Session.Contents.RemoveAll

其中，Count 属性实际上可以返回当前 Session 对象中的 Session 变量的数目。例如：

```
<% intNumber=Session.Contents.Count          '返回 Session 变量数目%>
```

Remove 和 RemoveAll 方法可以用来删除不需要的 Session 变量。需要注意的是，集合的元素既可以根据元素名称来指定，也可以根据索引（Contents 中索引从 1 开始计数）来指定。例如：

```
<%
Session.Contents.Remove("strName")          '删除指定名称的 Session 变量
Session.Contents.Remove(2)                  '删除索引为 2 的 Session 变量
Session.Contents.RemoveAll                  '删除全部 Session 变量
%>
```

删除全部 Session 变量并不等同于清除 Session 对象。前者相当于将一个盒子中的东西扔掉，但盒子会保存下来；后者相当于将盒子和东西一起扔掉。

结合 For Each...Next 循环语句，还可以将全部 Session 变量都输出来。例如：

```
<%
Dim strItem
For Each strItem In Session.Contents
    Response.Write "名字:" & strItem & "，值:" & Session.Contents(strItem) & "<p>"
Next
%>
```

说明

① 请注意 Session.Contents 没有使用任何参数，就会返回一个包含所有 Session 变量名称的集合。这个集合可能是由"strName"、"intAge"等组成的一个集合。

② 利用 For Each 循环，会依次获取该集合中的每一个元素。所以 strItem 变量的值就会依次返回每一个 Session 变量的名称。

③ Session.Contents(strItem)自然就会返回每一个 Session 变量的值。Response.Write 语句会在页面上输出每一个 Session 变量的名字和它的值。

④ 不过，如果某元素是数组，上面的程序会出错误。大家可以自己思考解决方法。

上面的例子也可以使用索引来完成。例如：

```
<%
Dim I
For I=1 To Session.Contents.Count
    Response.Write  "索引:" & I & "，值：" & Session.Contents(I) & "<p>"
Next
%>
```

本节介绍的内容很少使用。不过这里主要是为了让大家体会集合和元素的操作。事实上，4.2 节的 Form 等集合也可以进行类似的操作。

5.1.5 TimeOut 属性

前面讲过，Session 对象并不是一直有效的，它有有效期，默认为 20 分钟。不过也可以适当修改有效期时长，一种方法是在 IIS 中修改系统默认值，另一种方法是利用 Session 对象的 TimeOut 属性来更改。下面的例子就利用 TimeOut 将有效期设置为 30 分钟。

```
<% Session.TimeOut=30 %>
```

在使用 Session 对象时，经常会发生丢失用户名等信息的错误，多数是因为有效期的原因。所以，在一些特殊页面中要根据需要适当延长或缩短有效期。

5.1.6 Abandon 方法

Session 对象到期后会自动清除，但到期前可以用 Abandon 方法强行清除。例如，在网站中如果用户要退出登录，就可以利用该方法清除 Session 中保存的用户名等信息。用法如下：

```
<% Session.Abandon %>
```

不过需要说明的是，执行该语句后，Session 对象并没有立刻被清除，当前页面中仍然可以使用 Session 中的信息，不过在其他页面中就不可以使用了。

执行 Abandon 方法后，如果继续访问其他页面，就会建立一个新的 Session 对象。

5.2　利用 Application 对象记载所有用户信息

Session 对象解决了记录单个用户信息的问题，但是有时候需要记载所有用户的共享信息，比如网站的访问总次数和聊天室中的发言内容就是所有用户的共享信息。此时就需要用 Application 对象。

简而言之，不同用户必须访问不同的 Session 对象，但可以访问公共的 Application 对象。

5.2.1　Application 对象简介

Application 对象是让所有用户一起使用的对象，它实际上也是服务器端的一块内存区域。只不过因为它并不需要区分每个用户，所以它的存储机制要比 Session 对象简单。

另外，Application 对象没有有效期的限制，从应用程序启动后第一个用户开始访问到所有用户都结束访问，它一直是有效的。简单地说，从服务器启动到服务器关闭，它一直是存在的。

Application 对象也有 Contents 和 StaticObjects 集合（见表 5-6）。

表 5-6　Application 对象的集合

集　　合	说　　明	示　　例
Contents	获取脚本中添加的 Application 变量集合	intA=Application.Contents("intA")，返回 Application 变量值
StaticObjects	获取在 Global.asa 文件中用 OBJECT 标记声明的 Application 变量集合。很少使用	objA=Application.StaticObjects("adr")，返回利用 OBJECT 定义的一个对象变量

Application 对象没有属性，但是它提供了两个重要的方法 Lock 和 UnLock（见表 5-7）。

表 5-7　Application 对象的方法

方　　法	说　　明	示　　例
Lock	锁定 Application 对象，此时其他用户就不能再修改 Application 中变量的值	Application.Lock
UnLock	解除锁定 Application 对象	Application.UnLock

说明：Lock 方法和 UnLock 方法是很重要的，因为任何用户都可以存取 Application 对象，如果正好两个用户同时修改一个 Application 变量的值，就会发生冲突。此时就可以利用 Lock 方法，先将 Application 对象锁定，以防止其他用户修改，之后再利用 UnLock 解

除锁定。不过，读取 Application 变量时就不存在这个问题。

Application 对象也提供了两个事件（见表 5-8），不过这两个事件也只能用在 Global.asa 文件中，本书将在 5.3 节详细介绍 Global.asa 文件。

表 5-8　Application 对象的事件

事　件	说　明	示　例
Application_OnStart	当应用程序的第一个用户访问时，会触发该事件，并执行其中的语句	只能用在 Global.asa 文件中，详见 5.3 节
Application_OnEnd	当应用程序关闭时触发该事件，并执行其中的语句	只能用在 Global.asa 文件中，详见 5.3 节

5.2.2　利用 Application 存储信息

Application 的操作和 Session 非常类似，存储信息的语法如下:

```
Application(variable)=value
```

其中，参数 variable 表示 Application 变量的名称，value 表示要保存的信息。需要提醒的是，存储时需要先锁定，然后再解除锁定。请看下面保存 Application 信息的例子：

```
<%
Application.Lock                              '锁定，以防其他用户更改
Application ("strSchool")="北京大学"           '将字符串信息存入 Application
Application("strA")=strA                      '将变量 strA 的值存入 Application
Application.Unlock                            '解除锁定，让别的人写
%>
```

读取 Application 信息就不需要再锁定了：

```
<% strA=Application("strA")                   '读取 Application 信息 %>
```

很多人喜欢在自己的网页上加一个计数器，以体会成功的喜悦。实现计数器的方法有很多种，这里先举一个最简单的用 Application 对象实现的计数器的例子。

清单 5-5　5-5.asp　计数器示例

```
<html>
<body>
    <h2 align="center">我的主页</h2>
    <%
    Application.Lock                                  '先锁定
    Application("intAll")=Application("intAll")+1     '给 Application 变量赋值
    Application.Unlock                                '解除锁定
    Dim intVisit
    intVisit=Application("intAll")                    '获取 Application 变量
    Response.Write "<p>您是第" & intVisit & "位访客。"
```

```
    %>
</body>
</html>
```

程序运行结果如图 5-6 所示。

图 5-6　程序 5-5.asp 运行结果（计数器示例）

程序说明

① 该示例首先将原有访问次数加 1 并保存到 Application 中，然后读取访问次数并显示在页面上。

② 这么简单的计数器是有问题的，一旦服务器关闭，Application 对象就会丢失数据。以后学了数据库和文件操作就可以解决这个问题。

下面再来看一个简单的聊天室例子，该示例使用了上下框架，共 3 个文件。请大家重点体会其中保存和读取发言信息的方法。

清单 5-6　5-6.asp　框架网页主文件

```
<html>
<frameset rows="*,60">
    <frame name="message" src="5-8.asp">
    <frame name="say" src="5-7.asp">
</frameset>
</html>
```

清单 5-7　5-7.asp　保存发言信息

```
<html>
<body>
    <form name="form1" method="post" action="">
        昵称：<input type="text" name="txtName" size="10">
        发言：<input type="text" name="txtSay" size="30">
        <input type="submit" value="发送">
    </form>
    <%
```

```
        '如果提交了表单，就将发言内容添加到 Application 对象中
        If Trim(Request.Form("txtName"))<>"" And Trim(Request.Form("txtSay"))<>"" Then
            '下面先获取本次发言字符串，包括发言人和发言内容
            Dim strSay
            strSay=Request.Form("txtName") & "说：" & Request.Form("txtSay") & "<br>"
            '下面将本次发言添加到聊天内容中
            Application.Lock                        '先锁定
            Application("strChat")=strSay & Application("strChat")
            Application.Unlock                      '解除锁定
        End If
        %>
    </body>
    </html>
```

清单 5-8　5-8.asp　读取发言信息

```
    <html>
    <head>
        <title>显示发言页面</title>
        <meta http-equiv="refresh" content="5">
    </head>
    <body>
        <% Response.Write Application("strChat")     '显示聊天内容 %>
    </body>
    </html>
```

在浏览器地址栏里输入http://localhost/asptemp/chapter5/5-6.asp，就会出现如图5-7所示的界面。在文本框中输入发言内容，单击【确定】按钮后，就可以显示发言内容。

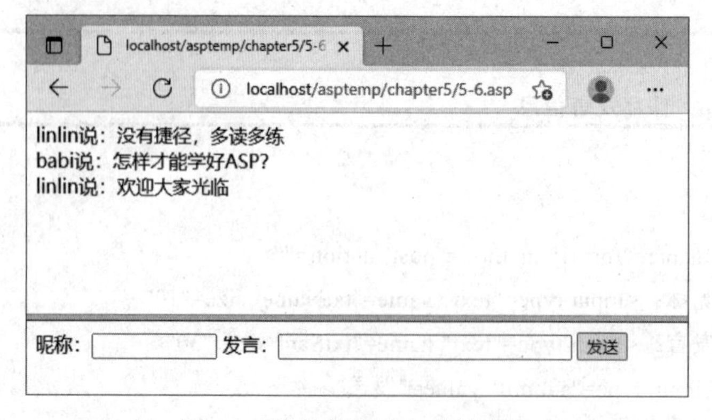

图 5-7　简单的聊天室示例结果

程序说明

① 该示例的主要思想是在 5-7.asp 中只管将提交的发言保存到 Application("strChat")中，在 5-8.asp 中只管从 Application 中读取聊天内容并显示到页面上。因为 5-8.asp 中设置了 5 秒自动刷新页面，所以基本上能保证始终显示最新的发言信息。

② 本例中较难理解的是聊天内容 Application("strChat")的问题。实际上不管图 5-7 中呈现什么样的聊天信息，它都是一个由每个人的发言信息组成的长长的字符串。strSay=…"<br>"语句会根据用户提交的数据组成本次发言的字符串，而最后的"
"用来实现换行效果。而 Application("strChat")=strSay & Application("strChat")语句会将新发言连接到旧发言的前面。不管多复杂的聊天室系统，其实都是在组合这一个复杂的字符串而已。

③ 如果想体会多人聊天的情况，可以同时打开多个浏览器窗口进行测试。

5.2.3　利用 Application 存储数组信息

利用 Application 对象存储数组信息时，一般也需要把数组当成一个整体存入和读取，只是存储时别忘了 Lock 和 UnLock 就可以。先请看下面的存储例子：

```
<%
Dim strNames(1)                              '声明一个长度为 2 的数组
strNames(0)= "白芸"
strNames(1)= "海霞"
Application.Lock                             '锁定
Application("strNames")= strNames            '给 Application 变量赋值
Application.UnLock                           '解除锁定
%>
```

下面是读取例子：

```
<%
Dim strNames                                 '声明一个普通变量
strNames= Application("strNames")            '读取 Application 变量
Response.Write strNames(0) & "您好，欢迎您<br>"
Response.Write strNames(1) & "您好，欢迎您<br>"
%>
```

大家测试上面的例子时，请分别复制到两个文件中运行。如果要在一个文件中运行，就需要修改读取时 strNames 变量的名称。因为在一个文件中数组变量（Dim strNames(1)）和普通变量（Dim strNames）的名称不能相同。

5.2.4　Contents 集合

Application 对象的 Contents 集合和 Session 对象是类似的。下面举几个简单的例子：

```
<%
Application.Lock
Application.Contents("strSchool")="北京大学"          '保存 Application 信息
```

```
Application.UnLock
Response.Write Application.Contents("strSchool")        '输出 Application 信息
Response.Write Application.Contents.Count               '输出 Application 变量数目
Application.Lock
Application.Contents.Remove("strSchool")                '删除指定名称的 Application 变量
Application.Contents.Remove(1)                          '删除指定索引的 Application 变量
Application.Contents.RemoveAll                          '删除所有 Application 变量
Application.UnLock
%>
```

5.3 Global.asa 文件

在制作聊天室等程序的时候，可能会希望当用户一访问本网站，就立即执行一些语句，而不管用户究竟访问的是哪一个页面。此时就需要用到 Global.asa 文件。

5.3.1 什么是 Global.asa 文件

每一个应用程序可以有一个 Global.asa 文件，它必须被放在应用程序的根目录中，用来存放 Session 对象和 Application 对象事件的程序。比如当一个用户开始访问或结束访问的时候，就可以自动执行其中相应的程序语句。该文件的语法如下：

```
<Script language="VBScript" runat="server">
    Sub Application_OnStart
        '当应用程序启动后第一个用户访问时触发该事件，并执行其中的语句
    End Sub
    Sub Application_OnEnd
        '当应用程序关闭时触发该事件，并执行其中的语句
    End Sub
    Sub Session_OnStart
        '当开始一个会话时（用户开始访问时）触发该事件，并执行其中的语句
    End sub
    Sub Session_OnEnd
        '当结束一个会话时（用户结束访问时）触发该事件，并执行其中的语句
    End Sub
</Script>
```

该文件的语法要求比较严格，请大家仔细阅读下面的说明事项。

说明

① 每一个应用程序只能有一个 Global.asa 文件，而且它的名称和位置都是固定的，它必须被放在应用程序的根目录下。以本章为例，如果为 C:\Inetpub\wwwroot\ asptemp\chapter5 建立了一个应用程序 temp5（使用“添加应用程序”的命令），则 Global.asa 必须被放到该文件

夹下，路径为 C:\Inetpub\wwwroot\asptemp\chapter5\Global.asa。

② 对一个应用程序来说，也可以不用该文件。如果没有该文件，当 Session 或 Application 事件发生时，服务器就不去读取该文件，一般也没什么影响，不过就无法发挥 Session 和 Application 更大的作用了。事实上，许多程序中都没有用到该文件。

③ 在 Global.asa 文件中只能用<Script language="VBScript" runat="server">…</Script>，它表示默认所选用的语言为 VBScript，并且在服务器端执行。不能写成<%…%>的形式。

④ 在 Global.asa 中可以读取数据库、文件和其他操作，但不能包含任何输出语句，如 Response.Write。因为该文件只是被调用，根本不会显示在页面上，所以不能输出任何内容。

⑤ 要特别注意 Session_OnEnd 事件。当一个用户关闭浏览器后并不立即触发该事件，需要等待 TimeOut 规定的时间后才会触发该事件。当然，程序中执行 Abandon 方法后会触发该事件。

⑥ 该文件在应用程序运行过程中最好不要修改。如果修改了该文件，就相当于关闭并重新启动应用程序。

5.3.2 Global.asa 简单示例

下面再来看一个显示网站在线人数和访问总人数的例子，它包括两个文件，其中 Global.asa 用来统计人数，而后面的 5-10.asp 用来显示信息。先来看 Global.asa 文件。

清单 5-9 Global.asa 显示网站在线人数和访问总人数

```
<Script language="VBScript" runat="server">
    Sub Application_OnStart
        Application.Lock
        Application("intAll")=0                                     '给访问总人数赋初值
        Application("intOnline")=0                                  '给在线人数赋初值
        Application.Unlock
    End Sub
    Sub Session_OnStart
        Application.Lock
        Application("intAll")= Application("intAll")+1              '令访问总人数加 1
        Application("intOnline")= Application("intOnline")+1        '令在线人数加 1
        Application.Unlock
    End Sub
    Sub Session_OnEnd
        Application.Lock
        Application("intOnline")= Application("intOnline")-1        '令在线人数减 1
        Application.Unlock
    End Sub
</Script>
```

程序说明

① Application("intOnline ") 是用来计算当前在线人数的，Application("intAll")是用来计算访问总人数的。当应用程序启动后第一个用户访问时，就会触发 Application_OnStart 事件，将在线人数和访问总人数都赋初值 0。

② 当一个用户开始访问时，就会触发 Session_OnStart 事件，在其中就可以将在线人数和访问总人数都加 1。

③ 当一个用户结束访问时，就会触发 Session_OnEnd 事件，其中将在线人数减 1。当然，此时访问总人数不需要减 1。

④ 本示例中没有用到 Application_OnEnd。事实上也可以在该事件中执行一些操作。

⑤ 再次强调，该文件路径为“C:\Inetpub\wwwroot\asptemp\chapter5\Global.asa”，并注意给该文件夹添加应用程序 temp5。

下面再来看 5-10.asp，其功能是简单地读取 Application 信息。

清单 5-10　5-10.asp　显示网站在线人数和访问总人数

```
<html>
<body>
    <p>在线人数:<%=Application("intOnline")%>
    <p>访问总人数:<%=Application("intAll")%>
</body>
</html>
```

在浏览器中输入 http://localhost/temp5/5-10.asp，就可以看到如图 5-8 所示的运行结果。

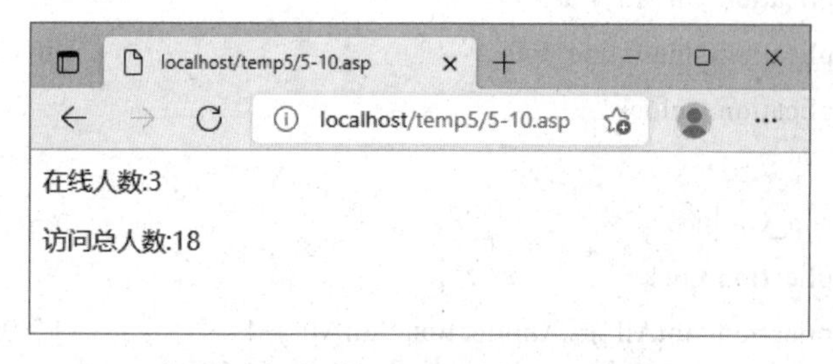

图 5-8　程序 5-10.asp 的运行结果

程序说明

① 因为加了应用程序，所以访问路径和其他例子有所区别。

② 要测试这个例子，最好能有多人从不同的客户端访问。另外，最好能等待比较长的时间，因为 Session_OnEnd 事件一般需要等访问结束后 20 分钟才能触发。

③ 这个例子只是简单地统计在线人数和访问总人数。其实，也可以在 Global.asa 文件中进行复杂的操作，比如读取数据库和文件等。但一定要注意不要在 Global.asa 中输出内容。

④ 5-5.asp 和本示例的区别是：前者如果用户不停地刷新页面，则会不停地计数；而后者在一位用户访问过程中，只触发一次 Session_OnStart 事件，所以只计数一次。

5.4　本章小结

本章的重点是利用 Session 和 Application 对象存储信息，这些内容比较容易掌握。本章的难点和疑点是 Session 的工作原理、Session 对象建立和清除的时间，以及 Global.asa 文件的使用，尤其是 Global.asa 文件中事件的触发时间。

另外，本章在 5.1.4 节详细介绍了 Contents 集合，主要是让大家体会集合和元素的操作，大家可以回头去思考第 3 章介绍的几个集合，并注意总结规律。

习题 5

1. 选择题（可多选）

（1）下面程序段执行完毕，变量 c 的值是（　　）。

<% Session("a")=1:　Session("b")=2:　c=Session("a")+Session("b") %>

A．12　　B．3　　C．ab　　D．以上都不对

（2）下面语句执行完毕后，变量 c 的值是（　　）。

<% Dim a,c:　a="b":　Session("a")= 1:　Session(a)=2:　c=Session("b") %>

A．1　　B．2　　C．3　　D．以上都不对

（3）下面程序段执行完毕后，变量 c 的值是（　　）。

<% Dim a: a="b":　Session(a)=1:　Session("b")=2:　c=Session(b) %>

A．1　　B．2　　C．3　　D．空（Empty）

（4）下面程序段执行完毕，变量 b 的值是（　　）。

<% Session("a")=1:　Session.Abandon:　Dim b:　b=Session("a") %>

A．0　　B．1　　C．空（Empty）　D．程序出错

（5）Session 对象的默认有效期为（　　）分钟。

A．10　　B．15　　C．20　　D．30

（6）在同一个应用程序的页面 1 中执行 Session.TimeOut=30，那么在页面 2 中执行 Response.Write Session.TimeOut，则输出值为（　　）。

A．15　　B．20　　C．25　　D．30

（7）Application 对象的默认有效期为（　　）分钟。

A．10　　B．15

C．20　　D．从应用程序启动到结束

（8）在应用程序的各个页面中传递值，可以使用（　　）内置对象。

A．Request　　B．Response　　C．Session　　D．Application

（9）Session 变量和 Application 变量的返回值的数据子类型是（　　）。

A．字符串、字符串　　B．数值、字符串

C．字符串、数值　　D．根据其中的数据的类型决定

（10）下面（　　）语句可以创建一个对于访问网站的所有用户均有效的变量 intAll。

A．Session("intAll")=10　　B．Application("intAll")=10

C．Public Session("intAll")　　D．Public Application("intAll")

（11）在一个应用程序中，Global.asa 文件可以有（　　）个。

A．0　　B．1　　C．2　　D．无限多

（12）在一个用户会话过程中，会触发（　　）次 Session_OnStart 事件。

A．1　　B．2　　C．3　　D．无数

（13）下列（　　）情况下可能会触发 Session_OnEnd 事件。

A．用户关闭了浏览器　　B．用户打开网页后离开计算机超过了 20 分钟

C．修改了 Global.asa 文件　　D．在程序中执行了 Abandon 方法

（14）下面（　　）情况下表示会话结束，并会清除当前 Session 对象。

A．用户打开页面后就离开了计算机长达 30 分钟

B．用户打开页面后链接到了另外一个网站，之后也没有再返回本网站

C．用户打开页面后一直浏览该页面达 30 分钟，期间没有刷新页面

D．用户关闭了浏览器窗口

（15）下面陈述正确的是（　　）。

A．用户关闭浏览器窗口后就会立刻触发 Session_OnEnd 事件

B．在程序中执行 Session.Abandon 语句后，就会触发 Session_OnEnd 事件

C．弹出的新窗口和父窗口将使用不同的 Session 对象

D．用户不停地刷新页面，则 Session 对象永远不会过期

2. 问答题

（1）名词解释：会话、状态。

（2）请简述 Session 对象的工作原理。

（3）如果客户端浏览器不支持 Cookie，那么能支持 Session 吗？

（4）请简述 Session 对象建立和清除的时间。

（5）请简述 Session 对象和 Application 对象各自的作用和最主要的区别。

（6）在一个页面中，Session 变量、Application 变量、普通变量和数组变量的名称都可以一样吗？

（7）请比较 Cookie、Session、Application 对象的有效期。

（8）请问什么信息适合用 Session 保存，什么信息适合用 Application 保存？

（9）请问 Global.asa 文件的名称、位置、语法有什么规定？

（10）请问在 Global.asa 文件中可以使用 Response.Write 语句吗？

（11）就 5.3.2 节示例来说，如果没有添加应用程序，Global.asa 应该放在什么位置？

（12）请问怎样才能让一个 Session 对象永远不过期？（提示：可以使用自动刷新）

3. 实践题

（1）请在个人主页上加上当前在线人数和总访问人数。

（2）请编写两个页面，在第一个页面中用户要输入姓名，然后保存到 Session 中，并自动引导到第二个页面。在第二个页面中读取该 Session 信息，并显示欢迎信息。如果用户没有在第一页登录就直接访问第二页，要将用户重定向回第一页。

（3）请在示例 5-5.asp 的基础上添加一些代码，使得每位用户访问期间不管怎么刷新页面都只计数 1 次。（提示：结合 Session 对象，但不要使用 Global.asa 文件）

（4）请编写程序实现一个简单的聊天室，要能显示发言人姓名、发言内容、发言人 IP 地址和发言时间。另外，要求过滤掉用户输入的“<p>、
”等特殊字符。

（5）（选做题）请参考 5.1.4 节的方法输出 ServerViarables 集合中所有的环境变量。

（6）（选做题）在 5.1.4 节中采用 For Each…Next 循环输出全部 Session 变量时，如果某 Session 变量是数组就会出错，请大家修改使之能正确运行。（提示：先判断是否是数组）

第 6 章　Server 对象

本章要点

☑ 利用 HTMLEncode 方法转换 HTML 字符串
☑ 利用 MapPath 方法将虚拟路径转换为物理路径
☑ 了解 Excute、Transfer 方法和 Reponse.Redirect 的区别

6.1　Server 对象简介

许多时候人们希望 ASP 能实现更多特殊的功能，比如将文件上传到服务器端，读取数据库文件，对图片进行处理，在线生成 Excel 文件，甚至是在线将服务器端的文件压缩下载……ASP 确实能够实现这些功能，但是它并不是在自己内部提供了所有这些功能，而是利用 Server 对象来调用其他程序和组件的功能。简单地说，ASP 依靠自身提供的基本功能和其他外部程序与组件提供的功能，基本上可以实现绝大部分的编程要求。

除了通过创建外部对象和组件的实例来调用其他程序和组件的功能外，Server 对象还提供了一些比较有用的属性和方法（见表 6-1），用于完成与服务器的环境和处理活动有关的任务，比如转化数据格式、管理其他网页的执行等。

表 6-1　Server 对象的属性和方法

属性/方法	说　明	示　例
ScriptTimeOut 属性	读/写。规定脚本文件最长执行时间，超过时间就停止执行。默认为 90 秒	Server.ScriptTimeOut=300，将脚本最长执行时间设置为 300 秒
CreatObject 方法	用于创建已注册到服务器的 ActiveX 组件、应用程序或脚本对象的实例	Set conn=Server.CreateObject("ADODB. Connection") 创建数据库连接对象实例
HTMLEncode 方法	将字符串转换成 HTML 编码格式	strA=Server.HTMLEncode(" ") 返回“<p>”
URLEncode 方法	将字符串转换成 URL 编码格式	strA=Server.URLEncode("a b")，返回“a+b”
MapPath 方法	将虚拟路径转化为物理路径	strA=Server.MapPath("/asptemp/chapter6") 返回“C:\Inetpub\wwwroot\asptemp\chapter6”
Execute 方法	转到新的网页执行，执行完毕后返回原网页，继续执行后面的语句	Server.Execute "6-5.asp"，转去执行 6-5.asp，执行完毕后返回原页面继续执行后面的语句
Transfer 方法	转到新的网页执行，执行完毕后不返回原网页，而是停止执行	Server.Transfer "6-5.asp"，转去执行 6-5.asp
GetLastError 方法	返回一个 ASP 错误对象，描述错误的信息	一般用在错误定制页中，请参考 IIS 手册

6.2　Server 对象的属性和方法

6.2.1　ScriptTimeOut 属性

服务器端解释执行每一个脚本文件都是需要一定时间的，该属性用来规定脚本文件执行的最长时间。如果超出最长时间还没有执行完毕，就自动停止执行，并显示超时错误。这主要用来防止某些可能进入死循环的错误导致服务器过载或瘫痪的问题。语法如下：

```
Server.ScriptTimeOut=number
```

其中，number 表示最长时间，默认为 90 秒。这对于一般的页面足够了，而对于某些运行时间较长的页面，就可能需要增大这个值。例如，下面语句将设置为 300 秒：

```
<% Server.ScriptTimeOut=300 %>
```

注意该属性只对当前页面有效。

6.2.2　CreateObject 方法

这是 Server 对象最主要的方法，用于创建组件、应用程序或脚本对象的实例，利用它就可以调用其他外部程序或组件的功能。在后面要讲到的存取数据库、存取文件、使用第三方组件中会经常用到它。语法如下：

```
Server.CreateObject(progID)
```

其中，progID 表示要创建的组件、应用程序或脚本对象的对象类型，比如下面的语句将创建一个数据库连接对象实例：

```
<% Set conn=Server.CreateObject("ADODB.Connection") %>
```

说明：这里的 conn 是一个对象变量，给对象变量赋值必须用 Set 关键字。

6.2.3　HTMLEncode 方法

在 2.3.6 节讲过，如果想在页面中显示<、>等 HTML 特殊字符，就需要使用它们的字符实体。而该方法可以将字符串中的某些特殊字符（一般包括&、<和>）自动转换为对应的字符实体。语法如下：

```
Server.HTMLEncode(string)
```

其中，string 是转换的字符串常量、变量或表达式。例如：

```
<% strA=Server.HTMLEncode("<br>") %>
```

说明：返回值为“
”，其中<转换成<，br 没有变，>转换成>。

该方法在需要输出 HTML 语句时非常有用。大家知道浏览器会将源文件中的 HTML 标记逐一解释执行，而有时就希望在屏幕上输出完整的HTML语句，比如在网上考试HTML知识时，就需要在页面中显示 HTML 语句。再如在 BBS 中或者留言板中，人们通常希望将用户发的 HTML 格式的帖子原样输出，而不是执行其中的 HTML 代码。

下面举一个简单的例子，请大家体会其中两条语句的不同效果。

清单 6-1　6-1.asp　显示 HTML 语句

```
<html>
<body>
    <%
    Response.Write "<a href='http://www.sohu.com'>搜狐</a>"
    Response.Write "<p>"
    Response.Write Server.HTMLEncode("<a href='http://www.sohu.com'>搜狐</a>")
    %>
</body>
</html>
```

程序运行结果如图 6-1 所示。

图 6-1　HTMLEncode 方法示例

在图 6-1 中单击右键，查看源文件，结果如图 6-2 所示（为了清楚，进行了简单排版）。

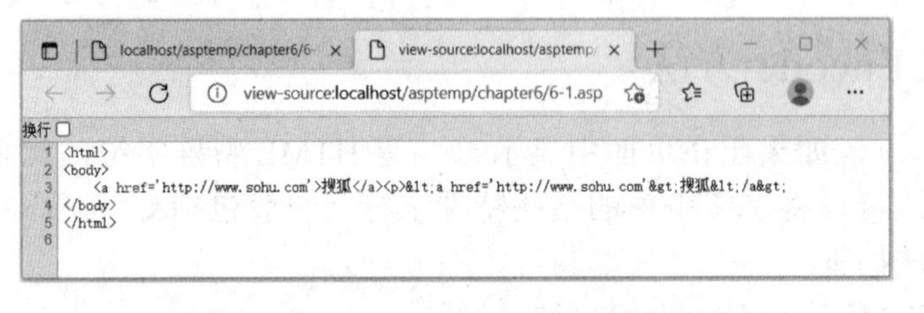

图 6-2　HTMLEncode 方法示例的源文件

程序说明

① 仔细对比图 6-1 和图 6-2，大家就能理解该示例的运行过程：实际上服务器端解释执行 6-1.asp 后，就会生成图 6-2 所示的 HTML 代码；然后将其发送到客户端；而客户端浏览器也会解释执行这些 HTML 代码并显示在页面上，就成了图 6-1 中显示的结果。

② 尽管该示例的运行过程比较复杂，但是对大家来说，只要简单记住即可。如果想在页面上输出 HTML 代码，只要使用 Server.HTMLEncode 方法转换一下即可。

6.2.4　URLEncode 方法

该方法也是用来转换字符串，不过它是按照 URL 规则对字符串进行转换。按照该规则的规定，URL 字符串中如果出现“空格、?、&”等特殊字符，则可能接收不到准确的字符，因此就需要进行相应的转换。其中空格需要用“+”代替，ANSI 码大于 126 的字符和部分小于 126 的特殊字符需要用“%”后跟十六进制的 ANSI 码来代替，如?用“%3F”代替，&用“%26”代替。而 URLEncode 方法就可以将这些特殊字符自动转换为相应的替代字符。语法如下：

Server.URLEncode(string)

其中，string 是要转换的字符串常量、变量或表达式。下面来看一个具体的例子：

清单 6-2　6-2.asp　URL 转换示例

```
<html>
<body>
    <%
    Response.Write "http://localhost/index.asp?name=张 云&age=22"
    Response.Write "<p>"
    Response.Write Server.URLEncode("http://localhost/index.asp?name=张 云&age=22")
    %>
</body>
</html>
```

程序运行结果如图 6-3 所示。

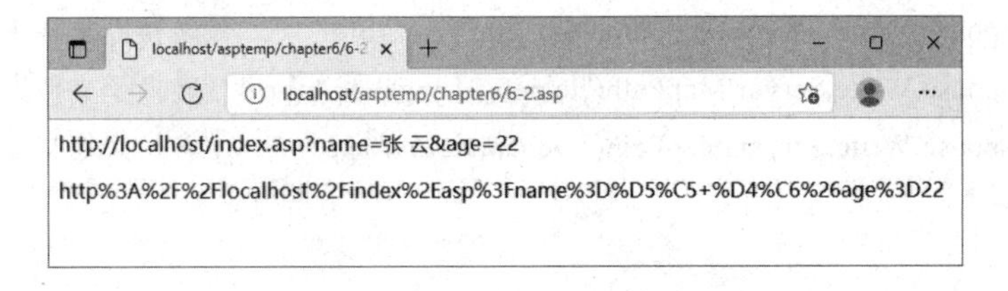

图 6-3　URLEncode 方法示例

程序说明

① 仔细观察图 6-3，可以看出其中：转换为%3A，所有/转换为%2F，.转换为%2E，?转换为%3F，所有=都转换为%3D，“张”转换为%D5%C5，空格转换为+，“云”转换为%D4%C6，&转换为%26，其他字符则不变。

② 在这个例子中，“张 云”之间有一个空格，如果不转换，有的浏览器就认为该 URL 到“张”就截止了，因此用 Request.QueryString 获取值时就会出错。

③ 不过目前的浏览器软件一般都能自动转换 URL 地址，比如在浏览器地址栏中输入一个 URL 或者利用 Response.Redirect 重定向到一个 URL 时，浏览器都会自动转换为符合要求的格式，因此一般情况下不需要用 URLEncode 方法人工转换。

6.2.5　MapPath 方法

在页面中，一般使用的是虚拟路径（相对路径或绝对路径），比如在第 4 章中经常用到 action="4-2.asp"这样的语句。使用虚拟路径的好处是用户访问网站时并不知道每个文件的具体存放位置，这样有利于网站的安全。不过，在后面章节中对数据库文件或其他文件操作时，就必须使用物理路径（也称真实路径）。

利用 MapPath 方法，可以将虚拟路径转化为物理路径。语法如下：

Server.MapPath(path)

其中，path 是相对路径或绝对路径字符串。下面来看一个具体例子。

清单 6-3　6-3.asp　显示文件的物理路径

```
<html>
<body>
    <%
    '下面转换两个特殊的路径
    Response.Write Server.MapPath("/") & "<br>"                    '转换应用程序根目录
    Response.Write Server.MapPath(".") & "<br>"                    '转换当前目录
    '下面将绝对路径转换为物理路径
    Response.Write Server.MapPath("/asptemp/chapter6/6-3.asp") & "<br>"
    Response.Write Server.MapPath("/asptemp/chapter6/6-1.asp") & "<br>"
    Response.Write Server.MapPath("/asptemp/chapter6/temp6/01.jpg") & "<br>"
    Response.Write Server.MapPath("/asptemp/chapter5/5-1.asp") & "<br>"
    '下面将相对路径转换为物理路径
    Response.Write Server.MapPath("6-3.asp") & "<br>"          '转换自身
    Response.Write Server.MapPath("6-1.asp") & "<br>"          '转换同文件夹下的文件
    Response.Write Server.MapPath("temp6/01.jpg") & "<br>"  '转换子文件夹下的文件
    Response.Write Server.MapPath("../chapter5/5-1.asp")       '转换其他文件夹下的文件
    %>
</body>
</html>
```

程序运行结果如图 6-4 所示。

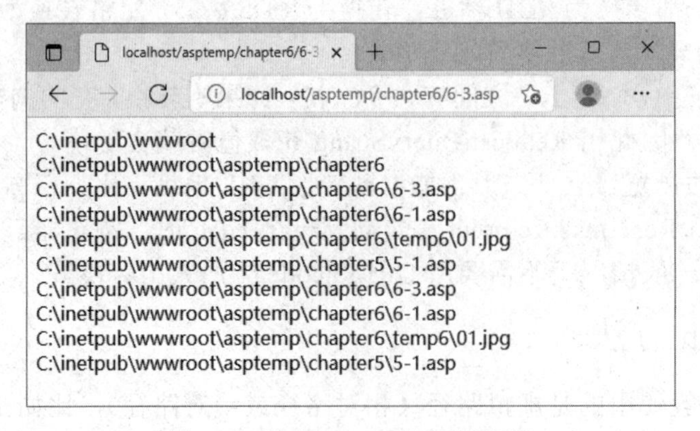

图 6-4　程序 6-3.asp 的运行结果

程序说明

① 一般以“/”或“\”开头的就是绝对路径，以其他字符开头的就是相对路径。

② "/"是特殊的绝对路径，表示应用程序根目录，本书中就是“C:\Inetpub\wwwroot”；"."是特殊的相对路径，表示当前目录。

③ 示例中分别用绝对路径和相对路径对 4 个文件进行了转换，请大家对比体会相对路径和绝对路径的写法。

④ 对于绝对路径来说，从应用程序根目录开始写完整的路径即可。而对于相对路径来说：同一个文件夹下的文件直接写名字即可；子文件夹下的文件用“子文件夹名/文件名”来表示；上一级文件夹用“../”来表示。具体写法请参考附录 A。

⑤ 一般情况下不区分“/”或“\”，两者均可。

⑥ 运行程序时，如果出现以下错误信息：

在 MapPath 的 Path 参数中不允许出现“..”字符。

那么需要在 IIS 中“启用父路径”，启用方法：在 IIS 管理器界面，依次选择【Default Web Site】|【ASP】|【打开功能】|【行为】|【启用父路径】，在下拉列表中选择“True”，最后单击右侧操作区域的【应用】。

6.2.6　Execute 方法

该方法用来停止执行当前网页，转到新的网页执行，执行完毕后返回原网页，继续执行 Execute 方法后面的语句。语法如下：

```
Server.Execute path
```

其中，path 表示要执行文件的相对路径或绝对路径。例如：

```
<% Server.Execute "6-5.asp"                    '转向执行 6-5.asp %>
```

说明：该方法和 Response.Redirect 方法有些类似，但两者有以下主要区别。

① Redirect 语句尽管是在服务器端运行，但重定向实际发生在客户端，而 Execute 方法的重定向发生在服务器端，效率更高。

② Redirect 语句执行完新的网页后，并不返回原网页，而 Execute 方法却返回原页面，继续执行下面的语句。

③ Redirect 语句不能把一些环境变量传递过去，比如在页面 1 中设置了 ScriptTimeout 属性为 300 秒，到页面 2 后 ScriptTimeout 属性仍为默认的 90 秒。而 Execute 方法却可以，页面 2 会继承页面 1 的环境变量。事实上，在页面 2 中可以用 Form、QueryString 集合获取本来传递到页面 1 中的数据。

④ Redirect 方法可以转向一个网页和其他网站，而 Execute 方法一般只能转到同一个应用程序的其他文件。从这个角度来说，有些类似于函数或子程序。

下面来看一个具体例子，在 6-4.asp 中将执行 6-5.asp 文件。

清单 6-4　6-4.asp　调用其他文件

```
<html>
<body>
    欢迎光临我的主页
```

```
        <%
        Server.ScriptTimeOut=100                                    '设置脚本最长执行时间
        Response.Write "<p>6-4.asp 中 ScriptTimeOut=" & Server.ScriptTimeOut
        Server.Execute "6-5.asp"
        %>
        <p>谢谢，再见
    </body>
    </html>
```

清单 6-5　6-5.asp　被调用文件

```
    <html>
    <body>
        <p>敬请提出宝贵意见
        <% Response.Write "<p>6-5.asp 中 ScriptTimeOut=" & Server.ScriptTimeOut%>
    </body>
    </html>
```

程序运行结果如图 6-5 所示。

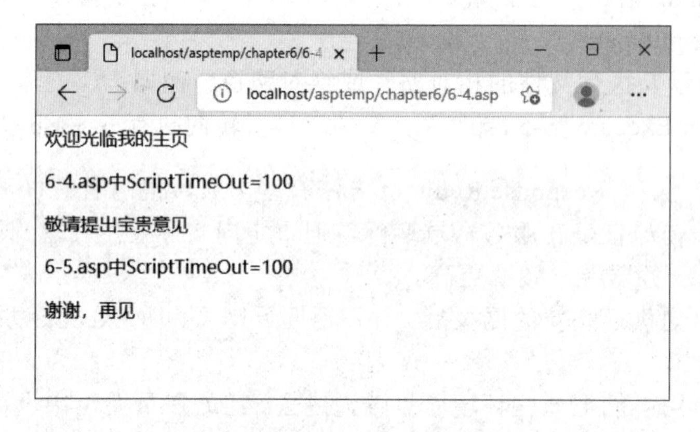

图 6-5　程序 6-4.asp 的运行结果

程序说明：从图 6-5 中可以看出，确实是执行 6-5.asp 后又返回 6-4.asp 继续执行下面的语句，而且也确实将环境变量传递了过去。

6.2.7　Transfer 方法

该方法和 Execute 方法非常相似，唯一的区别是执行完其他网页后，并不返回原网页，而是停止执行过程。语法如下：

Server.Transfer path

其中，path 表示要执行文件的相对路径或绝对路径。大家将 6-4.asp 中的 Execute 方法替换为 Transfer 方法，就会看到运行结果与图 6-5 相比，只是少了最后一行。

6.3　本章小结

对 ASP 而言，Server 对象是非常重要的，但是它的属性和方法的语法都比较简单，很容易掌握。只是要特别注意 MapPath 方法中的相对路径和绝对路径，请反复练习掌握。

习题 6

1．选择题（可多选）

（1）如果设置 ScriptTimeOut 为 60 秒，则脚本最长执行时间为（　　）秒。

A．30　　B．60　　C．90　　D．300

（2）如果在页面 1 中添加 Server.ScriptTimeOut=300，并在同一网站的页面 2 中添加 a=Server.ScriptTimeOut，则变量 a 的值等于（　　）。

A．60　　B．90　　C．300　　D．以上都不对

（3）在给对象变量赋值时，一般要使用（　　）关键字。

A．Dim　　B．Set　　C．Public　　D．Private

（4）执行语句 a=Server.HTMLEncode("<p>")后，变量 a 的值是（　　）。

A．p　　B．<p>　　C．"<p>"　　D．"<p>"

（5）执行语句 a=Server.HTMLEncode(Server.HTMLEncode("<p>"))后，变量 a 的值是（　　）。

A．"<<p>>"　　B．"<p>"

C．"<<p>>"　　D．"<p> "

（6）执行语句 a=Server.URLEncode("b c")后，变量 a 的值是（　　）。（请注意其中空格）

A．b c　　B．b+c　　C．"b+c"　　D．"b c"

（7）如果要返回应用程序根目录的物理路径，那么 MapPath 方法的参数可以是（　　）。

A．"/"　　B．"\"　　C．"."　　D．"C:\Inetpub\wwwroot"

（8）在 6-3.asp 中，以下（　　）方法可以返回 6-4.asp 的物理路径。

A．Server.MapPath("6-4.asp")

B．Server.MapPath("/asptemp/chapter6/6-4.asp")

C．Server.MapPath(".")

D．Server.MapPath("\asptemp\chapter6\6-4.asp")

（9）如果将 6-4.asp 中的 Execute 方法替换为 Transfer，那么 6-5.asp 中的 ScriptTimeOut 属性值是（　　）。

A．90　　B．100　　C．300　　D．以上都不对

（10）如果将 6-4.asp 中的 Server.Execute 方法替换为 Response.Redirect，那么 6-5.asp 中的 ScriptTimeOut 属性值是（　　）。

A．90　　B．100　　C．300　　D．以上都不对

2. 问答题

（1）请问什么时候可能会用到 HTMLEncode 方法？

（2）请简述 Execute、Transfer 和 Redirect 方法的主要区别。

（3）对于 6.2.6 节的例子来说，假如向 6-4.asp 提交了表单，那么在 6-5.asp 中可以用 Request.Form 获取表单信息吗？

（4）接着上题（3），在 6-4.asp 中声明的普通变量，在 6-5.asp 中可以引用吗？

3. 实践题

（1）请修改 5.2.2 节的聊天室例子，使其能够原样输出用户输入的 HTML 代码。

（2）请结合第 4 章习题中开发的考试程序，增加考试 HTML 知识的题目。比如：请问换行标记是什么？

A．<p>　　B．
　　C．<hr>　　D．<a>

（3）假如为文件夹 C:\asptemp\asptemp\chapter6 添加虚拟目录 temp6，请根据该虚拟目录改写 6-3.asp。

（4）（选做题）请自己开发一个函数，可以基本实现 HTMLEncode 方法的功能。（提示：使用 Replace 函数替换“&、>和<”为对应的字符实体）

第 7 章　数据库基础知识

本章要点

☑　了解数据库的基本概念，掌握数据库、表、字段、记录等几个术语

☑　会建立 Access 数据库，会添加表和查询，会利用 SQL 语言建立查询

☑　掌握最基本的 SQL 语句，包括 Select、Insert、Delete 和 Update 语句

☑　会给 Access 数据库设置 ODBC 数据源

7.1　数据库的基本概念

7.1.1　数据管理技术的发展阶段

当计算机诞生以来，对数据的管理一直是一项非常重要的应用。大到国家的户籍管理系统，小到一个学校的学生管理系统，都需要频繁地管理大量的数据。如何高效地管理这些数据，就成为一个非常重要的课题。

数据管理技术大致分为以下 3 个发展阶段。

① 人工管理阶段。在该阶段，并不遵守一定的格式和要求，而是将数据随意存放在计算机中，需要的时候人工进行查找。就好比自己建立一个 Word 文档，在其中存放自己每门课程的成绩，需要的时候可以随时打开文档查看。

② 文件管理阶段。在该阶段，尽管也是将数据存放在文件中，比如存放在 txt 文本文件中，但是一般遵守一定的格式要求。另外，会有一些专门的程序来实现数据的增加、删除和查找等功能。

③ 数据库管理阶段。在该阶段，用户把数据集中存放在一个或多个数据库中，然后通过数据库管理系统来使用数据库中的数据。和文件管理阶段的区别是：用户不需要关心数据的具体存放位置和格式，也不需要开发专门的程序来管理数据，这些操作可以由数据库管理系统自动完成。这是目前最为流行的数据管理方式。

7.1.2　数据库的基本术语

所谓数据库，就是按照一定数据模型组织、存储在一起，能为多个用户共享的，与应用程序相对独立、相互关联的数据集合。

简单地说，数据库就是把各种各样的数据按照一定的规则组合在一起形成的“数据”的“集合”。其实，数据库也可以看成是日常使用的一些表格组成的“集合”。图 7-1 就是一张学生基本情况表。

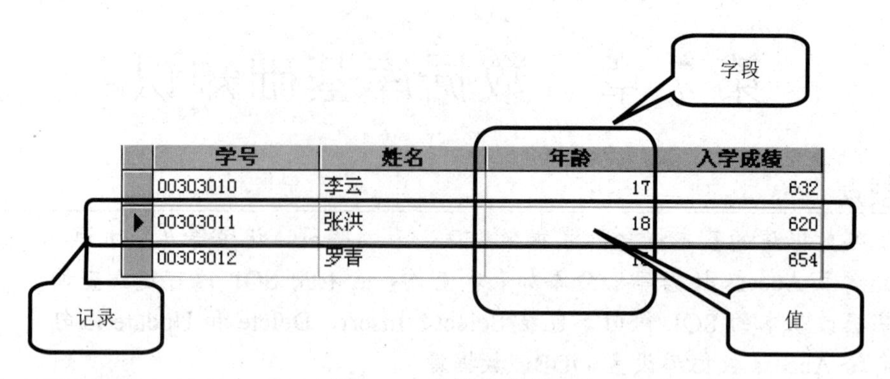

	学号	姓名	年龄	入学成绩
	00303010	李云	17	632
▶	00303011	张洪	18	620
	00303012	罗青	[illegible]	654

图 7-1　学生基本情况表

下面是数据库的一些基本术语。

字段：表中纵的一列叫作一个字段，“年龄”就是选中字段的名称。

记录：表中横的一行叫作一个记录，图中选择了第 2 条记录，也就是“张洪”的相关信息。

值：纵横交叉的地方叫作值。比如图中选择了第 2 条记录的年龄，为“18”。

表：由横行竖列垂直相交而成。可以分为表的框架（也称表头）和表中的数据两部分。图 7-1 就是一张表。

数据库：用来组织管理表，一个数据库一般可以管理若干张表。数据库不仅提供了存储数据的表，而且还包括规则、触发器和表的关联等高级操作。

数据库中数据的组织一般都有一定的形式，称为数据模型。目前数据模型一般分为层次型、网络型、关系型，图 7-1 给出的例子就是关系型。利用关系型数据模型建立的数据库就是关系型数据库。目前使用的数据库大多都是关系型数据库。

7.1.3　数据库管理系统

帮助用户建立和管理数据库的软件系统称为数据库管理系统。基于关系型数据模型的数据库管理系统称为关系型数据库管理系统。现在比较流行的大中型关系型数据库管理系统有 SQL Server、Oracle、IBM DB2、Sybase、Informix、MySQL 等，常用的小型数据库管理系统有 Access、FoxPro 等。

在 ASP 中，一般使用 SQL Server 或 Access 数据库。SQL Server 运行稳定、效率高、速度快，但配置起来较困难，移植也比较复杂，适合大中型网站使用；Access 配置简单、移植方便，但效率较低，适合小型网站。

本书的例子以 Access 为主，主要考虑到以下几点。

① Access 数据库使用简单，可以使大家迅速掌握 ASP。

② 对于一般的中小型网站，使用 Access 数据库解决问题绰绰有余。

③ 如有需要，可以利用 SQL Server 的导入功能将 Access 数据库转化为 SQL Server 数据库。至于 ASP 语句，因为采用的是标准的 SQL 语言，读取 Access 数据库和读取 SQL Server 数据库基本上是一样的，只需要改写连接数据库的语句就可以。

④ 事实上，很多人都是先用 Access 数据库开发，然后再转化为 SQL Server 数据库的。

7.2　建立 Access 数据库

Access 是微软发行的 Office 系列办公软件的重要组成部分，安装 Office 时默认会自动安装 Access。下面以 Access 2016 为例讲解主要的操作（其他 Access 版本与此版本相比，界面基本相似，操作大同小异）。

7.2.1　规划自己的数据库

要开发数据库程序，首先要规划自己的数据库，并尽量使数据库设计合理，即既包含必要的信息，又能节省数据的存储空间。

假设现在要在网页上增加一个在线通信录，就需要建立一个通信录数据库，其中至少包含一张人员信息表。该表用来记载人员的基本信息，包括人员编号、姓名、性别、年龄、电话、E-mail、个人简介、添加日期等字段。

说明：如果数据非常复杂，就可能需要多张表。

7.2.2　新建数据库

单击计算机左下角的【开始】菜单，在程序列表中选择“Access 2016”，就可以启动 Access 2016，如果是首次打开 Access 2016 软件，则软件的初始界面如图 7-2 所示，单击“空白桌面数据库”即可创建新的数据库。

如果已打开其他数据库，则需要在软件的主窗口中依次选择【文件】|【新建】|【空白桌面数据库】。

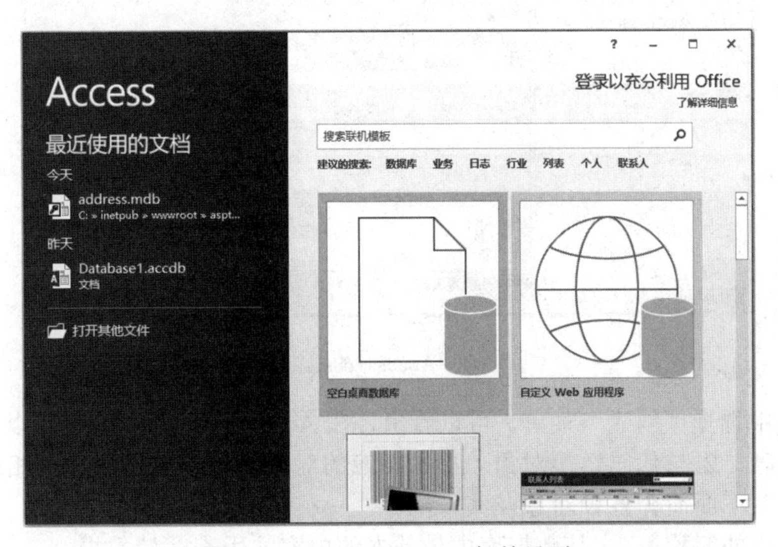

图 7-2　Microsoft Access 初始界面

在图 7-2 中单击【空白桌面数据库】，然后在弹出的窗体里单击文件夹图标，就会打开如图 7-3 所示的“文件新建数据库”对话框。

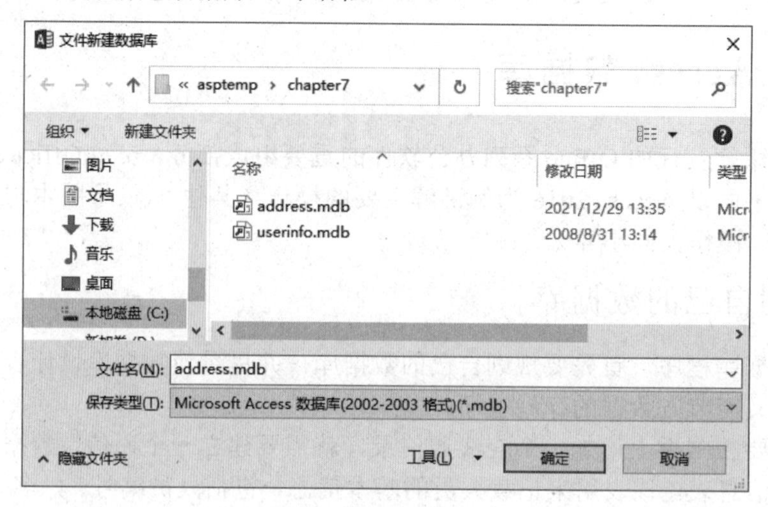

图 7-3　“文件新建数据库”对话框

现在为这个数据库起名为 address.mdb，选择保存位置为 C:\Inetpub\wwwroot\asptemp\chapter7，然后单击【确定】按钮，便会弹出如图 7-4 所示的 Access 主窗口。

为了更好地兼容老版本 IIS 及数据库工具，本书中所涉及的数据库，在保存时文件的保存类型统一使用“Microsoft Access 数据库(2002-2003 格式)(*.mdb)”。

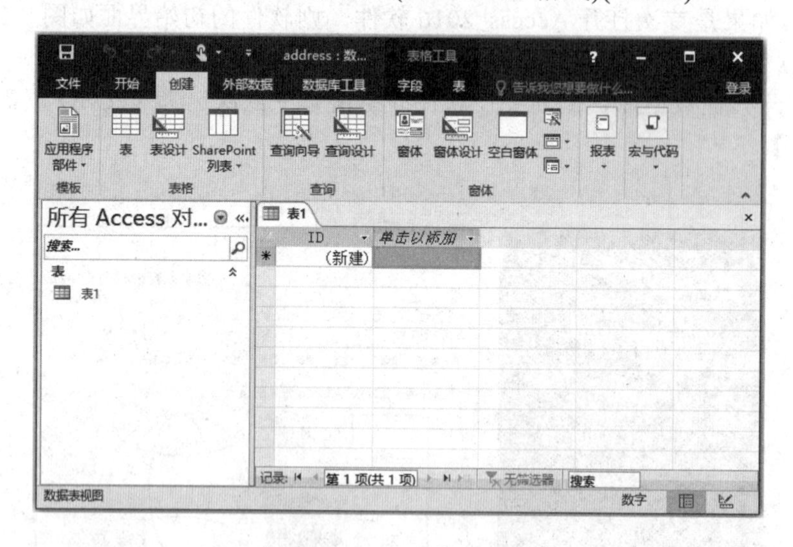

图 7-4　Access 的主窗口

在主窗口中选择“创建”菜单，可以看出，在 Access 中除了“表格”以外，还有“查询、窗体、报表、宏与代码”等对象。单击相应的对象按钮，就可以添加相应的对象，如添加“表”等。下面简介各种对象及其作用。

① 表（表格的简称）：这是数据库中最基本的内容，用来存储数据。

② 查询：利用查询可以按照不同的方式查看、更改和分析数据。

③ 窗体、报表：通过这些对象可以更直观的界面查看和操作数据。

④ 宏与代码：用来实现数据的自动操作，可以编程。

对学习 ASP 来说，最重要的是表和查询，尤其是表。下面重点介绍这两个对象。

7.2.3　新建和维护表

（1）新建表

新建表的方法有多种，最简单的方法是在图 7-4“创建”菜单下方的表格区域里单击【表设计】，就可以打开如图 7-5 所示的新建表的设计视图。在其中就可以逐个输入“字段名称”、选择字段“数据类型”、输入字段“说明（可选）”了。

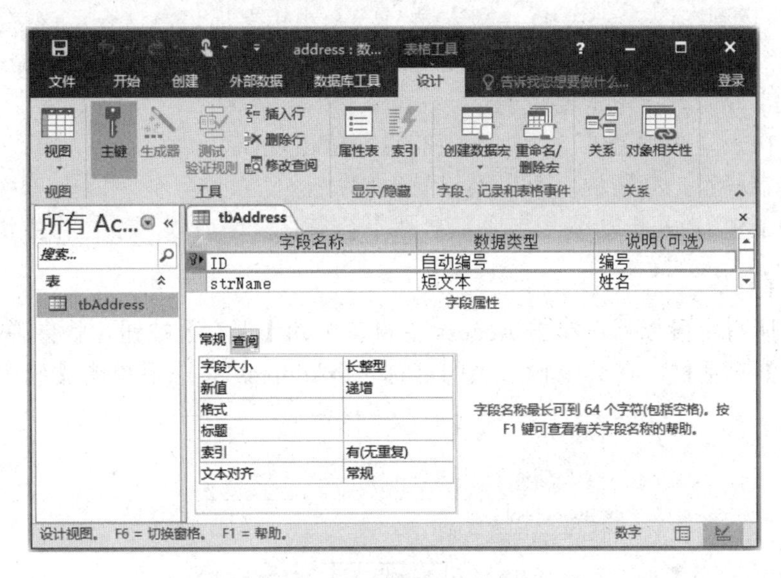

图 7-5　新建表的设计视图

说明

① 图 7-5 中的一行就对应了一个字段，也就是表中的一列，可依次输入“字段名称”、选择字段“数据类型”和输入字段“说明（可选）”。

② 字段名称可以使用字母、数字和下划线，命名规则和变量类似。也可以使用中文，但是考虑系统兼容的问题，最好不要用。

③ 至于字段的数据类型，常用的有以下几种：

- 短文本，也可以简称为文本，用于比较短的字符串，最长 255 个字符，在后面章节中提到的“文本”类型特指“短文本”；
- 长文本，用于比较长的字符串，最多可以存储多达 1 GB 的文本，窗体和报表上的控件可以显示前 64 000 个字符；
- 数字，用于整数、浮点数、小数等数值类型，默认值为 0；
- 自动编号，可以自动递增或随机产生一个整数，常用来自动产生唯一编号；
- 是/否，支持“真/假、是/否、开/关”3 种格式。推荐使用“真/假”格式，对应值为 True（是）或 False（否）；
- 日期/时间，用于日期/时间类型；

- 货币，用于货币类型，默认值为 0。

④ 当选中一个字段时，还可以在图 7-5 下方进行更复杂的格式设置，常用的有以下几种。

- 字段大小，对于短文本字段，可根据需要设置长度；对于数字字段，可设置类型。
- 默认值，对于数字和货币字段，默认为 0；其他字段一般不必设置。
- 格式，对于日期/时间字段，可以设置显示格式。如长日期、短日期等。
- 必需，决定该字段是否必须输入值，默认为否。主键字段必须输入。
- 允许空字符串，对于短文本和长文本字段，决定是否允许输入""，默认为允许。

对初学者来说，一般不需要进行特别设置，采用默认设置即可。

⑤ 大家注意到在图 7-5 中 ID 字段左边有一个小钥匙标记，这表示该字段是主键。设置方法很简单，只要对准这个字段单击右键，在快捷菜单中选择【主键】命令即可。

对于主键字段，有以下重要说明：

- 字段在表里必须是唯一的，不能有重复值出现；
- 主键字段不是必需的，可以不设置主键；
- 本例子中 ID 是自动编号字段，自然不会有重复，所以可以当作主键。

（2）保存表

正确输入所有字段以后，单击 Access 主窗口中的【保存】按钮，就会弹出如图 7-6 所示的【另存为】对话框。在其中输入表的名称“tbAddress”，然后单击【确定】按钮即可。

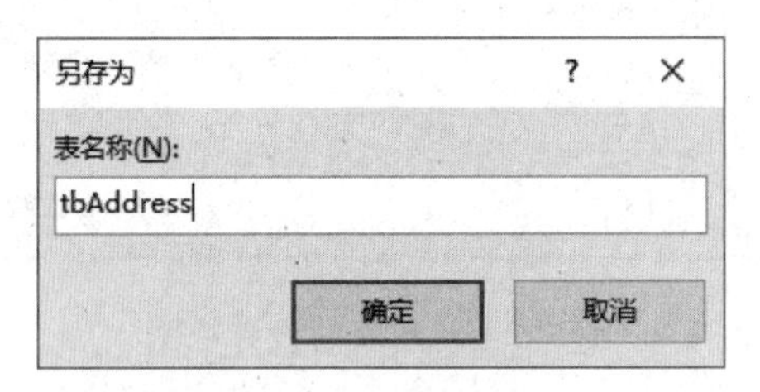

图 7-6　保存表

（3）在表中输入数据

成功新建一个表后，就会在图 7-4 所示的主窗口中出现该表的名称，双击它就可以打开如图 7-7 所示的数据表视图，在其中可以和普通表格一样输入数据。

tbAddress

I	strNa	strSe	intA	strTel	strEmail	strIntr	dtmSubmi
1	赵敏	女	24	6123212	zhaomin@sina.	南京朋友	2021/7/1
2	李若鹏	男	26	8123221	lirp@souhu.co	北京大学学	2021/7/1
3	胡如云	女	23	6321117	huruyun@126.c	喜欢画画	2021/7/12
4	李丁	男	19	8234321	li@hotmail.co	喜欢音乐	2021/7/13
5	李龙	男	18	5332213	lilong@msn.co	艺术系同学	2021/8/1
6	丁一岚	女	21	4343212	ding@263.net	湖南朋友	2021/8/2
7	胡鹏	男	22	5333221	hupeng@371.ne	数学系朋友	2021/8/3
8	冯一楠	女	19	8234332	feng@hotmail.	物理系同学	2021/8/3
9	张木	男	18	5342613	zhang@msn.com	化学系同学	2021/8/4

记录: 第 1 项(共 10 项　无筛选器　搜索

图 7-7　在表中输入数据

> 📢 说明
>
> ① 各字段输入的值必须符合字段数据类型及该字段的格式要求，否则无法保存。
>
> ② 自动编号字段 ID 会自动输入，删除某一记录后该字段不会改变，仍然会自动递增。
>
> ③ 主键字段必须有值，否则无法保存表格。不过本例中主键 ID 会自动输入，所以不必输入。
>
> ④ 如果要删除记录，只要对准该行单击右键，在快捷菜单中选择【删除记录】即可。

（4）修改数据表的设计

倘若觉得表格设计不够合理或者不合要求，可以在主窗口左侧区域数据表的名字上单击右键，选择【设计视图】，就可以重新打开如图 7-5 所示的设计视图。可以继续添加或删除字段，也可以修改字段的数据类型或格式。

7.2.4　新建和维护查询

查询好比是一张虚拟的表，用户可以像在表里操作一样，输入或浏览数据。比如，有时需要显示部分字段或部分记录，就可以使用查询来实现。查询不仅可以用来显示数据，还可以用来插入、删除、更新记录。

查询有 4 种：简单查询、组合查询、计算查询和条件查询。下面就来建立一个简单查询，只显示姓名和 E-mail 两个字段的内容。其他查询请参考专门的 Access 教程。

（1）新建简单查询

在 Access 主窗口上选择【创建】菜单，在如图 7-8 所示的“查询”区域单击【查询设计】选项，就会打开如图 7-9 所示的“显示表”对话框。

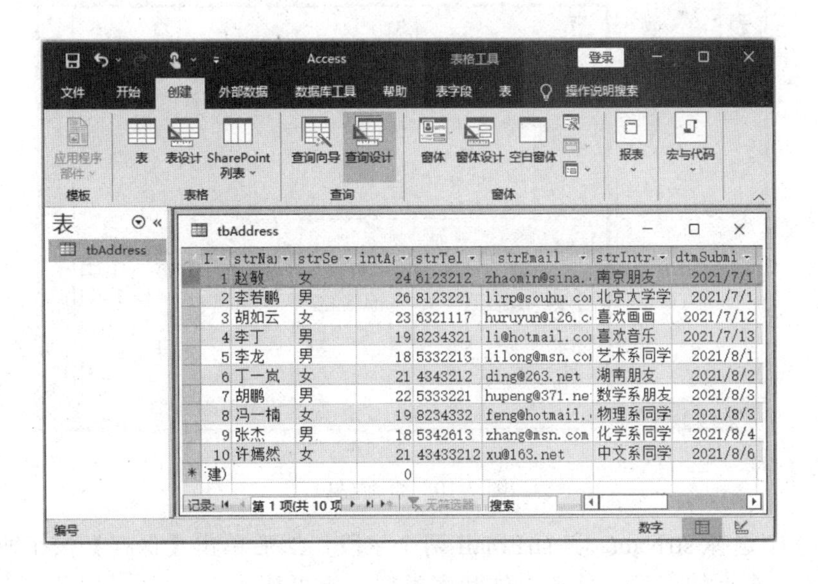

图 7-8　建立查询

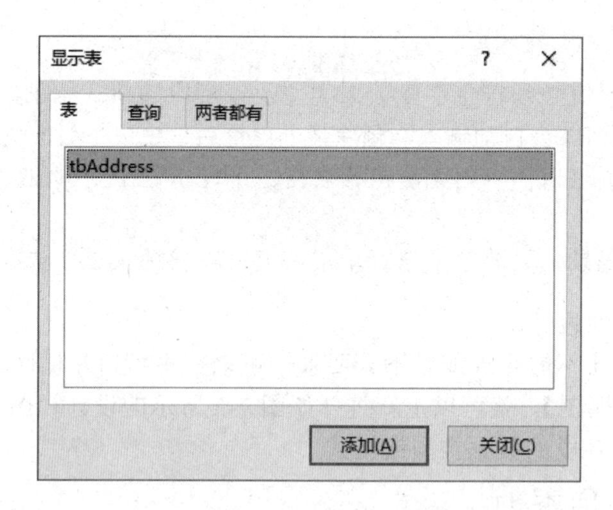

图 7-9 “显示表”对话框

图 7-9 用来选择数据源，因为要从 tbAddress 表中选择显示两个字段，所以这里选择 tbAddress 表。选中后单击【添加】按钮，然后单击【关闭】按钮，就会出现如图 7-10 所示的查询窗口。

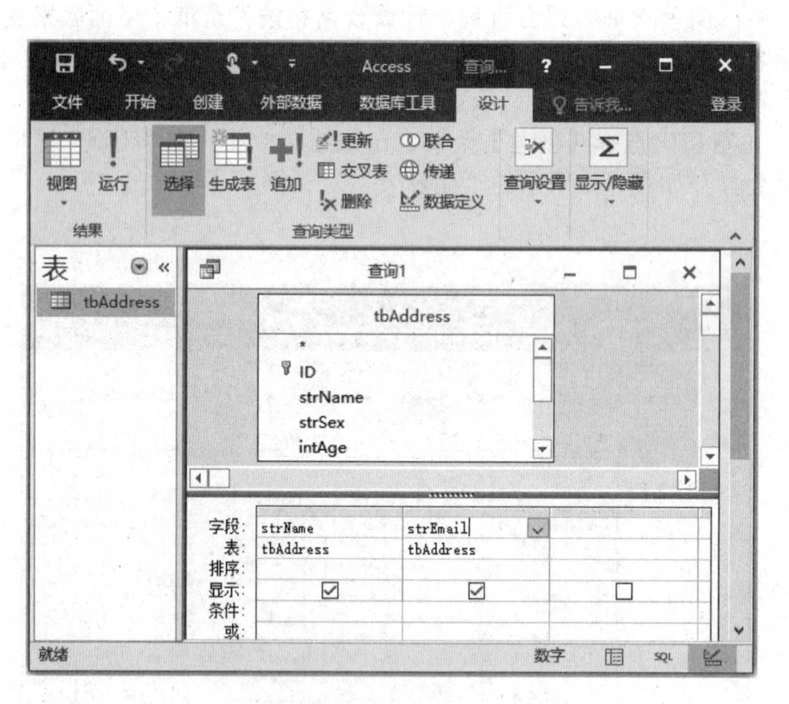

图 7-10　查询窗口

在图 7-10 中选择 strName 和 strEmail 两个字段，然后单击【保存】按钮即可，这里命名为 qrySelect。查询的保存、修改方法和表类似，不再赘述。

（2）显示查询内容

成功新建一个查询后，在图 7-10 所示的主窗口中单击上方菜单区域的【运行】选项，就可以打开如图 7-11 所示的查询结果。

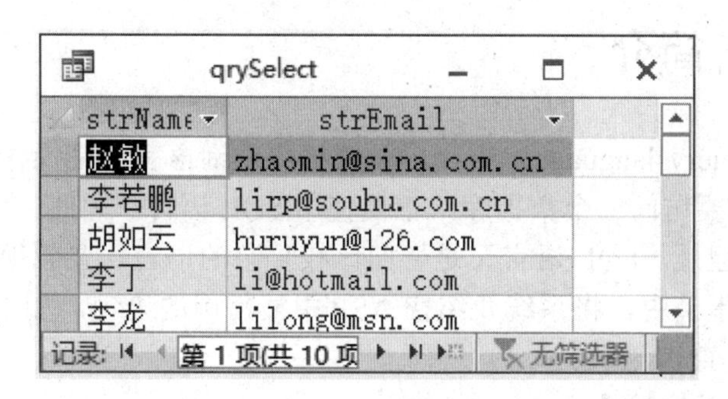

图 7-11　查询结果

（3）利用 SQL 语言建立查询

利用上面的方法已经可以建立简单查询了，参考 Access 专门书籍还可以继续建立各种更复杂的查询，但对于学习 ASP 来说，利用 SQL 语言建立查询才是学习的重点。至于 SQL 语言，7.3 节会详细介绍，这里先介绍一下建立方法。

在建立查询时，当进行到图 7-9 时，大家不必自己添加表，直接单击【关闭】按钮，然后在主窗口左上角选择【SQL 视图】菜单命令，就会出现如图 7-12 所示的 SQL 视图对话框。

在图 7-12 中输入 SQL 语句"Select strName,strEmail From tbAddress"，然后单击【保存】按钮即可，这里命名为 qrySelect2。在图 7-12 中单击【运行】按钮也可以立即显示查询结果。另外，在 SQL 输入框左侧的导航区域，单击下拉图标（倒三角形状），在弹出的列表中，选择【查询(Q)】，就可以将新建的两个查询罗列出来。

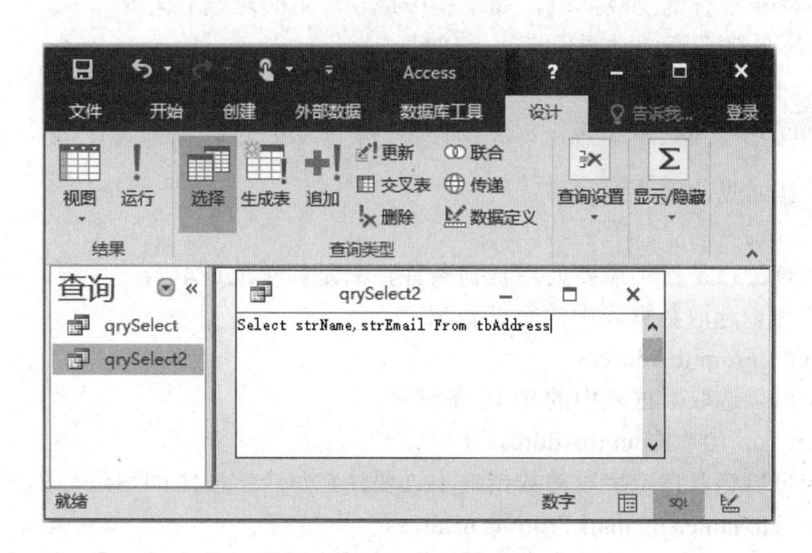

图 7-12　SQL 视图对话框

该方法既可以用来学习 SQL 语句，也可以用来调试数据库程序。如果将来 SQL 语句出现错误，可以利用 Response.Write 语句在页面上输出错误的 SQL 语句，并复制到图 7-12 中，然后单击【运行】按钮查看错误。

7.3 SQL 语言简介

SQL（structure query language）语言，即结构化查询语言，是操作数据库的标准语言。在 ASP 中，无论何时要访问一个数据库，都要使用 SQL 语言。因此，学好 SQL 语言对 ASP 编程是非常重要的。但是，SQL 语言又是一门比较复杂的语言，要想很好地掌握它，就需要参考专门的书籍。在本节中，将系统介绍在 ASP 中最常用的语句，如下所示。

- Select 语句——查询记录；
- Insert 语句——添加记录；
- Delete 语句——删除记录；
- Update 语句——更新记录。

7.3.1 Select 语句

Select 语句的主要功能是实现数据库查询。简单地说，就是可以从数据库中查询符合特定条件的记录（行）或字段（列）。常用语法如下：

```
Select [Top 数值] 字段列表 From 表 [Where 条件] [Order By 字段] [Group By 字段]
```

说明

① Top 数值：表示只选取前多少条记录。如选取前 10 条记录，为 Top 10。

② 字段列表：就是要查询的字段，可以是表中的一个或几个字段，中间用逗号隔开。*表示查询全部字段。

③ 表：就是要查询的数据表，如果是多个表，中间用逗号隔开。

④ Where 条件：查询时要求满足的条件。

⑤ Order By 字段：表示按字段排序。

⑥ Group By 字段：表示按字段分组。

下面举一些常见的例子说明。

（1）简单查询

所谓简单查询，是指不需要使用任何条件，只是简单地选取若干字段、若干记录。比如，下面语句可以选取数据表中的全部数据：

```
Select * From tbAddress
```

下面语句可以选取数据表中的前 10 条记录:

```
Select Top 10 * From tbAddress
```

下面语句可以选取指定字段的数据，不过要注意每个字段之间用逗号隔开。

```
Select strName,strEmail From tbAddress
```

有时为了需要，可以对若干个字段进行加减乘除等适当的运算，从而派生出一个新的字段。例如，下面的语句将产生一个新的字段 NewAge，它表示用户 10 年后的年龄。

```
Select strName,(intAge+10) As NewAge From tbAddress
```

说明：As 关键字后面就是产生的新字段的名称（也称别名），将来在程序中可以直接引用该字段名，就像引用其他实际存在的字段一样（以下同）。

（2）条件查询

利用 Where 条件子句可以根据条件选取数据。比如下面语句可以选取 2021 年 11 月 1 日之前添加的记录：

```
Select * From tbAddress Where dtmSubmit<#2021-11-1#
```

其中，<是运算符，更多的运算符如表 7-1 所示。其实和 VBScript 的运算符是类似的。

表 7-1　比较和逻辑运算符

运算符	说　明	示　例
=	等于	Select * From tbAddress Where strName="萌萌"
<>	不等于	Select * From tbAddress Where strName<>"萌萌"
>	大于	Select * From tbAddress Where intAge>18
>=	大于等于	Select * From tbAddress Where intAge>=18
<	小于	Select * From tbAddress Where dtmSubmit<#2021-8-8#
<=	小于等于	Select * From tbAddress Where dtmSubmit<=#2021-8-8#
Between	介于	Select * From tbAddress Where dtmSubmit Between #2021-8-8# And #2021-11-8# 查找 2021 年 8 月 8 日到 11 月 8 日注册的人
Not Between	不介于	Select * From tbAddress Where dtmSubmit Not Between #2021-8-8# And #2021-11-8#
In	在列表中	Select * From tbAddress Where intAge In (18,20)，查找年龄是 18 或 20 的人
Not In	不在列表中	Select * From tbAddress Where intAge Not In (18,20)，查找年龄不是 18 或 20 的人
Like	模糊查询	Select * From tbAddress Where strName Like "李%"，查找姓李的人
Not Like	非模糊查询	Select * From tbAddress Where strName Not Like "李%"，查找不姓李的人
Is NULL	为空	Select * From tbAddress Where strName Is NULL，查找姓名为空的人
Is Not NULL	不为空	Select * From tbAddress Where strName Is Not NULL，查找姓名不为空的人
Not	非	Select * From tbAddress Where Not intAge>18，查找年龄小于等于 18 的人
And	与	Select * From tbAddress Where intAge>18 And strName="萌萌" 查找年龄大于 18 并且姓名为萌萌的人
Or	或	Select * From tbAddress Where intAge>18 Or strName="萌萌" 查找年龄大于 18 或者姓名为萌萌的人

在表 7-1 中，要特别注意 Like 运算符，它经常用来按关键字进行模糊查找。比如，下面语句可以查询所有姓名中有“勇”字的人：

```
Select * From tbAddress Where strName like "%勇%"
```

下面语句查询所有姓“李”的用户：

```
Select * From tbAddress Where strName like "李%"
```

说明：“%”可代表任意字符。如果直接在 Access 的查询中执行，需将%改为*。

在 SQL 语句中用到常数时，和 VBScript 基本一样，字符串两边要加上引号，日期和时间两边要加上#号。另外，所有标点符号都要在英文状态下输入。

（3）排序查询

利用 Order By 子句可以将查询结果按某种顺序显示出来。例如，下面的语句将查询结果按姓名升序排列：

```
Select * From tbAddress Order By strName ASC
```

如果要降序排列，则为：

```
Select * From tbAddress Order By strName DESC
```

如果要按多个字段排序，中间用逗号隔开。在排序时，首先参考第一字段的值，当第一字段的值相同时，再参考第二字段的值，依次类推。如：

```
Select * From tbAddress Order By strName ASC,dtmSubmit DESC
```

说明：DESC 表示按降序排列；ASC 表示按升序排列。如果省略，默认为 ASC。

（4）汇总查询

有时候需要将全部或多条记录进行汇总，比如对一个学生成绩表来说，可能希望查询所有学生的某门课程的平均分。对一个工资表来说，可能希望查询所有人的工资之和。Select 语句中提供 Count、Avg、Sum、Max 和 Min 共 5 个聚合函数，分别用来求记录总数、平均值、和、最大值和最小值。

比如，下面语句将查询数据表中的记录总数：

```
Select Count(*) As Total From tbAddress
```

下面语句将查询所有人的平均年龄：

```
Select Avg(intAge) As Average From tbAddress
```

下面语句将查询所有人的年龄之和：

```
Select Sum(intAge) As Total From tbAddress
```

下面语句将查询最大的人的年龄：

```
Select Max(intAge) As MaxAge From tbAddress
```

下面语句将查询最小的人的年龄：

```
Select Min(intAge) As MinAge From tbAddress
```

说明

① 以上 5 个例子都会返回一个记录集，其中只有一条记录、一个字段。As 关键字后面的 Total 等字符串就是这个字段的名称。

② Count(*)表示对全部字段计数。如果将*替换成某个字段名，将只对该字段中非空的记录计数。一般情况下都用 Count(*)来返回记录总数。

③ 如果在以上例子中加上 Where 条件子句，将只返回符合条件的记录的汇总值。

在汇总查询时，一般会和 Group By 子句结合使用，以便进行分类汇总。比如下面的语句就可以分别计算男性用户和女性用户的平均年龄。

```
Select strSex,Avg(intAge) As Average From tbAddress Group By strSex
```

说明

① 这个例子会返回一个记录集，其中包含两条记录、两个字段。类似如下结构：

男　20.6

女　21.6

② 具体返回多少条记录，要视分类字段的值而言。本例中性别只有两种，返回两条。

（5）组合查询

如果数据库中有多个表，就可能需要从多个表中组合查询。比如现在要在自己的主页上增加用户注册模块，就需要建立一个用户数据库 userinfo.mdb，至少包含下面两张表。

- 用户信息表 tbUsers。其中记载用户的基本信息，包括用户名 strUserId、密码 strPwd、真实姓名 strName、电话 strTel、注册日期 dtmSubmit 等字段。
- 用户登录表 tbLog。其中记载用户的登录信息，包括用户名 strUserId、登录时间 dtmLog、登录 IP 地址 strIP 等字段。

当然，这两张表可以按照用户名 strUserId 建立联系。

说明：这里之所以需要用两张表，主要原因是：用户的基本信息只需要记录一次，而用户的登录信息可能需要记录许多次。如果将它们放在一个表中，用户基本信息就会出现大量重复的情况，从而浪费存储空间。

下面利用组合查询显示用户的真实姓名、登录时间和登录 IP。

```
Select tbUsers.strName, tbLog.dtmLog, tbLog.strIP From tbUsers, tbLog Where
tbUsers.strUserId=tbLog.strUserId
```

说明

① 在选取各个表的字段时，要标明是哪个表的字段。不过，将来引用时就不需要标明表了，只要用字段名即可。

② 用到的两个表之间用逗号隔开。

③ 在两个表连接时，用到的 tbUsers.strUserId=tbLog.strUserId 条件，表示根据两个表中的 strUserId 字段相等这个条件进行组合查询。

④ 这只是最简单的组合查询，还有左连接、右连接等，请参考专门的 SQL 教程。

（6）其他查询

使用 Distinct 关键字可以去掉重复的记录。如：

```
Select Distinct * From tbAddress
```

许多时候都可以使用 As 关键字指定别名，将来只要引用该别名就可以了。如：

```
Select strName As 姓名, intAge As 年龄 From tbAddress
```

在组合查询时也可以使用别名，以便简化书写。如：

```
Select a.strName,b.dtmLog,b.strIP From tbAddress As a, tbLog As b Where
a.strUserId=b.strUserId
```

7.3.2　Insert 语句

在 ASP 程序中，经常需要向数据库中添加数据，例如，向用户表 tbAddress 中添加新成员的记录。使用 Insert 语句可以实现该功能，语法如下：

```
Insert Into  表(字段 1,字段 2,...) Values(字段 1 的值,字段 2 的值,...)
```

说明

① 利用上述语句可以给表中全部或部分字段赋值。Values 括号中字段值的顺序必须与前面扩号中的字段一一对应。各个字段之间、字段值之间用逗号分开。

② 可以只给部分字段赋值，但是主键字段必须赋值，并且主键字段值不能有重复。

③ 不需要给自动编号字段赋值，因为 Access 会自动加 1 或随机产生。

④ 如果某字段是必填字段，又没有设置默认值，则必须给其赋值，否则就会出错。如果设置了默认值，则可以不赋值，那么字段值就是默认值。

⑤ 如果某字段不是必填字段，可以不给其赋值。此时如果设置了默认值，该字段的值就是默认值；如果没有设置默认值，就是空（NULL）。

⑥ 关于字段值的格式：若某字段的类型为短文本或长文本，则该字段值两边要加引号；若某字段的类型为日期/时间型，则该字段值两边要加#号（加引号也可以）；若某字段的类型为布尔型，则该字段值为 True 或 False；若某字段的类型为数字型，则直接写数字即可。

下面举一些常见的例子说明。

① 只添加 strName 字段：

```
Insert Into tbAddress (strName ) Values("萌萌")
```

② 只添加 strName 和 dtmSubmit 字段：

```
Insert Into tbAddress (strName, dtmSubmit ) Values("萌萌",#2021-11-2#)
```

③ 只添加 strName 和 intAge 字段：

```
Insert Into tbAddress (strName, intAge) Values("萌萌",21)
```

④ 在 tbAddress 表中增加一条完整的记录：

```
Insert Into tbAddress(strName,strSex,intAge,strTel,strEmail,strIntro,dtmSubmit)
Values('萌萌','女',21,'6112211','mm@372.net','金融系同学',#2021-8-8#)
```

说明：在添加记录时，主键字段必须赋值。在本示例中由于主键字段 ID 是自动编号类型，会自动赋值，所以不需要手工赋值。

下面举几条经常出错的 Insert 语句。

① 短文本或长文本字段两边没有加双引号：

```
Insert Into tbAddress (strName) Values(萌萌)
```

② 日期/时间字段两边没有加#：

```
Insert Into tbAddress (strName,dtmSubmit) Values("萌萌",2021-11-2)
```

③ 错误地给字段赋了空字符串：

```
Insert Into tbAddress (strName,strEmail) Values("萌萌","")
```

说明

① 如果字段 strEmail 不允许赋值空字符串，则上面的例子就会出错。对于短文本和长文本字段默认允许赋值空字符串，所以在本数据库中实际上不会出错。大家在赋值空字符串时要特别注意字段的要求，防止出这样的错误。

② 对于短文本字段，空字符串（""）和空（NULL）在显示时看不出区别，不过它们仍然是有本质区别的。NULL 表示什么都没有，""表示长度为零的字符串。

7.3.3 Delete 语句

在 SQL 语言中，可以使用 Delete 语句来删除表中的记录。语法如下：

Delete From 表 [Where 条件]

说明

① “Where 条件”与 Select 中的用法是一样的，凡是符合条件的记录都会被删除，如果没有符合条件的记录则不删除。

② 如果省略“Where 条件”，将删除所有数据，大家删除记录时千万要小心。

下面举一些常用的例子。

① 删除自动编号字段 ID 等于 1 的用户：

Delete From tbAddress Where ID=1

② 删除 strName 为"萌萌"的用户：

Delete From tbAddress Where strName="萌萌"

③ 删除 2021 年 10 月 1 日前注册，且 strName 为"萌萌"的用户：

Delete From tbAddress Where dtmSubmit<#2021-1-1# And strName="萌萌"

④ 删除表中所有数据：

Delete From tbAddress

在通信录数据库中，姓名可能会有重复的，所以按 strName 字段删除时可能会删除多条记录。下面更新记录时也一样。

7.3.4 Update 语句

在实际生活中，数据信息在不断变化，例如，在人员信息表中，电话可能会经常变化，这时候就可以使用 Update 语句来实现更新数据的功能。语法如下：

Update 数据表名 Set 字段 1=字段值 1，字段 2=字段值 2，... [Where 条件]

说明

① Update 语句可以用来更新全部或部分记录。其中的“Where 条件”是用来指定更新数据的范围，其用法同 Delete 语句。凡是符合条件的记录都被更新，如果没有符合条件的记录则不更新。

② 如果省略“Where 条件”，将更新数据表内的全部记录，大家更新记录时千万要小心。

③ 更新数据时，也可以先删除再添加。不过，这样的话自动编号字段的值就会改变，而有时自动编号字段可能有特殊用途，比如用于和别的表建立联系，因此不允许改变。所以，建议最好还是用 Update 语句，因为它只更新指定的字段。

下面举一些常用的例子。

① 更新自动编号 ID 字段为 2 的用户的电话：

```
Update tbAddress Set strTel="8282999" Where ID=2
```

② 更新 strName 为"萌萌"的用户的年龄和电话：

```
Update tbAddress Set intAge=22,strTel="8282999" Where strName ="萌萌"
```

③ 将所有 2021 年 1 月 1 日前注册的用户的注册日期统一更新为 2021 年 1 月 1 日：

```
Update tbAddress Set dtmSubmit=#2021-1-1# Where dtmSubmit<#2021-1-1#
```

④ 将所有人的年龄增加 1 岁：

```
Update tbAddress Set intAge=intAge+1
```

⑤ 将 strName 为"萌萌"的用户的 E-mail 地址清空：

```
Update tbAddress Set strEmail=NULL Where strName="萌萌"
```

说明

① 上面第⑤个例子可以将值清空，不过前提条件是 strEmail 不是必填字段。

② Update 语句和 Insert 语句在很多方面具有相似性，请大家细心体会。

7.4 设置数据源

第 8 章会讲到 ASP 提供了一个数据库存取组件 ADO，利用它可以方便地存取数据库。但要存取数据库，第一步必须连接到数据库。连接数据库有多种方式，其中最重要的一种方式就是通过 ODBC（open database connectivity）数据源。

所谓 ODBC，又称为开放数据库互连。它规定了操作数据库的规范，并且提供了一系列 API 接口来管理和操作数据库。对于用户来说，只要通过 ODBC 来访问数据库即可，具体访问细节不必关心，均由 ODBC 来完成。

下面以 Windows 10 为例，为数据库 address.mdb 设置数据源。

① 首先单击计算机左下角的【开始】图标，然后在程序列表中，找到“Windows 系统”，单击后，即可看到“控制面板”。单击进入控制面板后，依次选择【管理工具】|【ODBC Data Sources (32-bit)】选项，就会出现如图 7-13 所示的“ODBC 数据源管理程序（32 位）”对话框。

② 在图 7-13 中选择【系统 DSN】标签，然后单击【添加】按钮，将出现如图 7-14 所示的“创建新数据源”对话框。

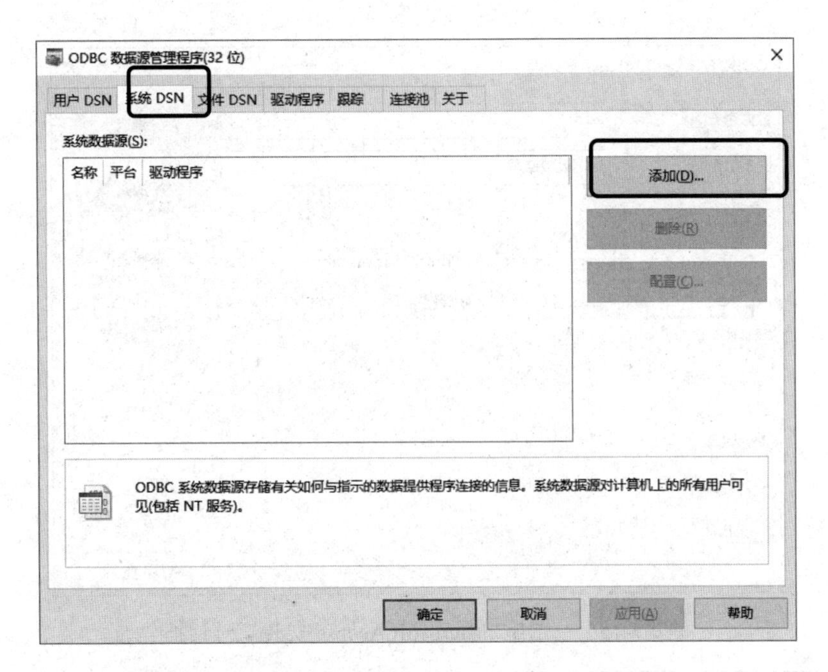

图 7-13 “ODBC 数据源管理程序（32 位）”对话框

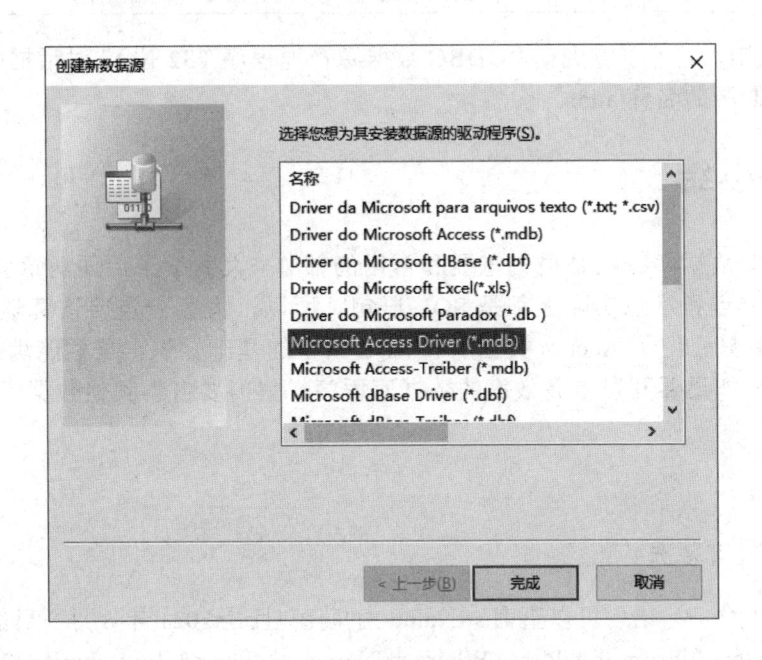

图 7-14 “创建新数据源”对话框

③ 在图 7-14 中选择“Microsoft Access Driver (*.mdb)”，然后单击【完成】按钮，将出现如图 7-15 所示的“ODBC Microsoft Access 安装”对话框。

④ 在图 7-15 中输入【数据源名】为“addr”和【说明】为“通信录数据库”，并单击【选择】按钮，选择“C:\Inetpub\wwwroot\asptemp\chapter7\address.mdb”，然后单击【确定】按钮即可。

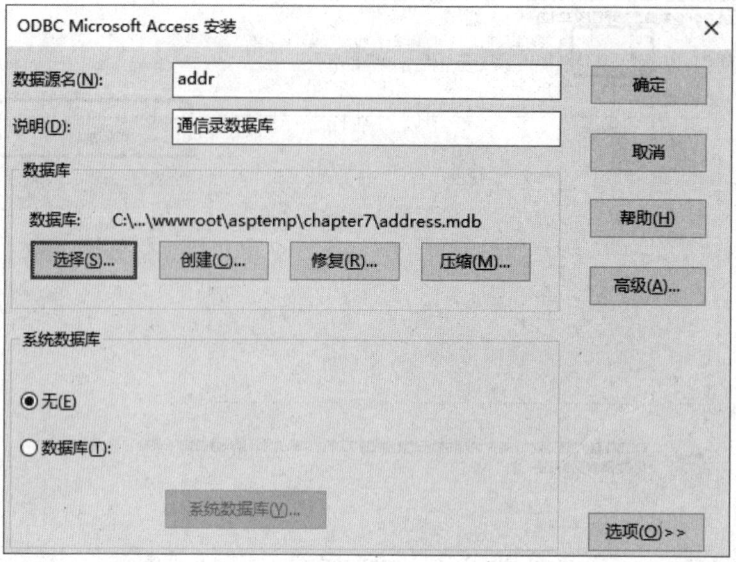

图 7-15 “ODBC Microsoft Access 安装”对话框

> 这里输入的数据源名可以和数据库名称一样，也可以不一样。

⑤ 添加完毕后，可以看到在“ODBC 数据源管理程序（32 位）”对话框中（见图 7-13）就出现了该数据源的名称 addr。

7.5 本章小结

在 ASP 中，数据库编程是最为重要和常用的部分。大家学了后面两章就会知道，ASP 数据库编程的重点和难点实际上都是 SQL 语句。所以，大家一定要认真学习本章知识。

另外，本章只介绍了 Access 数据库和 SQL 语言的基础知识，虽然能满足 ASP 编程的基本需要，但是如果要开发更高效率的数据库程序，就需要自学其他数据库专门教程。

习题 7

1. 选择题（可多选）

（1）下面（　　）语句可以查询 strName 为"萌萌"且是 2021 年 8 月 8 日前注册的用户。

A．Select * From tbAddress Where strName=萌萌 And dtmSubmit<#2021-8-8#

B．Select * From tbAddress Where strName="萌萌" And dtmSubmit<2021-8-8

C．Select * From tbAddress Where strName="萌萌" And dtmSubmit<#2021-8-8#

D．Select * From tbAddress Where strName="萌萌" Or dtmSubmit<#2021-8-8#

（2）下面（　　）语句可以查询姓“赵”并且年龄等于 22 岁的用户。

A．Select * From tbAddress Where strName="赵" And intAge=22

B．Select * From tbAddress Where strName like "赵%" And intAge="22"

C．Select * From tbAddress Where strName like "赵%" And intAge=22

D．Select * From tbAddress Where strName like "%赵%" And intAge=22

（3）要在 tbAddress 表中插入记录，下面（　　）语句是正确的。

A．Insert Into tbAddress(strName,strTel) Values("萌萌","6545632")

B．Insert Into tbAddress(strName,strEmail) Values("萌萌", "")

C．Insert Into tbAddress(strName,strEmail) Values("萌萌",NULL)

D．Insert Into tbAddress(strName,intAge) Values(萌萌,22)

（4）要在 tbAddress 表中更新记录，下面（　　）语句是正确的。

A．Update tbAddress Set strName="萌萌",intAge=22 Where ID=2

B．Update tbAddress Set strName=萌萌,intAge=22 Where strName=萌萌

C．Update tbAddress Set dtmSubmit=2021-10-1 Where strName="萌萌"

D．Update tbAddress Set intAge=18

（5）下面（　　）聚合函数可以用来返回数据表中的记录总数。

A．Count　　B．Avg　　C．Sum　　D．Max

（6）执行 Select Max(intAge) As MaxAge,Min(intAge) As MinAge From tbAddress 语句后，会返回（　　）条记录。

A．0　　B．1　　C．2　　D．不能确定

（7）执行 Select Count(*) As Total From tbAddress Group By intAge 语句后，会返回(　　)条记录。

A．0　　B．1　　C．2　　D．与 intAge 的值有关

（8）执行 Delete From tbAddress 语句后，共删除（　　）条记录。

A．0　　B．1　　C．若干　　D．全部

（9）执行 Delete From tbAddress Where strName=“萌萌”语句后，共删除（　　）条记录。

A．0　　B．1　　C．若干　　D．全部

（10）目前常用的数据库管理系统属于（　　）。

A．关系型　　B．层次型　　C．网状型　　D．结构型

2. 问答题

（1）请论述为什么要采用数据库来管理数据。

（2）请思考数据表中自动编号字段和主键字段的作用。

（3）在 address.mdb 中，strName 适合作为主键字段吗？

（4）如果想更新记录，可不可以先删除再添加记录？这样有什么缺点？

（5）设置数据源后，如果移动了 Access 数据库的位置，还能正常使用吗？

3. 实践题

（1）请按照本章步骤自己建立通信录数据库 address.mdb，并为其设置数据源 addr。

（2）请在 address.mdb 数据库中建立查询 qryTest，并将 7.3 节中讲的 SQL 语句逐条输入到该查询窗口中测试。

（3）在组合查询中提到一个用户信息数据库 userinfo.mdb，在第 9 章中还会用到。请按以下步骤建立该数据库，保存为 C:\Inetpub\wwwroot\asptemp\chapter9\userinfo.mdb。

第一步：建立一张表 tbUsers，表的结构如图 7-16 所示。

tbUsers

字段名称	数据类型	说明(可选)
ID	自动编号	序号
strUserId	短文本	用户名（小于20位）
strUserPwd	短文本	密码（小于20位）
strName	短文本	真实姓名（小于10位）
strSex	短文本	性别(1位)
intAge	数字	年龄
strTel	短文本	电话（小于15位）
strEmail	短文本	电子信箱
strIntro	长文本	个人简介
dtmSubmit	日期/时间	注册日期

图 7-16　表 tbUsers 的结构

第二步：建立第二张表 tbLog，表的结构如图 7-17 所示。

tbLog

字段名称	数据类型	说明(可选)
strUserId	短文本	用户名
dtmLog	日期/时间	登录时间
strIP	短文本	登录IP

图 7-17　表 tbLog 的结构

第三步：建立完毕后，请在该表中输入若干条记录。

第四步：请在该表中建立一个查询 qryTest，在其中执行 7.3.1 节中的组合查询语句。

第五步：请为该数据库设置数据源 userinfo。

第 8 章　ASP 存取数据库

本章要点

☑ 利用 Connection 对象连接数据库
☑ 利用 Select 语句查询记录
☑ 利用 Insert 语句添加记录
☑ 利用 Delete 语句删除记录
☑ 利用 Update 语句更新记录

8.1　ASP 内部组件概述

在 ASP 中内置了许多功能强大的 ActiveX 服务器组件，这些组件分别是数据库存取组件、文件存取组件、广告轮显组件、浏览器兼容组件、文件超链接组件、计数器组件等（见表 8-1）。利用它们可以方便地完成数据库存取、文件存取等功能。

表 8-1　ASP 内部组件基本功能

组　　件	说　　明
数据库存取组件（Database Access Component）	用来存取数据库，是所有内部组件中最常用的一个
文件存取组件（File Access Component）	用来存取文件，提供文件的输入输出方法
广告轮显组件（Ad Rotator Component）	用来构建广告页面，维护、修改也很方便
浏览器兼容组件（Browser Capabilities Component）	用来获取客户端浏览器类型等信息
文件超链接组件（Content Linking Component）	用来建立像书本的目录一样的超链接页面
计数器组件（Page Counter）	用来统计网页访问次数

本章先介绍数据库存取组件，利用它就可以轻松存取数据库。

8.2　利用数据库存取组件存取数据库

8.2.1　数据库存取组件简介

数据库存取组件是使用 ADO（activeX data objects）技术来存取符合 ODBC（open database connectivity）标准的数据库或具有表格状的数据形式（如 Excel 文件）的一种 ASP 内部组件，是所有 ASP 内部组件中最重要、最常用的一个组件。

ADO 包括 Connection、Command 及 Recordset 3 个主要对象，其中 Connection 对象称为数据库连接对象，负责建立与数据库的连接；Command 对象称为数据库命令对象，负责执行对数据库的一些操作；而 Recordset 对象称为记录集对象，用于返回查询到的记录。打个比方，Connection 就好比是公路，Command 就好比是汽车，而 Recordset 就好比是汽车里拉的货物，这样就可以将仓库（数据库）中的货物运送到目的地（页面）了。

当然，这 3 个对象包含了许多方法和属性，可以完成对数据库的各种操作。不过本章无意对其展开讨论，准备采用任务引导法：也就是以一个在线通信录程序为例，讲解存取数据库的基本操作，包括连接数据库、查询记录、添加记录、删除记录、更新记录。第 9 章再对这几个对象进行深入探讨。

8.2.2 数据库准备工作

很多单位或班级网站上都会提供一个通信录，利用它可以方便地在线添加、删除和更新人员的联系方式。本章就来制作这样一个在线的通信录，不过首先要进行以下的数据库准备工作。

（1）建立数据库

这里仍然使用第 7 章建立的 address.mdb，不过将其复制到了/asptemp/chapter8 文件夹下，其中表 tbAddress 的字段如图 8-1 所示。

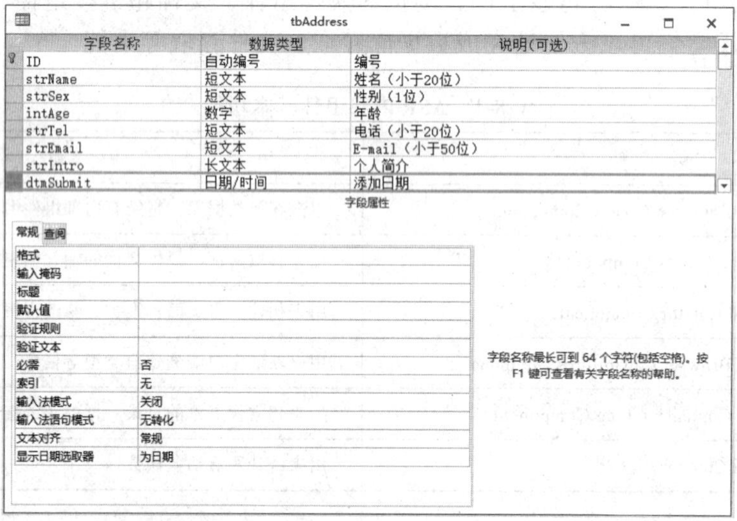

tbAddress
字段名称
数据类型
说明(可选)
ID
自动编号
编号
strName
短文本
姓名（小于20位）
strSex
短文本
性别（1位）
intAge
数字
年龄
strTel
短文本
电话（小于20位）
strEmail
短文本
E-mail（小于50位）
strIntro
长文本
个人简介
dtmSubmit
日期/时间
添加日期
字段属性
常规
查阅
格式
输入掩码
标题
默认值
验证规则
验证文本
必需
否
索引
无
输入法模式
关闭
输入法语句模式
无转化
文本对齐
常规
显示日期选取器
为日期
字段名称最长可到 64 个字符(包括空格)。按 F1 键可查看有关字段名称的帮助。

图 8-1　通信录数据库表 tbAddress 的字段

（2）建立数据源

要按照第 7 章讲述的方法为该数据库设置数据源 address。

（3）设置数据库文件的权限

这之前的 ASP 文件都没有设置权限，因为用户只是读取文件，并不需要添加、删除或更新，所以一般采用默认的权限即可。如果允许用户在线添加、删除和更新数据库记录，就得允许用户能够读、写该数据库文件，因此需对数据库文件进行相应的权限设置。

首先要去掉数据库文件 address.mdb 的只读属性。

其次，还要设置 IUSR、IIS_IUSRS 用户的权限，让其可以完全控制该数据库文件。步骤如下。

步骤一：对准数据库文件单击右键，在快捷菜单中选择【属性】命令，就会打开如图 8-2（左）所示的“address.mdb 属性”对话框。在其中选择【安全】标签，就可以查看目前的用户及其权限。

步骤二：在“address.mdb 属性”对话框中单击【编辑(E)】按钮，就可以打开图 8-2（右）所示的“address.mdb 的权限”对话框，然后在【组或用户名(G)】中选中“IUSR”，再在【IUSR 的权限(P)】对话框中勾选“完全控制”等权限即可。如果在图中看不到用户“IUSR”，那么就在“address.mdb 的权限”对话框中单击【添加(D)】按钮，在弹出的对话框中输入“IUSR”即可。之后用同样的操作，为“IIS_IUSRS”用户设置“完全控制”等权限。

步骤三：单击【确定】按钮即可。

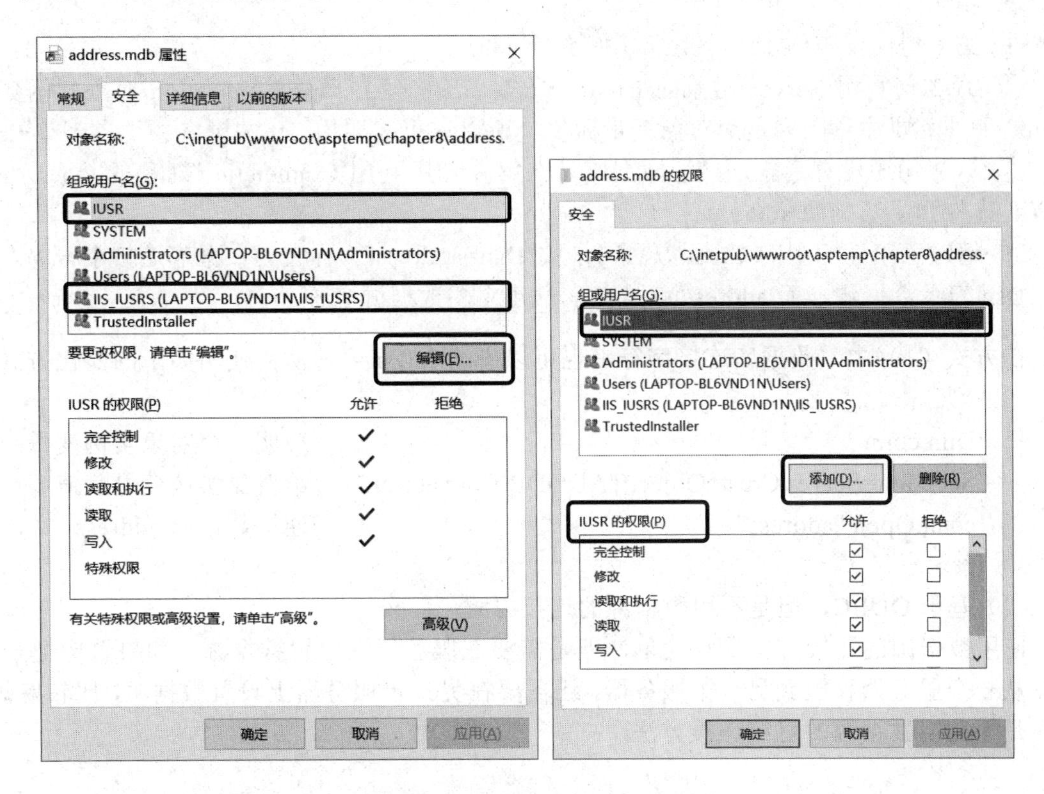

图 8-2　设置数据库文件的权限

说明

① IUSR、IIS_IUSRS 分别为来宾账户和通过 IIS 访问的来宾账户。

数据库文件权限问题是 ASP 编程中常见的错误。有时数据库可以查询记录，但不能添加、删除或更新记录，99％都是因为权限的原因。修改完文件的权限后，如果立刻就使用 asp 网页写入数据库，则有可能因为 IIS 缓存未更新而依然存在权限问题，这时就需要进入 IIS 管理器先“停止”后“启动”应用程序池，以及“重新启动”网站。

8.2.3　连接数据库

要对数据库进行操作，首先要连接数据库，这就要用到 Connection 对象。具体连接方式有以下 3 种。

（1）基于 ODBC 数据源的连接方式

```
<%
Dim conn                                              '声明一个对象实例变量
Set conn=Server.CreateObject("ADODB.Connection")     '给对象实例变量赋值
conn.Open "Dsn=address"                              '连接数据源 address
%>
```

说明

① 第 1 句仅仅声明了一个对象实例变量 conn。

② 第 2 句利用 Server 对象的 CreatObject 方法，建立一个 Connection 对象实例变量 conn。另外，要注意因为是给对象变量赋值，所以这里需要用 Set 关键字。

③ 第 2 句还没有真正连接上数据库，在第 3 句中利用 Connetction 对象的 Open 方法才真正连接到了数据源 address。

④ 请注意第 3 句中的 Open 方法的参数"Dsn=address"，称它为数据库连接字符串，其中，Dsn 表示数据源，而 address 就是在本章建立的数据源名称。

在方式（1）中，数据库连接字符串也可以省略“Dsn=”，从而使用如下的简化方式。

```
<%
Dim conn                                              '声明一个对象实例变量
Set conn=Server.CreateObject("ADODB.Connection")     '给对象实例变量赋值
conn.Open "address"                                  '连接数据源 address
%>
```

（2）基于 ODBC，但是不用数据源的连接方式

使用数据源的连接方式尽管简单，但是需要在服务器端设置数据源。如果希望把一个程序从一个服务器移植到另一个服务器，还需要在另一台服务器上设置数据源，比较麻烦。下面是不利用数据源的直接连接方法：

```
<%
Dim conn
Set conn=Server.CreateObject("ADODB.Connection")
conn.Open "Driver={Microsoft Access Driver (*.mdb)};Dbq=C:\Inetpub\wwwroot\
asptemp\chapter8\address.mdb"
%>
```

说明

① 前两句是一样的，后面两行是一句，一行写不下，自动换行了。

② 这里只有数据库连接字符串不一样，其中包括两项，中间用分号隔开。第一项 Driver 表示数据库驱动程序类型，第二项 Dbq 表示数据库文件的物理路径。

③ 要特别注意在 Driver 和(*.mdb)之间有一个空格，许多时候连接不上都是因为缺少空格。

对于方式（2），通常可以利用 Server 对象的 MapPath 方法将相对路径转换为物理路径：

```
<%
Dim conn
Set conn=Server.CreateObject("ADODB.Connection")
conn.Open "Driver={Microsoft Access Driver (*.mdb)};Dbq=" & Server.MapPath
("address.mdb")
%>
```

说明

① Server 对象的 MapPath 方法可以将虚拟路径转化为上面的物理路径，具体使用方法请回顾 6.2.5 节。

② 这里的 Server.MapPath("address.mdb")转化为"C:\Inetpub\wwwroot\asptemp\chapter8\address.mdb"，然后执行连接运算，最后得到的结果和上面的一样。

③ 这种改写方法还有一个很大的用处，如果将程序从一个服务器移植到另一个服务器，既不需要设置数据源，也不需要修改数据库文件的物理路径。

（3）基于 OLE DB 的连接方式

OLE DB 是一种使用底层技术，效率更高的连接数据库的方式，也是微软目前推崇的连接方式。

```
<%
Dim conn
Set conn=Server.CreateObject("ADODB.Connection")
conn.Open "Provider=Microsoft.Jet.OLEDB.4.0;Data Source=C:\Inetpub\wwwroot\
asptemp\chapter8\address.mdb"
%>
```

说明

① 这种连接方式的数据库连接字符串和方式 2 类似，其中也包括两项，中间用分号隔开。第一项 Provider 表示数据库的 OLE DB 驱动程序，第二项 Data Source 表示数据库文件的物理路径。

② 注意 Data 和 Source 之间也有一个空格。

同样，方式（3）中也可以使用 Server.MapPath 方法将相对路径转化为物理路径：

```
<%
Dim conn
Set conn=Server.CreateObject("ADODB.Connection")
conn.Open "Provider=Microsoft.Jet.OLEDB.4.0;Data Source=" & Server.MapPath
```

```
("address.mdb")
%>
```

> 一般来说，如果方便设置数据源，可以使用方式（1）；否则可以使用方式（2）或方式（3）。不过方式（2）有时会出现不稳定的连接错误，所以目前一般推荐使用方式（3）。此外，如果使用的计算机是 64 位操作系统，则需要打开 IIS 管理器，依次选择【应用程序池】|【DefaultAppPool】|【高级设置】|【(常规)】|【启用 32 位应用程序】，在下拉选项中选择"True"，然后单击【确定】按钮，即可完成设置。

8.2.4　利用 Select 语句查询记录

要把记录显示在页面上，就需要用到 SQL 语言的 Select 语句。具体过程如下。

首先利用 Connection 对象连接数据库。

其次利用 Connection 对象的 Execute 方法执行一条 Select 语句，该方法会返回一个如图 8-3 所示的记录集对象（Recordset）。

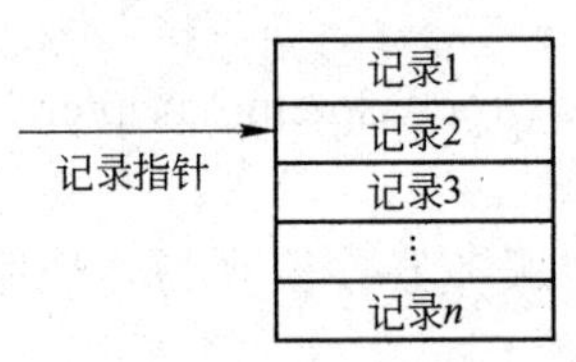

图 8-3　记录集示意图

所谓记录集，类似于一个数据库中的表，由若干列和若干行组成，可以看作一个虚拟的表。

最后在记录集中利用循环移动指针就可以依次读取所有的记录。

下面举例说明查询记录的具体方法。

清单 8-1　8-1.asp　查询数据库的记录

```
<html>
<body>
    <h2 align="center">我的通信录</h2>
    <%
    '以下连接数据库，建立一个Connection对象实例conn
    Dim conn
    Set conn=Server.CreateObject("ADODB.Connection")
    conn.Open "address"                                        '利用数据源连接数据库
    '以下建立记录集，建立一个Recordset对象实例rs
    Dim rs
    Set rs=conn.Execute("Select * From tbAddress")             '返回整个数据表
    '以下利用表格显示记录集中的记录
    %>
    <table border="1" width="100%" align="center">
        <tr bgcolor="#E0E0E0">
            <th>姓名</th><th>性别</th><th>年龄</th><th>电话</th><th>E-mail</th>
            <th>简介</th><th>添加日期</th>
```

```
        </tr>
        <%
        Do While Not rs.Eof                                    '只要不是结尾就执行循环
        %>
            <tr>
                <td><%=rs("strName")%></td>
                <td><%=rs("strSex")%></td>
                <td><%=rs("intAge")%></td>
                <td><%=rs("strTel")%></td>
                <td><a href="mailto:<%=rs("strEmail")%>"><%=rs("strEmail")%></a></td>
                <td><%=rs("strIntro")%></td>
                <td><%=rs("dtmSubmit")%></td>
            </tr>
        <%
            rs.MoveNext                                        '将记录指针移动到下一条记录
        Loop
        %>
    </table>
</body>
</html>
```

程序运行结果如图8-4所示。

我的通信录

姓名	性别	年龄	电话	E-mail	简介	添加日期
赵敏	女	24	6123212	zhaomin@sina.com.cn	南京朋友	2021/7/1
李若鹏	男	26	8123221	lirp@souhu.com.cn	北京大学学生	2021/7/1
胡如云	女	23	6321117	huruyun@126.com	喜欢画画	2021/7/12
李丁	男	19	8234321	li@hotmail.com	喜欢音乐	2021/7/13

图 8-4　程序 8-1.asp 的运行结果

程序说明

① 本程序主体分为三部分：第一部分是利用数据源连接数据库；第二部分是利用 Connection 对象的 Execute 方法建立记录集对象实例；第三部分是利用一个 Do...Loop 循环读取记录集中所有记录。

② 在第二部分中，首先声明一个记录集对象实例变量 rs，然后利用 Connection 对象的 Execute 方法返回一个记录集对象实例，其中就包含了满足查询条件的所有记录。此时 Execute 方法的参数就是一条 SQL 语句字符串。

③ 在第三部分中，利用一个 Do...Loop 循环把记录集中的记录从前到后依次读取并显示到表格中。其中 Eof 是记录集对象的一个属性，表示记录集的结尾，而 Do While Not rs.Eof 表示只要不是记录集结尾就继续执行循环。MoveNext 是记录集对象的一个方法，表示记录指针向后移动一条。

④ 刚打开记录集对象的时候，记录指针指向第 1 条记录，而利用 MoveNext 方法和循环就可以依次指向每一条记录。

⑤ 当指针指向某条记录时，该记录就称为当前记录。使用“记录集变量（"字段名"）”可以获取当前记录的指定字段的值。比如 rs("strName")就会返回姓名，大家可以把它们赋给一个变量或者直接输出。本示例利用 Response.Write 的简写方式将其输出了。

⑥ 在本例中输出 E-mail 的语句稍微复杂一些，主要是希望给 E-mail 添加上超链接，单击它就可以直接给该人发信。假如当前记录中 E-mail 地址是 xu@163.net，那么这个超链接输出后实际为“<a href="mailto:xu@163.net">xu@163.net</a>”。大家不妨在图 8-4 中查看源文件，看看究竟都生成了什么。

8.2.5 利用 Insert 语句添加记录

当希望增加一个新联系人时，就需要在数据库中添加一条记录，此时需要用到 SQL 语言的 Insert 语句。具体过程和查询记录非常类似，但是因为不需要显示记录，所以也不必要返回记录集对象，因此更简单一些。具体过程如下：

首先利用 Connection 对象连接数据库；

其次利用 Connection 对象的 Execute 方法执行一条 Insert 语句，就可以在数据库中添加一条记录。

下面举例说明。

清单 8-2　8-2.asp　添加记录

```
<html>
<body>
  <%
  '以下连接数据库，建立一个Connection对象实例conn
  Dim conn
  Set conn=Server.CreateObject("ADODB.Connection")
  conn.Open "address"
  '以下利用Connection对象的Execute方法添加新记录
```

```
    conn.Execute("Insert Into tbAddress(strName,strSex,intAge,strTel,strEmail,strIntro,dtmSubmit)
    Values('萌萌','女',21,'6112211','mm@372.net','金融系同学',#2021-8-8#)")
    Response.Write "已经成功添加，你可以自己打开address.mdb查看结果。"
    %>
</body>
</html>
```

程序运行结果如图8-5所示。

图 8-5　程序 8-2.asp 的运行结果

程序说明

① 本程序的主体分为两部分：第一部分是利用数据源连接数据库，第二部分是利用 Connection 对象的 Execute 方法添加记录。

② 添加记录的主要语句就是 conn.Execute(...)，此时 Execute 方法的参数也是一个 SQL 语句字符串。不过因为添加记录时不需要返回记录集对象，所以这里的语句和查询记录的例子不太一样，请大家认真比较。

③ 这里的 conn.Execute 语句也可以省略括号，如“conn.Execute ...”。因为约定俗成的原因，本书在该方法中都使用了括号。

④ 本例的 SQL 字符串出现了引号嵌套的问题，所以将内层双引号改为了单引号。

⑤ 注意：一次只能添加一条记录，如果要添加多条，可以逐条添加或用循环语句。

8.2.6　利用 Delete 语句删除记录

当希望删除某联系人时，就需要在数据库中删除记录，这就要用到 SQL 语言的 Delete 语句。

删除记录也是利用 Connection 对象的 Execute 方法，不过也不需要返回记录集对象，具体过程和添加记录非常相似，下面请看具体例子。

清单 8-3　8-3.asp　删除记录

```
<html>
<body>
    <%
    '以下连接数据库，建立一个Connection对象实例conn
    Dim conn
    Set conn=Server.CreateObject("ADODB.Connection")
```

```
    conn.Open "address"
    '以下利用Connection对象的Execute方法删除记录
    conn.Execute("Delete From tbAddress Where ID=1")
    Response.Write "已经成功删除，你可以自己打开address.mdb查看结果。"
    %>
</body>
</html>
```

程序运行结果图略。

程序说明

① 删除记录和添加记录非常相似，区别仅仅是SQL语句而已。

② 删除记录时一次可以删除所有符合条件的记录，这一点和添加记录有区别。

③ 这里根据自动编号字段删除，因为该字段是唯一的，所以每次只删除一条记录。当然，也可以根据姓名等其他字段删除，不过姓名可能会重复，因此可能会删除多条记录。

④ 本例中永远都是在删除自动编号为1的记录。后面8.3节会介绍更复杂的方法。

8.2.7　利用 Update 语句更新记录

当需要更新某人的联系方式时，就需要用到 SQL 语言的 Update 语句。

更新记录也是利用 Connection 对象的 Execute 方法，不过也不需要返回记录集对象，具体过程和添加记录、删除记录都非常相似，下面请看具体例子。

清单 8-4　8-4.asp　更新记录

```
<html>
<body>
    <%
    '以下连接数据库，建立一个Connection对象实例conn
    Dim conn
    Set conn=Server.CreateObject("ADODB.Connection")
    conn.Open "address"
    '以下利用Connection对象的Execute方法更新记录
    conn.Execute("Update tbAddress Set intAge=22,strTel='61223211' Where ID=2")
    Response.Write "已经成功更新，你可以自己打开address.mdb查看结果。"
    %>
</body>
</html>
```

程序运行结果图略。

程序说明

① 更新记录和添加记录也非常相似，区别也仅仅是 SQL 语句。

② 更新记录一次也可以更新所有符合条件的记录，这一点也和添加记录有区别。

③ 本例中永远都是更新 ID 为 2 的记录，后面 8.3 节将介绍更复杂的方法。

8.3　对通信录程序的再探讨

在 8.2 节中重点介绍了连接数据库、查询记录、添加记录、删除记录和更新记录的语法。尽管大家已经完成了数据库的基本操作，但是上面的这些程序还存在以下不足。

① 这 4 个程序是各自独立的程序，并没有像一般的网站一样连成一个整体。

② 在添加记录时，一般是在表单中输入内容，然后保存到数据库中，这样才能真正地动态增加。更新记录也是一样，需要在表单中输入新的内容。

③ 在删除记录的例子中，只是删除了网站编号为 1 的记录，而实际中可能是根据需要实现动态删除。

考虑到以上问题，可以对上面的例子重新编写。为了保证该例子的完整性，在 C:\Inetpub\wwwroot\asptemp\chapter8 下建立子文件夹 address，并将 address.mdb 复制到该文件夹下，以后建立的 ASP 文件也保存在该文件夹中。

请注意这个例子的 ASP 文件名、位置和浏览时的路径。另外，复制过去的 address.mdb 文件同样需要重新设置“IUSR、IIS_IUSRS”用户的完全控制权限。

8.3.1　利用 Select 语句查询记录

查询记录和 8.2.4 节中介绍的没有太大的区别，只是在其中修改了数据库连接字符串、添加了链接到其他网页的超链接。另外，因为这个网页作为通信录的首页，一般命名为 index.asp。

清单 8-5　index.asp　显示记录

```
<html>
<body>
    <h2 align="center">通信录</h2>
    <%
    '以下连接数据库，建立一个Connection对象实例conn
    Dim conn,strConn
    Set conn=Server.CreateObject("ADODB.Connection")
    strConn="Provider=Microsoft.Jet.OLEDB.4.0;Data Source=" & Server.MapPath("address.mdb")
    conn.Open strConn
    '以下建立记录集，建立一个RecordSet对象实例rs
    Dim rs,strSql
```

```
strSql="Select * From tbAddress Order By ID DESC"          '按自动编号字段降序排列
Set rs=conn.Execute(strSql)
'以下利用表格显示记录集中的记录
%>
<a href="insert.asp">添加记录</a>
<table border="1" width="100%" >
    <tr bgcolor="#E0E0E0">
        <th>姓名</th><th>性别</th><th>年龄</th><th>电话</th><th>E-mail</th>
        <th>简介</th><th>添加日期</th><th>删除</th><th>更新</th>
    </tr>
    <%
    Do While Not rs.Eof                                '只要不是结尾就执行循环
    %>
        <tr>
            <td><%=rs("strName")%></td>
            <td><%=rs("strSex")%></td>
            <td><%=rs("intAge")%></td>
            <td><%=rs("strTel")%></td>
            <td><a href="mailto:<%=rs("strEmail")%>"><%=rs("strEmail")%></a> </td>
            <td><%=rs("strIntro")%></td>
            <td><%=rs("dtmSubmit")%></td>
            <td><a href="delete.asp?ID=<%=rs("ID")%>">删除</a></td>
            <td><a href="update_form.asp?ID=<%=rs("ID")%>">更新</a></td>
        </tr>
    <%
        rs.MoveNext                                    '将记录指针移动到下一条记录
    Loop
    %>
  </table>
</body>
</html>
```

程序运行结果如图8-6所示。

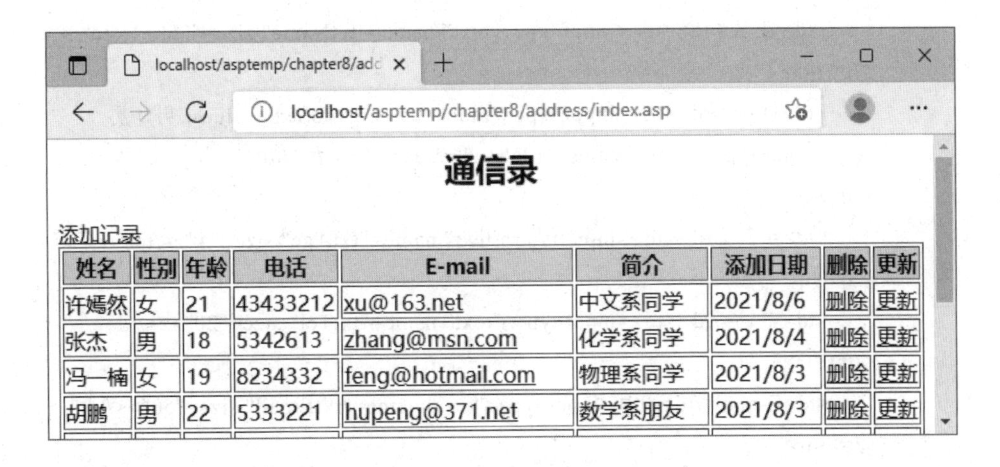

图 8-6　程序 index.asp 的运行结果

程序说明

① 本程序主要做了几处修改：第一，采用基于 OLE DB 的数据库连接方式；第二，在网页中增加了几个超链接，分别链接到添加记录、删除记录和更新记录页面；第三，为了方便，定义了两个字符串变量 strConn 和 strSql，分别保存数据库连接字符串和 SQL 字符串。

② 请注意删除记录的超链接：

```
<a href="delete.asp?ID=<%=rs("ID")%>">删除</a>
```

这就是一个普通的超链接标记，目的是将要删除的记录编号传递到删除页面中。程序运行时会依次将当前记录的 ID 字段值取出来输出在这里，假如当前记录的 rs("ID")=5，则这句话实际为：

```
<a href="delete.asp?ID=5">删除</a>
```

这样，在删除页面中，就可以利用 Request 对象的 QueryString 获取 ID 值。

对于更新记录的超链接也是同样的道理。

③ 大家可以在浏览器中查看源文件，看看最后究竟生成了什么。

8.3.2　利用 Insert 语句添加记录

添加记录与 8.2.5 节介绍的相比改动较大，主要是增加了表单部分，这样就可以在线输入人员信息。

清单 8-6　insert.asp　添加记录

```
<html>
<body>
   <h2 align="center">添加新成员</h2>
   <form name="frmInsert" method="POST" action="">
   <p align="center">其中带*号的必须填写
   <table border="1" width="80%" align="center">
```

```
        <tr>
            <td>姓名</td><td><input type="text" name="txtName" size="20">*</td>
        </tr><tr>
            <td>性别</td><td><input type="radio" name="rdoSex" value="男">男
            <input type="radio" name="rdoSex" value="女">女</td>
        </tr><tr>
            <td>年龄</td><td><input type="text" name="txtAge" size="4"></td>
        </tr><tr>
            <td>电话</td><td><input type="text" name="txtTel" size="20">*</td>
        </tr><tr>
            <td>E-mail</td><td><input type="text" name="txtEmail" size="50"></td>
        </tr><tr>
            <td>个人简介</td><td><textarea name="txtIntro" rows="4" cols="50"></textarea></td>
        </tr><tr>
            <td></td><td><input type="submit" name="btnSubmit" value=" 确  定 "></td>
        </tr>
    </table>
    </form>
    <%
    '只要添加了姓名和电话，就添加记录
    If Request.Form("txtName")<>"" And Request.Form("txtTel")<>"" Then
        '以下首先获取提交的数据
        Dim strName,strSex,intAge,strTel,strEmail,strIntro          '声明几个变量
        strName=Request.Form("txtName")                             '获取姓名
        strSex=Request.Form("rdoSex")                               '获取性别
        If Request.Form("txtAge")<>"" Then                          '获取年龄
            intAge=Request.Form("txtAge")
        Else
            intAge=0
        End If
        strTel=Request.Form("txtTel")                               '获取电话
        strEmail=Request.Form("txtEmail")                           '获取E-mail
        strIntro=Request.Form("txtIntro")                           '获取个人简介
        '以下连接数据库，建立一个Connection对象实例conn
        Dim conn,strConn
        Set conn=Server.CreateObject("ADODB.Connection")
        strConn="Provider=Microsoft.Jet.OLEDB.4.0;Data Source=" & Server.MapPath("address.mdb")
        conn.Open strConn
        '下面利用Execute方法添加记录
```

```
        Dim strSql
        strSql="Insert  Into  tbAddress(strName,strSex,intAge,strTel,strEmail,strIntro,dtmSubmit)
        Values('" & strName & "','" & strSex & "'," & intAge & ",'" & strTel & "','" & strEmail &
        "','" & strIntro & "',#" & Date() & "#)"
        conn.Execute(strSql)
        '添加成功后，则返回首页
        Response.Redirect "index.asp"
    End If
    %>
</body>
</html>
```

在首页（见图8-6）中单击【添加记录】超链接，就会打开如图8-7所示的添加记录页面。当客户在表单中填写信息后，单击【确定】按钮，就可以将新记录添加到数据表tbAddress中，然后重定向回首页。

图 8-7　程序 insert.asp 的运行结果

程序说明

① 本示例分为两部分：第一部分是一个普通的表单，而第二部分是一个表单处理程序。其实，这里也可以分成两个文件，请回忆 4.2.2 节有关内容。

② 本示例中有两个重点和难点：第一是判断语句，如果填写了必要的信息，就执行添加记录语句；第二个重点是 strSql=...这一句，因为涉及许多变量，有许多单引号和双引号，所以比较复杂。

③ 之所以需要判断语句，主要是打开页面就会从头到尾执行所有语句。如果没有判断语句就会发生错误，请回忆 4.2.2 节有关内容。一般情况下可以利用一些必须要填写的信息来判断。

④ 至于 strSql=...语句，主要是因为其中包含了许多单引号和双引号，比较复杂。不过如果大家熟练掌握了 3.7.2 节的连接运算符&和字符串的有关知识，也就不难理解了。先来看一个稍微简单些的例子：

```
strSql="Insert Into tbAddress(strName) Values('" & strName & "') "
```

这里之所以使用了两个&连接符，就是因为 strName 是一个变量，需要利用&连接符将前后两个字符串常量和 strName 变量连接起来。假如 strName="萌萌"，实际上该式子相当于：

```
strSql="Insert Into tbAddress(strName) Values('" & "萌萌" & "') "
```

依次执行两次连接运算后，结果就是：

```
strSql="Insert Into tbAddress(strName) Values('萌萌') "
```

可以看出，原表达式中前后都有一个单引号，正好就是'萌萌'前后的单引号。而文本字段值前后是必须加引号的，又因为在 SQL 字符串中出现引号嵌套的情况，所以实际上文本字段值前后一般要加单引号。而上面的最终结果正好就是符合要求的 SQL 字符串。

事实上，大家可以将图 8-7 中输入的内容手工代入到 strSql=...语句中，假如当前日期是 2021 年 8 月 8 日，则最后的 SQL 字符串实际上和 8-2.asp 中的一模一样。

⑤ 本示例中获取年龄的值有些特殊，因为假如用户没有填写年龄，那么此时 Request.Form("txtAge")=""，如果像其他字段一样直接引用到 SQL 字符串中，就会出现类似下面的情况：

```
strSql="Insert Into tbAddress(strName,intAge,strTel) Values('萌萌',,'6112211')"
```

大家可以注意到其中缺少 intAge 字段值，这样就会发生错误。所以在本例中如果用户没有输入年龄，就将其赋值为 0。

不过，对于文本型字段一般不存在该问题，比如，如果用户没有填写电话，就会出现这样的情况：

```
strSql="Insert Into tbAddress(strName,intAge,strTel) Values('萌萌',21,' ')"
```

此时就会给 strTel 字段赋值空字符串，而数据库默认是允许空字符串的，所以没有问题。

⑥ 在调试本程序时，可以暂时将 conn.Execute 和 Response.Redirect 语句注释掉，然后添加一条“Response.Write strSql”语句，就可以将最后生成的 SQL 语句输出到页面上。然后将其复制到 Access 数据库的查询中去执行一下，就很容易看出具体的错误。

8.3.3　利用 Delete 语句删除记录

删除记录和 8.2.6 节相比还更简单一些。这里根据首页（见图 8-6）传过来的 ID 值将记录删除。

清单 8-7　delete.asp　删除记录

```
<%
'以下连接数据库，建立一个Connection对象实例conn
Dim conn,strConn
Set conn=Server.CreateObject("ADODB.Connection")
strConn="Provider=Microsoft.Jet.OLEDB.4.0;Data Source=" & Server.MapPath("address.mdb")
conn.Open strConn
```

```
'以下删除记录，注意这里要用到由index.asp传过来的要删除的记录的ID
Dim strSql
strSql="Delete From tbAddress Where ID=" & Request.QueryString("ID")
conn.Execute(strSql)
'删除完毕后，返回首页
Response.Redirect "index.asp"
%>
```

在首页中单击【删除记录】超链接，就会执行该程序，执行完毕后立即再重定向首页。程序运行结果图略。

程序说明

① 该程序并不需要在页面输出任何内容，所以其中省略了所有的HTML标记。

② 请注意strSql=...这一句，因为ID是传过来的编号，假如ID=5，则这句话执行完毕后，实际为：

```
strSql="Delete From tbAddress Where ID=5"
```

另外要注意，因为 ID 是自动编号字段（数字），所以字段值两边不要加单引号。

8.3.4　利用 Update 语句更新记录

更新记录和 8.2.7 节相比变化还是比较大的。它首先根据首页（见图 8-6）传过来的 ID 值，读取相应的记录并显示在表单中，在表单中修改信息以后，再根据新的数据更新记录。

下面将更新记录改成了两个文件：一个是更新表单文件 update_form.asp，另一个是更新记录执行程序 update.asp。下面先来看更新表单文件。

清单 8-8　update_form.asp　更新记录表单

```
<html>
<body>
    <h2 align="center">更新成员信息</h2>
    <%
    '以下连接数据库，建立一个Connection对象实例rs
    Dim conn,strConn
    Set conn=Server.CreateObject("ADODB.Connection")
    strConn="Provider=Microsoft.Jet.OLEDB.4.0;Data Source=" & Server.MapPath("address.mdb")
    conn.Open strConn
    '以下建立一个记录集对象实例rs，注意会用到传过来的ID
    Dim strSql,rs
    strSql="Select * From tbAddress Where ID=" & Request.QueryString("ID")
    Set rs=conn.Execute(strSql)
    '下面将记录的数据显示在表单中
```

```
%>
<form name="frmUpdate" method="POST" action="update.asp" >
<table border="1" width="80%" align="center">
    <tr>
        <td>姓名</td>
        <td><input type="text" name="txtName" size="20" value="<%=rs("strName")%>">*</td>
    </tr><tr>
        <td>性别</td><td>
        <input type="radio" name="rdoSex" value="男"
        <%If rs("strSex")="男" Then Response.Write "checked"%>>男
        <input type="radio" name="rdoSex" value="女"
        <%If rs("strSex")="女" Then Response.Write "checked"%>>女</td>
    </tr><tr>
        <td>年龄</td>
        <td><input type="text" name="txtAge" size="4" value="<%=rs("intAge")%>"></td>
    </tr><tr>
        <td>电话</td>
        <td><input type="text" name="txtTel" size="20" value="<%=rs("strTel")%>">*</td>
    </tr><tr>
        <td>E-mail</td>
        <td><input type="text" name="txtEmail" size="50" value="<%=rs("strEmail")%>"></td>
    </tr><tr>
        <td>个人简介</td>
        <td><textarea name="txtIntro" rows="4" cols="50"><%=rs("strIntro")%></textarea></td>
    </tr><tr>
        <td><input type="hidden" name="txtID" value="<%=rs("ID")%>"></td>
        <td><input type="submit" name="btnSubmit" value=" 确 定 "></td>
    </tr>
</table>
</form>
</body>
</html>
```

程序运行结果如图 8-8 所示。

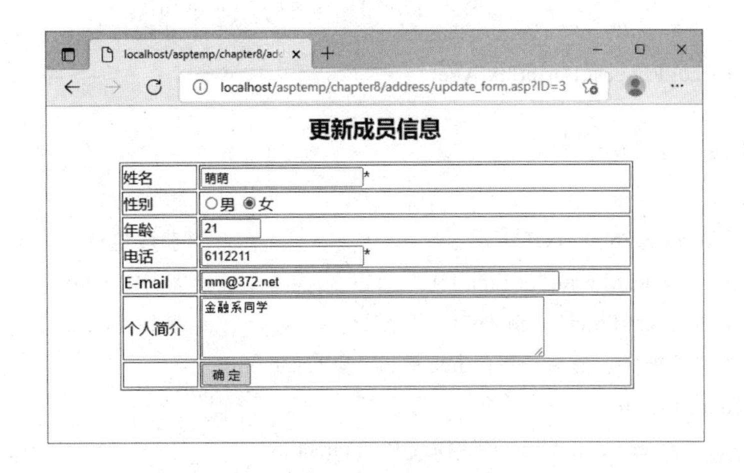

图 8-8　程序 update_form.asp 的运行结果

程序说明

① 程序 update_form.asp 和查询记录非常类似，根据首页传过来的 ID 值，就可以读取相应的记录并显示在表单中。不过要注意打开的记录集只有一条记录，所以也不必用循环语句。

② 请注意如何将原来的数据显示在表单中。对于单行文本框，给 value 属性赋值就可以了，如 value="<%=rs("name")%>"；对于多行文本框，将数据直接写在其中即可，如 <textarea name="strIntro" rows="2" cols="40"><%=rs("intro")%></textarea>。

③ 对于单选框则比较麻烦，因为这里需要根据用户的性别默认选中某个选项。在 2.4.1 节讲过，要选中某个选项，就需要在其中添加 checked 属性，因此这里用了一个 If 语句的简单形式，判断一下用户的性别是否和该选项的值一致，如果是，则输出该属性。这样就会出现图 8-8 中的运行结果。

④ 本例最后还用到了一个隐藏文本框，其目的是要将 ID 值传递到更新程序文件 update.asp 中。因为在 update.asp 中还需要用到该 ID 值，但是在其中就无法再使用 Request.QueryString 获取该值了，这时就需要用这种方法传递过去。当然，在网页之间传递数据其实还有许多方法，比如使用 Session 和 Cookie，大家可以自己去尝试。

下面再来看更新记录执行程序。

清单 8-9　update.asp　更新记录执行程序

```
<%
'只要有姓名和电话，就更新记录，否则给出错误信息
If Request.Form("txtName")<>"" And Request.Form("txtTel")<>"" Then
    '以下获取提交的表单数据
    Dim ID,strName,strSex,intAge,strTel,strEmail,strIntro  '声明几个变量
    ID=Request.Form("txtID")                               '获取隐藏文本框传递过来的ID值
    strName=Request.Form("txtName")                        '获取姓名
    strSex=Request.Form("rdoSex")                          '获取性别
```

```
    If Request.Form("txtAge")<>"" Then                          '获取年龄
        intAge=Request.Form("txtAge")
    Else
        intAge=0
    End If
    strTel=Request.Form("txtTel")                               '获取电话
    strEmail=Request.Form("txtEmail")                           '获取E-mail
    strIntro=Request.Form("txtIntro")                           '获取个人简介
    '以下连接数据库，建立一个Connection对象实例conn
    Dim conn,strConn
    Set conn=Server.CreateObject("ADODB.Connection")
    strConn="Provider=Microsoft.Jet.OLEDB.4.0;Data Source=" & Server.MapPath("address.mdb")
    conn.Open strConn
    '下面利用Execute方法更新记录，注意更新条件为隐藏文本框传过来的ID值
    Dim strSql
    strSql="Update tbAddress Set strName='" & strName & "',strSex='" & strSex & "',intAge=" &
    intAge & ",strTel='" & strTel & "',strEmail='" & strEmail & "',strIntro='" & strIntro & "' Where
    ID=" & ID
    conn.Execute(strSql)
    '更新完毕，重定向回首页
    Response.Redirect "index.asp"
Else
    Response.Write "姓名和电话必须填写"
    Response.Write "<a href='index.asp'>重新填写</a>"
End If
%>
```

在图8-8所示的更新表单中修改完毕后，单击【确定】按钮就会执行本程序，更新记录后会重定向到首页。程序运行结果图略。

程序说明

① 更新记录和 8.3.2 节的添加记录非常相似，不过这里使用的是 Update 语句。

② 要特别注意会获取隐藏文本框传递过来的 ID 值，并以此为条件更新相应记录。

8.4　本章小结

存取数据库是 ASP 中最重要也是最难学的内容。本章大致分为两部分：在 8.2 节中简单介绍了存取数据库的一般流程，重在体会连接数据库、查询记录、添加记录、删除记录和更新记录的基本语法和流程；而在 8.3 节中按照开发程序的一般方法进一步介绍了存取

数据库的方法。

存取数据库的难点主要是数据库连接字符串和 SQL 字符串的写法。在学习过程中，大家要牢记以下几点：连接运算符&会把两边的操作数都转化为字符串并连接到一起；文本字段值两边加引号，日期字段值两边加#号；如果发生引号嵌套，要将内层的双引号变为单引号。

本章中还有一个难点，就是更新记录时需要先读取记录，修改后再更新记录。大家要注意该过程中数据的显示与传递。

学完本章基本上就可以应付一般的数据库开发任务，第 9 章将继续学习数据库的一些更复杂的操作。

习题 8

1. 选择题（可多选）

（1）就 8.2 节示例而言，下面（　　）数据库连接字符串是正确的。

A．"Dsn=address"

B．"Driver={Microsoft Access Driver (*.mdb)};Dbq=" & Server.MapPath("address.mdb")

C．"Driver={Microsoft Access Driver (*.mdb)};Dbq=" & Server.MapPath("/asptemp/chapter8/address.mdb")

D．"Provider=Microsoft.Jet.OLEDB.4.0;Data Source=" & Server.MapPath("/asptemp/chapter8/address.mdb")

（2）在 8-1.asp 中，如果要查询 thedate（时间变量）以后添加的记录，SQL 字符串应为（　　）。

A．"Select * From tbAddress Where dtmSubmit>#thedate# "

B．"Select * From tbAddress Where dtmSubmit>#" & thedate & "# "

C．"Select * From tbAddress Where dtmSubmit>" & #thedate# & "

D．"Select * From tbAddress Where dtmSubmit>" & thedate

（3）在 8-1.asp 中，如果要查询年龄大于 theAge（数值变量）的人员，SQL 字符串应该为（　　）。

A．"Select * From tbAddress Where intAge>theAge"

B．"Select * From tbAddress Where intAge>'" & theAge & "'"

C．"Select * From tbAddress Where intAge>" & 'theAge' & "

D．"Select * From tbAddress Where intAge>" & theAge

（4）就本章示例而言，下面（　　）语句可以正确执行。

（其中 theName="卢红"　theAge=22　theDate=#2021-8-8#）

A．"Select * From tbAddress Where strName=" & theName

B．"Select strName,intAge From tbAddress where strName='" & theName & "'"

C．"Select * From tbAddress Where intAge<theAge"

D．"Select * From tbAddress Where dtmSubmit>#theDate#"

（5）就本章示例而言，下面（　　）语句可以正确添加记录。

（其中 theName="卢红"　theAge=22　theIntro=""）

A．"Insert Into tbAddress(strName,intAge,strIntro) Values('theName',theAge,'theIntro')"

B．"Insert Into tbAddress(strName,intAge,strIntro) Values('" & theName & "'," & theAge & ",'" & theIntro & "')"

C．"Insert Into tbAddress(strName,intAge,strIntro) Values(" & theName & "," & theAge & "," & theIntro & ")"

D．"Insert Into tbAddress(strName,intAge,strIntro) Values('" & theName & "', '" & theAge & "','" & theIntro & "')"

（6）就本章示例而言，下面（　　）语句可以正确更新记录。

（其中 theName="卢红"　theAge=22　theIntro=""　theID=5）

A．"Update tbAddress Set strName='theName', intAge=theAge,strIntro='theIntro' Where ID=theID"

B．"Update tbAddress Set strName='" & theName & "', intAge=" & theAge & ",strIntro='" & theIntro & "' Where ID=" & theID

C．"Update tbAddress Set strName='" & theName & "', intAge='" & theAge & "',strIntro='" & theIntro & "' Where ID=" & theID

D．"Update tbAddress Set strName=" & theName & ", intAge=" & theAge & ",strIntro=" & theIntro & " Where ID=" & theID

（7）就本章示例而言，下面（　　）语句可以正确执行。（其中' '表示空字符串）

A．"Update tbAddress Set strName='卢红', intAge=0,strIntro=' ' Where ID=5"

B．"Update tbAddress Set strName='卢红', intAge=0,strIntro=NULL Where ID=5"

C．"Insert Into tbAddress(intAge,strIntro) Values(0,NULL)"

D．"Insert Into tbAddress(intAge,strIntro) Values(0, ' ')"

2. 问答题

（1）某程序可以显示记录，但不能更新记录，请问可能是什么原因？

（2）请您针对本章例子列出各种可能的数据库连接字符串。

（3）请问一次操作分别可以查询、添加、删除、修改多少条记录？

（4）请问在更新记录时还有哪些方法可以将 ID 字段值传递过去？

（5）请问在 8.3.4 节的 update.asp 中为什么不可以用 Request.QueryString 获取首页传过来的 ID？

（6）请问在 8.3.1 节的 index.asp 中为什么要将 ID 字段值传递到删除和更新页面中？传递别的字段值（比如姓名）是否可以？

3. 实践题

（1）请结合自己的操作系统设置数据库文件 address.mdb 的权限。

（2）请利用数据库在首页开发一个计数器（提示：每次访问该页面就读取数据库中的访问次数，然后再更新记录即可）。

（3）请参照示例开发一个简单的留言板程序，可以查看、添加、删除和更新留言（提示：在显示留言时不必按照本章中表格的样式，可以按照一般的留言板样式）。

（4）请参考 8.3.2 节最后的程序说明练习调试 SQL 字符串错误的方法。

（5）（选做题）请将 8.3.4 节更新记录的两个文件合并成一个文件。

（6）（选做题）在 8.3.2 节的例子中，如果用户在文本框中输入了英文的单引号，就会和 SQL 语句中的单引号冲突，程序就会报错。请自己尝试解决该问题（提示：可以用 Replace 函数将用户填写的信息中的单引号替换为连续两个单引号）。

第 9 章　深入进行数据库编程

本章要点

☑ 了解 ADO 的几大内部对象：Connection 对象、Recordset 对象、Command 对象的概念和相互关系
☑ 会排序显示数据、查找数据、链接到详细页、使用事务处理
☑ 会使用参数查询和非参数查询
☑ 会分页显示数据、添加不完整的记录
☑ 会对多个表进行组合查询
☑ 掌握连接 SQL Server 数据库的语句

9.1　ADO 的内部对象

第 8 章介绍了存取数据库的基本方法，好像只利用 Connection 对象的 Execute 方法就把全部功能都完成了。但事实上，ADO 还包括很多对象和子对象，有大量的属性和方法。如果系统掌握了这些属性和方法，就能够完成更多、更高级的功能。

ADO 的主要对象有 3 个，分别为 Connection、Command 和 Recordset，3 个对象的主要功能如表 9-1 所示。

表 9-1　ADO 的 3 个对象及其主要功能

对　象	说　明
Connection	用来建立与数据库的连接
Command	用来对数据库执行命令，如查询、添加、删除、修改记录等命令
Recordset	用来得到从数据库返回的记录集

Connection 对象又称连接对象，主要用来建立与数据库的连接。只有建立连接后，才能利用 Command 对象和 Recordset 对象来对数据库进行各种操作。

Command 对象又称命令对象，是对数据库执行命令的对象，它可以执行对数据库查询、添加、删除、更新记录等操作。当然，在第 8 章中讲过利用 Connection 对象的 Execute 方法也可以进行查询、添加、删除、更新记录等操作，并且这还是一种常用的方法。但是，该方法与利用 Command 对象相比有一定的局限性。

Recordset 对象又称记录集对象，是最主要的对象。当用 Command 对象或 Connection 对象执行查询命令后，就会返回一个记录集对象，该记录集包含满足条件的所有记录。在 9.4.3 节还可以看到，利用 Recordset 对象也可以添加、删除或修改记录。

这 3 个对象看起来逻辑关系还是比较简单的，利用 Connection 对象和数据库建立连接，然后用 Command 对象执行命令，最后在返回的 Recordset 对象中具体操作。但是，由于对

象可以省略使用，而且功能又有交叉，所以还是比较复杂的。

图 9-1 是这 3 个对象的示意图，其中 Error 对象（错误对象）是 Connection 对象的一个子对象；Parameter 对象（参数对象）是 Command 对象的一个子对象；Field 对象（字段对象）是 Recordset 对象的一个子对象。

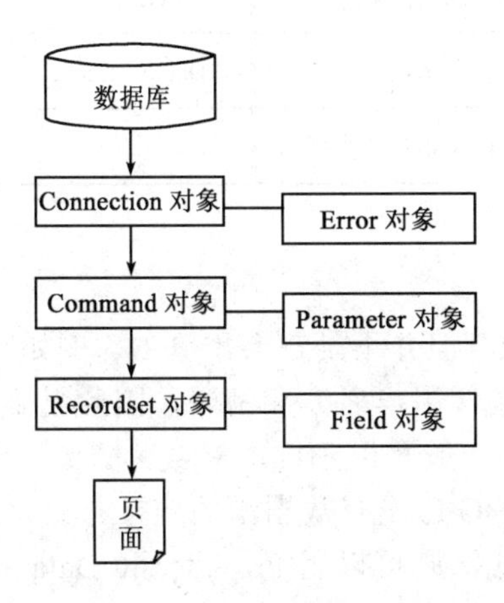

图 9-1　ADO 的对象示意图

9.2　Connection 对象

该对象主要用来建立和数据库的连接，在第 8 章已经看到，利用它的 Execute 方法就可以完成查询、添加、删除和更新记录的操作。虽然与利用 Command 对象和 Recordset 对象相比，Connection 对象在查询、添加和更新记录方面有一定的局限性，但是它确实是 ASP 编程中最常用的方法。本节继续介绍该对象的更多功能。

本章将第 7 章建立的数据库 address.mdb 复制到了 chapter9 文件夹下，并为其建立了数据源 address2。后面示例中如无特别说明，均使用该数据库文件。

9.2.1　建立 Connection 对象

在 8.2.3 节已经讲解了各种建立 Connection 对象的具体例子，本节再来简单回顾一下。

使用 Connection 对象之前，首先要建立该对象。语法如下：

Set Connection 对象实例=Server.CreateObject("ADODB.Connection")

不过这一句只是建立了一个对象实例，还需要利用 Connection 对象的 Open 方法才能真正建立与数据库的连接。语法如下：

Connection 对象实例.Open string

其中 string 是数据库连接字符串，形式如：

"参数 1=参数 1 的值; 参数 2=参数 2 的值; ..."

其中参数的意义如表 9-2 所示。

表 9-2　数据库连接字符串中各参数及其说明

参　数	说　明	参　数	说　明
Dsn	ODBC 数据源名称	Dbq	数据库的物理路径
User	数据库登录用户名	Provider	OLE DB 数据提供者
Password	数据库登录密码	Data Source	数据库的物理路径
Driver	数据库的驱动程序类型		

说明
① 表 9-2 提供了很多参数，但并不是都会用到的。例如，一般用到的 Access 数据库没有设置数据库登录账号（用户名）和密码，因此就不用写 User 和 Password 两项。
② 采用不同的连接方式，一般是用不同的参数，例如，基于 ODBC 数据源的连接方式就用 Dsn；而基于 ODBC 但没有数据源的连接方式，就可以用 Dbq 和 Driver；而基于 OLE DB 的连接方式，则可以用 Provider 和 Data Source。
③ 如果用到两个以上参数，中间用分号隔开，顺序没有关系。

下面不再详细举例，只是给出常用的数据库连接字符串的形式：

① 基于 ODBC 数据源的连接方式：

"Dsn=address2"

② 基于 ODBC 数据源的连接方式的省略方式：

"address2"

③ 基于 ODBC 但是没有数据源的连接方式：

"Driver={Microsoft Access Driver (*.mdb)};
Dbq=C:\Inetpub\wwwroot\asptemp\chapter9\address.mdb"

说明：这实际上是一行，因为写不下，换行了。

④ 基于 ODBC 但是没有数据源的连接方式（使用 Server.MapPath 转换路径）：

"Driver={Microsoft Access Driver (*.mdb)};Dbq=" & Server.MapPath("address.mdb")

⑤ 基于 OLE DB 的连接方式：

"Provider=Microsoft.Jet.OLEDB.4.0;
Data Source=C:\Inetpub\wwwroot\asptemp\chapter9\address.mdb"

⑥ 基于 OLE DB 的连接方式（使用 Server.MapPath 转换路径）：

"Provider=Microsoft.Jet.OLEDB.4.0;Data Source=" & Server.MapPath("address.mdb")

以上 6 种连接方式都存放在 chapter9 下的 connection.asp 中，以备大家复制使用。

9.2.2　Connection 对象的属性和方法

Connection 对象常用的属性和方法分别如表 9-3、表 9-4 所示。

表 9-3 Connection 对象的常用属性

属 性	说 明	示 例
ConnectionTimeOut	读/写。设置或返回 Open 方法的最长执行时间。默认为 15 秒，如为 0，表示无时间限制	conn.ConnectionTimeOut=30 设置最长连接时间为 30 秒
CommandTimeOut	读/写。设置或返回 Execute 方法的最长执行时间。默认为 30 秒，如为 0，则无时间限制	conn.CommandTimeOut=60 设置最长执行时间为 60 秒
ConnectionString	读/写。设置或返回数据库连接字符串	conn.ConnectionString="Dsn=address2" 设置数据库连接字符串为数据源 address2
Provider	读/写。设置或返回数据库的 OLE DB 提供者	conn.Provider="Microsoft.Jet.OLEDB.4.0"
Mode	读/写。设置或返回连接数据库的权限，取值见表 9-5	conn.Mode=1，设置打开的数据库为只读
DefaultDatabase	读/写。当连接多个数据库时设置或返回默认数据库名称	conn.DefaultDatabase="address.mdb"
Version	只读。返回 ADO 对象的版本信息	strA=conn.Version，返回 ADO 版本

表 9-4 Connection 对象的常用方法

方 法	说 明	示 例
Open	建立与数据库的连接	conn.Open "Dsn=address2"
Close	关闭与数据库的连接	conn.Close
Execute	执行数据库查询等操作	Set rs=conn.Execute("Select * From tbAddress") conn.Execute("Delete From tbAddress")
BeginTrans	开始事务处理	conn.BeginTrans
CommitTrans	提交事务处理结果	conn.CommitTrans
RollbackTrans	取消事务处理结果	conn.RollbackTrans

表 9-5 Mode 属性的取值和说明

常 量	整 数 值	说 明
AdModeUnknown	0	未定义
AdModeRead	1	权限为只读
AdModeWrite	2	权限为只写
AdModeReadWrite	3	权限为可读可写

下面讲述较为常用的属性和方法。

（1）ConnectionTimeOut、CommandTimeOut 属性

这两个属性分别用于设置Connection对象的Open方法和Execute方法的最长执行时间，类似于 Server 对象的 ScriptTimeOut 属性。

这两个属性的使用比较简单，具体见表 9-3，通常情况下不需要设置。

（2）ConnectionString、Provider、Mode 属性

这几个属性通常用来设置数据库连接信息或连接权限等。

其中 ConnectionString 属性用于指定数据库连接字符串，这样就不需要在 Open 方法中指定了，如：

```
<%
conn.ConnectionString= "Dsn=address2"
conn.Open
%>
```

Provider 属性用于指定 OLE DB 提供者，这样也就不需要在 Open 方法中指定了，如：

```
<%
conn.Provider="Microsoft.Jet.OLEDB.4.0"
conn.Open "Data Source=C:\Inetpub\wwwroot\asptemp\chapter9\address.mdb"
%>
```

Mode 属性用来设置连接数据库的权限，利用该属性就可以在打开数据库时限制数据库的连接方式，比如只读或只写。Mode 属性值见表 9-5，默认为 3，表示可读可写。比如：

```
<%
conn.Mode=1                                '设置打开的数据库是只读的
conn.Open "Dsn=address2"
%>
```

说明：在打开数据库前，设置了Mode属性为只读。现在只能读取该数据库记录，而不能添加、删除或更新记录。适当使用该属性，有助于提高数据库的安全性。

（3）Open、Close 方法

Open 方法用来建立与数据库的连接，这里不再赘述。

Close 方法用来关闭一个已打开的 Connection 对象及其相关的各种对象。关闭 Connection 对象后，所有依赖该 Connection 对象的 Command 和 Recordset 对象也将立即被关闭。用法如下：

```
<%
conn.Close                                 '关闭与数据库的连接
Set conn=Nothing                           '从内存中彻底清除该对象变量 conn
%>
```

说明：其实也可以不用该方法关闭对象，因为当一个页面执行完毕后，Connection 对象会自动关闭。不过养成使用完毕主动关闭的习惯还是很好的。

（4）Execute 方法

该方法用来执行数据库查询，在第 8 章中，大家已经看到了利用该方法可以完成查询、添加、更新和删除记录的功能。

不过，在更新和删除记录的时候，还可以添加一个参数，用来返回此次操作影响的记录数目。请看下面的例子：

```
<%
strSql="Delete From tbAddress Where strName='李玫'"
conn.Execute strSql,number
Response.Write "共删除" & number & "条记录"
%>
```

说明：请注意此时Execute方法不需要使用括号。

（5）BeginTrans、CommitTrans、RollbackTrans 方法

这 3 个方法都是用于事务处理的。所谓事务处理，简单地说，就是所有的数据库操作都可以看作事务处理。当开始一个事务处理后，就打开 Web 页面与数据库的事务处理通道，此时可以更新数据库内容，但是更新结果并不马上真正反映到数据库中。只有在提交事务处理结果后，数据库的内容才能被真正更新，否则所有的操作都无效。

其中 BeginTrans 方法用于开始一个事务处理；CommitTrans 方法用于提交事务处理结果，只有执行该方法后，才将结束事务处理通道并且真正更新数据库的内容；RollbackTrans 用于取消事务处理结果，执行该方法后，将结束事务处理通道并且取消当前事务处理中的任何更新操作。9.2.6 节中将举例详细说明。

9.2.3　排序显示数据

许多时候都需要将查询到的记录按某个字段排序，这一点并不难，只要在 Select 语句中用 Order By 就可以实现按字段排序了。许多网站有这样的效果，单击表格中某一列的标题就可以按相应的字段排序了，下面就来实现这样的效果。

本示例的中心思想是给列标题添加超链接；单击该超链接会重新打开本页面，并将排序字段名称附加在查询字符串中传递过来；然后在 Select 语句中就可以按该字段排序了。下面请看具体代码。

清单 9-1　9-1.asp　排序显示数据

```
<html>
<body>
    <h2 align="center">排序显示数据示例</h2>
    <%
    '首先获取传递过来的排序字段名称
    Dim strField
    If Request.QueryString("varField")="" Then
        strField="strName"                              '如果为空，就默认按姓名字段排序
```

```
Else
    strField=Request.QueryString("varField")        '如果不为空，就按相应字段排序
End If
'以下连接数据库，建立一个 Connection 对象实例 conn
Dim conn,strConn
Set conn=Server.CreateObject("ADODB.Connection")
strConn="Provider=Microsoft.Jet.OLEDB.4.0;Data Source=" & Server.MapPath("address.mdb")
conn.Open strConn
'以下建立记录集，建立一个 RecordSet 对象实例 rs
Dim rs,strSql
strSql="Select * From tbAddress Order By " & strField            '按指定字段排序
Set rs=conn.Execute(strSql)
'以下利用表格显示记录集中的记录
%>
<table border="1" width="100%" >
    <tr bgcolor="#E0E0E0">
        <th><a href="9-1.asp?varField=strName">姓名</a></th>
        <th><a href="9-1.asp?varField=strSex">性别</a></th>
        <th><a href="9-1.asp?varField=intAge">年龄</a></th>
        <th><a href="9-1.asp?varField=strTel">电话</a></th>
        <th><a href="9-1.asp?varField=strEmail">E-mail</a></th>
        <th><a href="9-1.asp?varField=strIntro">简介</a></th>
        <th><a href="9-1.asp?varField=dtmSubmit">添加日期</a></th>
    </tr>
    <%
    Do While Not rs.Eof                             '只要不是结尾就执行循环
    %>
        <tr>
            <td><%=rs("strName")%></td>
            <td><%=rs("strSex")%></td>
            <td><%=rs("intAge")%></td>
            <td><%=rs("strTel")%></td>
            <td><a href="mailto:<%=rs("strEmail")%>"><%=rs("strEmail")%></a></td>
            <td><%=rs("strIntro")%></td>
            <td><%=rs("dtmSubmit")%></td>
        </tr>
    <%
        rs.MoveNext                                 '将记录指针移动到下一条记录
    Loop
```

```
        %>
    </table>
</body>
</html>
```

程序运行结果如图 9-2 所示。

排序显示数据示例

姓名	性别	年龄	电话	E-mail	简介	添加日期
丁一岚	女	21	4343212	ding@263.net	湖南朋友	2021/8/2
冯一楠	女	19	8234332	feng@hotmail.com	物理系同学	2021/8/3
胡鹏	男	22	5333221	hupeng@371.net	数学系朋友	2021/8/3
胡如云	女	23	6321117	huruyun@126.com	喜欢画画	2021/7/12
李丁	男	19	8234321	li@hotmail.com	喜欢音乐	2021/7/13
李龙	男	18	5332213	lilong@msn.com	艺术系同学	2021/8/1
李若鹏	男	26	8123221	lirp@souhu.com.cn	北京大学学生	2021/7/1
许嫣然	女	21	43433212	xu@163.net	中文系同学	2021/8/6
张杰	男	18	5342613	zhang@msn.com	化学系同学	2021/8/4
赵敏	女	24	6123212	zhaomin@sina.com.cn	南京朋友	2021/7/1

图 9-2　程序 9-1.asp 运行结果（排序显示数据）

程序说明

① 与 8-1.asp 相比，在表格部分只是给每个标题添加了链接到自身的超链接，并将相应的字段名称传递了过去，如“<a href="9-1.asp?varField=strName">姓名</a>”。

② 要注意获取排序字段的语句，因为第一次打开本页面时 Request.QueryString ("varField")="",所以此时默认按姓名字段 strName 排列。

9.2.4　查找数据

许多网站都有查找数据的页面，可以按照一个或多个字段查找符合条件的数据。下面就来制作一个按照姓名字段查找人员的例子。

本示例的中心思想是利用表单输入姓名，然后在 Select 语句中利用 Where 条件进行模糊查找。下面请看具体代码。

清单 9-2　9-2.asp　查找数据

```
<html>
<body>
<h2 align="center">查找记录示例</h2>
<form name="frmSearch" method="POST" action="">
    请输入要查找的姓名：<input type="text" name="txtName">
    <input type="submit" name="btnSubmit" value=" 确 定 ">
</form>
```

```
<%
If Request.Form("txtName")<>"" Then
    '以下连接数据库，建立一个 Connection 对象实例 conn
    Dim conn,strConn
    Set conn=Server.CreateObject("ADODB.Connection")
    strConn="Provider=Microsoft.Jet.OLEDB.4.0;Data Source=" & Server.MapPath("address.mdb")
    conn.Open strConn
    '以下建立一个 RecordSet 对象实例 rs。注意 Select 语句中要用到提交的姓名
    Dim rs,strSql
    strSql="Select * From tbAddress Where strName Like '%" & Request.Form("txtName") & "%'"
    Set rs=conn.Execute(strSql)
    '以下利用表格显示查找到的记录
    %>
    <table border="1" width="100%" >
        <tr bgcolor="#E0E0E0">
            <th>姓名</th><th>性别</th><th>年龄</th><th>电话</th><th>E-mail</th>
            <th>简介</th><th>添加日期</th>
        </tr>
        <%
        Do While Not rs.Eof                              '只要不是结尾就执行循环
        %>
            <tr>
                <td><%=rs("strName")%></td>
                <td><%=rs("strSex")%></td>
                <td><%=rs("intAge")%></td>
                <td><%=rs("strTel")%></td>
                <td><a href="mailto:<%=rs("strEmail")%>"><%=rs("strEmail")%></a></td>
                <td><%=rs("strIntro")%></td>
                <td><%=rs("dtmSubmit")%></td>
            </tr>
        <%
            rs.MoveNext                                  '将记录指针移动到下一条记录
        Loop
        %>
    </table>
<%End If%>
</body>
</html>
```

程序运行结果如图 9-3 所示，其中输入的内容是“一”。

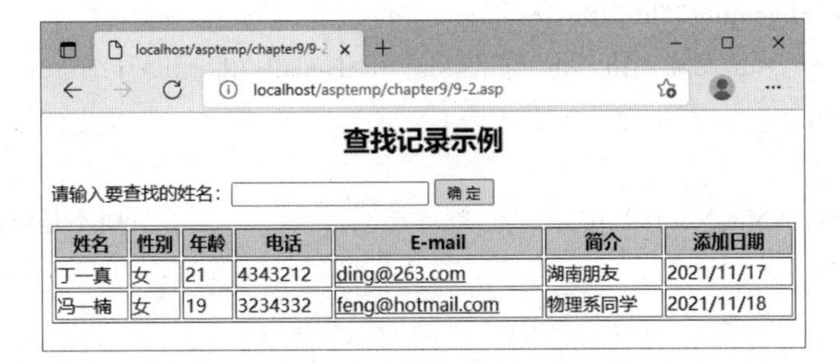

图 9-3　程序 9-2.asp 运行结果（查找数据）

程序说明

① 与 8-1.asp 相比，本例主要是增加了一个表单，另外在 Select 语句中增加了 Where 条件，其中使用 Like 运算符实现了模糊查找。

② 当在表单中输入“一”并提交表单后，最后的 SQL 字符串实际为：

"Select * From tbAddress Where strName Like '%一%'"

这样就可以查找出所有姓名中含有“一”的人员了。

9.2.5　链接到详细页面

如果一个数据表中含有很多字段都显示在页面中，就会有很多列，看起来不太方便和美观。通常的做法是只显示若干重要字段，然后单击一个“详细”超链接，就可以打开一个详细页面，在详细页面中可以显示所有字段内容。

下面先来看主页面，其中显示了部分字段，并增加了“详细”超链接。

清单 9-3　9-3.asp　链接到详细页面

```
<html>
<body>
    <h2 align="center">通信录</h2>
    <%
    '以下连接数据库，建立一个 Connection 对象实例 conn
    Dim conn,strConn
    Set conn=Server.CreateObject("ADODB.Connection")
    strConn="Provider=Microsoft.Jet.OLEDB.4.0;Data Source=" & Server.MapPath("address.mdb")
    conn.Open strConn
    '以下建立记录集，建立一个 RecordSet 对象实例 rs
    Dim rs,strSql
    strSql="Select * From tbAddress Order By ID DESC"        '按自动编号字段降序排列
    Set rs=conn.Execute(strSql)
    '以下利用表格显示记录集中的记录
    %>
```

```
    <table border="1" width="100%" >
        <tr bgcolor="#E0E0E0">
            <th>姓名</th><th>电话</th><th>E-mail</th><th>详细</th>
        </tr>
        <%
        Do While Not rs.Eof                                    '只要不是结尾就执行循环
        %>
            <tr>
                <td><%=rs("strName")%></td>
                <td><%=rs("strTel")%></td>
                <td><a href="mailto:<%=rs("strEmail")%>"><%=rs("strEmail")%></a></td>
                <td><a href="9-4.asp?ID=<%=rs("ID")%>" target="_blank">详细</a></td>
            </tr>
        <%
            rs.MoveNext                                        '将记录指针移动到下一条记录
        Loop
        %>
    </table>
</body>
</html>
```

程序运行结果如图 9-4 所示。

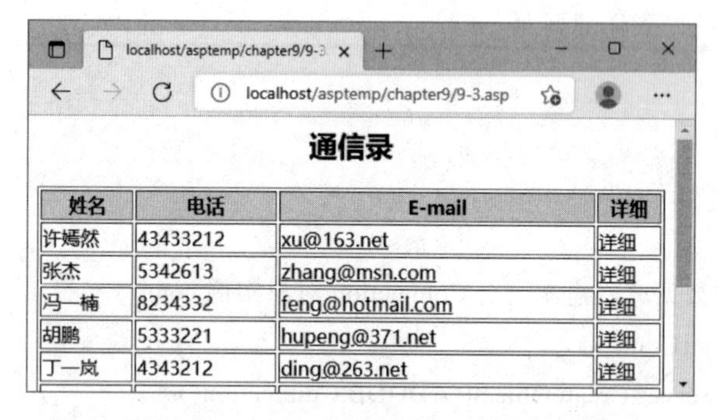

图 9-4　程序 9-3.asp 运行结果（链接到详细页）

在图 9-4 中单击“详细”超链接，就会打开详细页面，在其中就可以根据传递过来的 ID 值显示相应记录的详细信息，请看具体代码。

清单 9-4　9-4.asp　详细页面

```
<html>
<body>
    <h2 align="center">详细页面</h2>
```

```
	<%
	'以下连接数据库，建立一个 Connection 对象实例 conn
	Dim conn,strConn
	Set conn=Server.CreateObject("ADODB.Connection")
	strConn="Provider=Microsoft.Jet.OLEDB.4.0;Data Source=" & Server.MapPath("address.mdb")
	conn.Open strConn
	'以下建立一个 RecordSet 对象实例 rs，注意要用到传递过来的 ID 值
	Dim rs,strSql
	strSql="Select * From tbAddress Where ID=" & Request.QueryString("ID")
	Set rs=conn.Execute(strSql)
	'以下显示查找的数据
	Response.Write "<br>姓名：" & rs("strName")
	Response.Write "<br>性别：" & rs("strSex")
	Response.Write "<br>年龄：" & rs("intAge")
	Response.Write "<br>电话：" & rs("strTel")
	Response.Write "<br>E-mail：" & rs("strEmail")
	Response.Write "<br>简介：" & rs("strIntro")
	Response.Write "<br>添加日期：" & rs("dtmSubmit")
	%>
	<p align="center"><a href="#" onclick="window.close()">关闭窗口</a>
</body>
</html>
```

程序运行结果如图 9-5 所示。

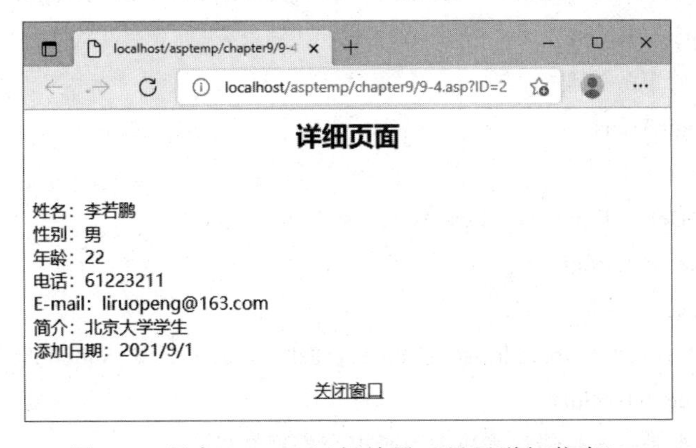

图 9-5　程序 9-4.asp 运行结果（显示详细信息）

程序说明

① 因为在详细页面的记录集中只有一条记录，因此不需要用循环语句。

② 请注意“<a href="#" onclick="window.close()">关闭窗口</a>”，这里其实用了在客户端运行的 VBScript 语句，单击该超链接就可以立即关闭该窗口。

9.2.6　事务处理

为什么要引入事务处理呢？对于一般的程序，其实不用事务处理也没关系，发生错误后大不了重新来一次，可是对于银行等机构，是绝对不允许出现错误的。举一个常见的例子：银行在进行转账操作时，现在要将甲账户的 2 000 元钱转到乙账户中，一般分两步操作，先从甲的账户去掉 2 000 元，然后在乙的账户增加 2 000 元。假如第一步执行完毕后突然发生意外，第二步无法正确执行，那样岂不是甲的钱少了，而乙的钱又没有增加。解决问题的办法是这两步操作必须都正确执行，如果有一步不能正确执行，就都不执行，形象地说是“同生共死”。

而 BeginTrans、CommitTrans 和 RollbackTrans 方法就是来解决这个问题的。当利用 BeginTrans 开始一个事务处理后，此后的所有更新都是暂时的，只有利用 CommitTrans 提交事务处理结果后，才真正更新数据库中的信息。如果中间发生错误，没有提交事务处理结果，则所有的更新都无效。

事务处理的使用很简单，下面举例说明。

清单 9-5　9-5.asp　事务处理

```
<html>
<body>
    <h2 align="center">事务处理用法示例</h2>
    <%
    On Error Resume Next                              '如果发生错误，跳过执行下一句
    '以下连接数据库，建立一个 Connection 对象实例 conn
    Dim conn,strConn
    Set conn=Server.CreateObject("ADODB.Connection")
    strConn="Provider=Microsoft.Jet.OLEDB.4.0;Data Source=" & Server.MapPath("address.mdb")
    conn.Open strConn
    '下面开始事务处理
    conn.BeginTrans
    '删除记录
    strSql="Delete From tbAddress Where strName='李玫'"
    conn.Execute(strSql)
    '添加记录
    strSql="Insert Into tbAddress(strName,strTel) Values('李玫','88888888')"
    conn.Execute(strSql)
    '下面根据是否发生错误来决定是否提交处理结果
    If  conn.Errors.Count=0 Then
        conn.CommitTrans                              '如果无错误，就提交事务处理结果
        Response.Write "成功执行"
    Else
        conn.RollbackTrans                            '如果有错误，就取消事务处理结果
```

```
            Response.Write "有错误发生，取消处理结果"
        End If
        %>
</body>
</html>
```

程序说明

①“On Error Resume Next”语句表示如果发生错误，就跳过继续执行下一句。如果没有这一句，则会在发生错误处终止程序，并会显示错误信息。

② 开始事务处理后，先删除记录，再添加记录，利用事务处理确保两项操作均正确执行。如果发生错误，则取消；否则，则提交结果。

③ conn.Errors.Count 会返回发生错误的数目，如果没有错误发生，其值等于 0，否则其值大于 0。根据这个条件就可以来决定是否提交事务处理结果。

9.2.7　Error 对象和 Errors 集合

在以前开发程序的时候，我们没有特意处理过程序的错误，而在 ADO 存取数据库时，经常会发生错误。当然，在程序调试期间出现错误是没有什么大问题的，可以改正。但如果程序已经发布到网上，还经常在客户端显示错误信息就不太好了。此时应该在程序里根据不同的错误，进行相应的处理，并在客户端显示相应的信息，这才是比较良好、稳定的程序。

要对错误进行处理，就要用到 Error 对象，它又称为错误对象，是 Connection 对象的子对象。在数据库程序运行时，一个错误就是一个 Error 对象，所有的 Error 对象就组成了 Errors 集合，又称错误集合。

这里再简单介绍一下对象和集合的关系。对象的例子在第 4 章开头讲过，一辆汽车就是一个对象，它有它的属性和方法，比如颜色和速度等。而许多辆汽车就构成了一个集合，集合也有它的属性和方法，比如汽车总数就是一个属性，将其中一辆车从这个集合中去掉，或者将另外的一辆车加进来，就是它的方法。

1. Errors 集合的属性和方法

Errors 集合常用的属性和方法如表 9-6 所示。

表 9-6　Errors 集合常用的属性和方法

属性/方法	说　明	示　例
Count 属性	只读。用于返回 Errors 集合中 Error 对象的数目	intA=conn.Errors.Count
Item 方法	用来获取集合中某个 Error 对象，括号中参数为 Error 对象的索引，从 0 开始	Set objErr=conn.Errors.Item(0)
Clear 方法	清除 Errors 集合中所有 Error 对象	conn.Errors.Clear

下面分别讲述。

（1）Count 属性

该属性用于返回 Errors 集合中 Error 对象的数目。语法为：

Connection 对象实例.Errors.Count

该属性的用处非常大，有时读者并不关心发生了什么错误，只想知道是否有错误发生。这时就可以判断如果该属性值大于 0，就表示发生错误了，否则表示未发生错误。

（2）Item 方法

Errors 集合中包含了多个错误对象，而利用 Item 方法就可以建立每一个错误对象的实例。语法为：

Set Error 对象实例= Connection 对象实例.Errors.Item(index)

其实 Item 方法也可以省略，如：

Set Error 对象实例= Connection 对象实例.Errors (index)

其中，index 表示错误索引值，根据错误先后顺序排列，从 0 到 Errors.Count-1。

（3）Clear 方法

该方法用来清除 Errors 集合中所有 Error 的对象。语法很简单：

Connection 对象实例.Errors.Clear

2. Error 对象的属性

Error 对象的常用属性如表 9-7 所示，这些属性说明了错误描述、错误产生的原因等。

表 9-7　Error 对象的常用属性

属　　性	说　　明
Number	只读。错误编号
Description	只读。错误描述
Source	只读。发生错误的原因
HelpContext	只读。错误的帮助提示文字
HelpFile	只读。错误的帮助提示文件
NativeError	只读。数据库服务器产生的原始错误

下面就举一个例子，综合说明 Erros 集合和 Error 对象的用法。

为了让本示例发生错误，故意使用一个不存在的数据源名称 temp9。

清单 9-6　9-6.asp　Error 对象和 Errors 集合示例

```
<html>
<body>
    <h2 align="center"> Error 对象和 Errors 集合示例</h2>
    <%
    On Error Resume Next                    '如果发生错误，跳过执行下一句
    '以下连接数据库，建立一个 Connection 对象实例 conn
```

```
        Dim conn
        Set conn=Server.CreateObject("ADODB.Connection")
        conn.Open "Dsn=temp9"                              '故意给一个错误的数据源
        '下面利用循环输出所有的错误对象的属性
        Dim I,objErr                                       'I 是循环变量，objErr 是错误对象变量
        For I =0 To conn.Errors.Count-1
            Set objErr=conn.Errors.Item(I)                 '建立错误对象实例 objErr
            Response.Write "<br>错误编号：" & objErr.Number
            Response.Write "<br>错误描述：" & objErr.Description
            Response.Write "<br>错误原因：" & objErr.Source
            Response.Write "<br>提示文字：" & objErr.HelpContext
            Response.Write "<br>帮助文件：" & objErr.HelpFile
            Response.Write "<br>原始错误：" & objErr.NativeError
        Next
        %>
    </body>
</html>
```

程序运行结果如图 9-6 所示。

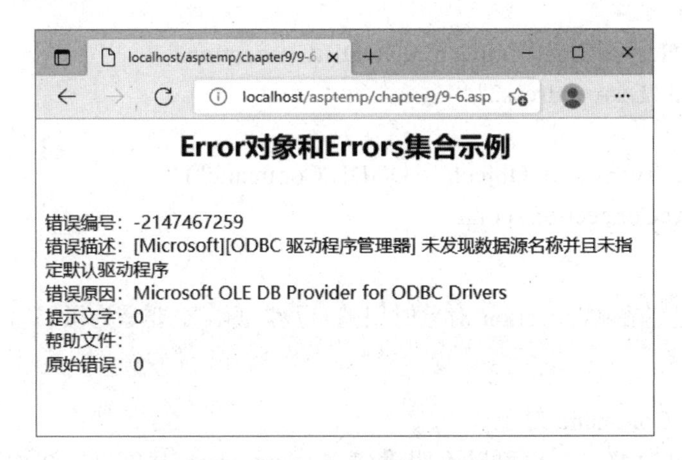

图 9-6　程序 9-6.asp 的运行结果

程序说明

① 本示例实际上只会产生 1 个错误，因此 conn.Errors.Count-1=0，且循环只会执行一次。而 Set objErr=conn.Errors.Item(I)语句也只执行一次，建立一个对象实例。

② 建立 Error 对象实例 objErr 后，就可以利用 Error 对象的属性输出错误描述和错误原因等。不过因为没有设置提示文字和帮助文件，所以都是空的。

③ 本示例只是简单地输出了错误信息，而在实际开发中应该根据错误给出相应的处理措施。

9.3　Command 对象

Command 对象又称命令对象，它是介于 Connection 对象和 Recordset 对象之间的一个对象，它主要通过传递 SQL 指令，对数据库提出查询、添加、删除、更新记录等操作请求，然后把得到的结果返给 Recordset 对象。

不过，因为 Connection 对象的 Execute 方法一样可以完成这些操作，所以 Command 对象在实际开发中用得不多。因此，本节只是将其在参数查询方面的作用做一详细介绍。

9.3.1　建立 Command 对象

建立 Command 对象很容易，语法如下：

Set Command 对象实例=Server.CreateObject("ADODB.Command")

不过，Command 对象是依赖于 Connection 对象的，因为它必须经过一个已经建立的 Connection 对象才能发出 SQL 指令。所以，还需要用 ActiveConnection 属性指定要利用的 Connection 对象实例，语法如下：

Command 对象实例.ActiveConnection=Connection 对象实例

下面举两种具体建立 Command 对象的例子。

（1）通过 Connection 对象建立 Command 对象

首先建立 Connection 对象实例，然后再建立 Command 对象实例。

```
<%
Dim conn
Set conn=Server.CreateObject("ADODB.Connection")
conn.Open "Dsn=address2"
Dim cmd
Set cmd=Server.CreateObject("ADODB.Command")
cmd.ActiveConnection=conn
%>
```

说明：这里建立 Connection 对象时用的是数据源，主要是为了书写简单，其他各种连接方式也是一样的。

（2）直接建立 Command 对象

建立 Command 对象前，也可以不明确建立 Connection 对象，方法如下：

```
<%
Dim cmd
Set cmd= Server.CreateObject("ADODB.Command")
cmd.ActiveConnection="Dsn=address2"
%>
```

说明：这里给ActiveConnection属性赋值为数据库连接字符串，也可以直接建立一个Command对象。不过，这样实际上还是要隐含地建立一个Connection对象，只是因为没有明确建立，所以无法使用Connection对象的许多功能。

以上两种建立方式都存放在 chapter9 下的 command.asp 中，以备大家复制使用。

9.3.2　Command 对象的属性和方法

Command 对象的常用属性和方法分别如表 9-8、表 9-9 所示。

表 9-8　Command 对象的常用属性

属　性	说　明	示　例
ActiveConnection	读/写。设置或返回 Command 对象通过哪个 Connection 对象对数据库操作	cmd.ActiveConnection=conn
CommandText	读/写。设置或返回数据库查询信息。可以是 SQL 语句、表名、查询名等	cmd.CommandText="tbAddress" cmd.CommandText="Select * From tbAddress"
CommandType	读/写。设置或返回数据查询信息的类型，取值如表 9-10 所示	cmd.CommandType=1 表示查询信息是 SQL 语句
CommandTimeout	读/写。设置或返回 Execute 方法的最长执行时间。默认为 30 秒，若为 0，则无时间限制	cmd.CommandTimeout=60 设置为 60 秒
Prepared	读/写。设置或返回数据查询信息是否要先行编译、存储。如果先编译了，下次访问时速度可以加快。取值为 True 或 False，默认为 False	cmd.Prepared=True 指定需要先编译、存储

表 9-9　Command 对象的常用方法

方　法	说　明	示　例
Execute	执行数据库查询等操作	cmd.Execute
CreateParameter	用来创建一个 Parameter 子对象	Set prm=cmd.CreateParameter("varName",200,1,10,"李玫")，创建一个参数对象实例

表 9-10　CommandType 类型值

常　量	整　数　值	说　明
adCmdUnknown	-1	不指定，由系统自己去判断。这是默认值
adCmdText	1	SQL 语句
adCmdTable	2	数据表名
adCmdStoreProc	4	查询名或存储过程名

9.3.1 节已经介绍了 ActiveConnection 属性的用法，下面再介绍几个常用的属性和方法。

（1）CommandText、CommandType 属性

CommandText 属性用于指定 Command 对象要对数据库进行操作的指令，一般是 SQL 语句，不过也可以是数据表名、查询名或存储过程名。例如：

```
<%
cmd.CommandText="Select * From tbAddress"    'SQL 语句
cmd.CommandText="tbAddress"                  '数据表名
cmd.CommandText="qryList"                    '查询名
%>
```

说明

① 如果是表名，表示要查询整张表的内容。所以，上面前两句的效果是一样的。

② 对于查询，9.3.4 节和 9.3.5 节将详细介绍。

③ 至于存储过程，在 SQL 数据库中才会用到，请参考专门的 SQL 教程。

④ 在本书中，通常情况下都是使用 SQL 语句。

CommandType 属性用于告诉 Command 对象数据查询指令的类型，究竟是 SQL 语句、表名还是查询名或存储过程名？例如：

```
<%
cmd.CommandType=1                                  '表示查询指令是 SQL 语句
cmd.CommandText= "Select * From tbAddress"
cmd.CommandType=2                                  '表示查询指令是数据表名
cmd.CommandText= "tbAddress"
%>
```

说明：CommandType取值参见表9-10。也可以不指定CommandType的值，由系统自己判定。不过指定后可以省去系统判定过程时间，加快运行速度。

（2）Execute 方法

该方法用来执行数据库查询，包括查询、添加、删除、更新记录等各种操作。和 Connection 对象的 Execute 方法的功能很类似，几乎能完成所有的功能，它的语法也有两种：

Set Recordset 对象实例= Command 对象实例.Execute

或

Command 对象实例.Execute

其区别和 Connection 对象一样：第一种方法将返回一个 Recordset 对象，一般用在查询记录时；第二种方法不返回 Recordset 对象，一般用在添加、删除和更新记录时。

在使用 Execute 方法之前，需要用 CommandText 指定数据库查询指令，告诉数据库要进行什么操作。下面请看例子：

```
<%
'下面执行查询操作（利用 SQL 语句）
cmd.CommandType=1                             '表示查询指令是 SQL 语句
cmd.CommandText= "Select * From tbAddress"
Set rs=cmd.Execute
'下面执行删除操作
cmd.CommandType=1                             '表示查询指令是 SQL 语句
cmd.CommandText= "Delete From tbAddress"
cmd.Execute
%>
```

（3）CreateParameter

该方法用来创造一个新的 Parameter 对象（参数对象），主要是在进行参数查询时使用，后面 9.3.6 节中将专门讲述。

9.3.3　利用 Command 对象存取数据库

利用 Command 对象存取数据库时，首先建立一个 Connection 对象，然后建立一个 Command 对象，之后的操作和 Connection 对象非常类似，下面来看一个综合示例。

清单 9-7　9-7.asp　利用 Command 对象进行数据库的基本操作

```
<html>
<body>
    <h2 align="center">利用 Command 对象进行数据库的基本操作</h2>
    <%
    '以下连接数据库，建立一个 Connection 对象实例 conn
    Dim conn,strConn
    Set conn=Server.CreateObject("ADODB.Connection")
    strConn="Provider=Microsoft.Jet.OLEDB.4.0;Data Source=" & Server.MapPath("address.mdb")
    conn.Open strConn
    '以下建立 Command 对象实例 cmd
    Dim cmd
    Set cmd= Server.CreateObject("ADODB.Command")
    cmd.ActiveConnection=conn                  '指定 Connection 对象
    '以下查询记录
    Dim rs,strSql
    strSql="Select * From tbAddress"
    cmd.CommandType=1                          '表示查询指令为 SQL 语句
    cmd.CommandText=strSql                     '指定查询指令
    Set rs=cmd.Execute                         '执行查询，返回一个 Recordset 对象
    '以下利用循环简单列出人员姓名和电话
    Do While Not rs.Eof
        Response.Write rs("strName") & "," & rs("strTel") & "<br>"
        rs.MoveNext
    Loop
    '以下添加记录
    strSql ="Insert Into tbAddress(strName,strTel,intAge) Values('李玫','88888888',21)"
    cmd.CommandText=strSql                     '指定查询指令
    cmd.Execute                                '执行操作，添加记录
    '以下更新记录
    strSql ="Update tbAddress Set strTel='66666666' Where ID=2"
```

```
    cmd.CommandText=strSql                          '指定查询指令
    cmd.Execute                                     '执行操作，更新记录
    '以下删除记录
    strSql="Delete From tbAddress Where ID=2"
    cmd.CommandText=strSql                          '指定查询指令
    cmd.Execute                                     '执行操作，删除记录
    %>
</body>
</html>
```

程序说明

① Command 对象的 Execute 方法和 Connection 对象的 Execute 方法具体语法虽然不太一样，但是使用方法非常相似。请大家认真比较本示例和第 8 章的例子。

② 在本例中进行各种操作使用的都是同一个 Command 对象，只是依次执行 4 条不同的查询指令而已。因为使用的都是 SQL 语句，所以实际上 CommandType 只需要赋值一次，不需要每次都赋值。

③ 为了节省篇幅，这里将 4 种操作放在一起做了介绍，大家也可以分开测试。

9.3.4 非参数查询

7.2.4 节讲过在 Access 中建立查询的方法。查询一般分为含参数的参数查询和不含参数的非参数查询两种。之所以要使用查询，主要是希望将查询指令放在数据库中执行而不是在 ASP 中执行，这样做的优点是可以加快速度，对于大型网站来说比较有意义。

本节先介绍非参数查询，现在打开 chapter9 下的 address.mdb，在查询窗口中输入以下的查询语句，然后将其保存为 qryList。

```
Select * From tbAddress Order By ID Desc
```

非参数查询实际上就是普通的 SQL 语句。现在可以利用 Command 对象的 Execute 方法执行该查询，请看具体代码。

清单 9-8　9-8.asp　使用非参数查询

```
<html>
<body>
    <h2 align="center">非参数查询示例</h2>
    <%
    '以下连接数据库，建立一个 Connection 对象实例 conn
    Dim conn,strConn
    Set conn=Server.CreateObject("ADODB.Connection")
    strConn="Provider=Microsoft.Jet.OLEDB.4.0;Data Source=" & Server.MapPath("address.mdb")
    conn.Open strConn
    '以下建立 Command 对象实例 cmd
```

```
        Dim cmd
        Set cmd= Server.CreateObject("ADODB.Command")
        cmd.ActiveConnection=conn                          '指定 Connection 对象
        '执行查询 qryList
        Dim rs
        cmd.CommandType=4                                  '表示查询指令是查询名
        cmd.CommandText="qryList"                          '指定查询名称
        Set rs=cmd.Execute                                 '执行查询，返回 Recordset 对象
        '以下利用循环简单列出人员姓名和电话
        Do While Not rs.Eof
            Response.Write rs("strName") & "," & rs("strTel") & "<br>"
            rs.MoveNext
        Loop
        %>
    </body>
    </html>
```

程序说明

① 本示例只是 CommandType 和 CommandText 属性的值比较特殊，这里表示查询指令为查询名 qryList，其他部分没有什么特别。

② 本示例和直接执行 SQL 语句看不出什么差异，但是在本质上是不同的，这里是将 SQL 语句放在数据库而不是 ASP 中执行了，对于有几十万条或更多记录的大型数据库来说，就会看出速度的差异了。

③ 事实上，Access 是一种小型数据库，一般也没有必要使用该方法。如果使用 SQL 数据库，就可以仿照本示例执行“存储过程”，这样就可以大大提高执行效率了。

9.3.5　参数查询

下面先来建立一个参数查询，打开 chapter9 下的 address.mdb，在查询窗口中输入如下的 SQL 语句，然后将其保存为 qryList2。

```
Select * From tbAddress Where strName=varName
```

所谓参数查询，是指 SQL 语句中含有一个参数。比如上面的 varName 是一个变量，它就是要传入的参数，执行时，根据传入的 varName 的值返回相关记录。

在参数查询中要用到参数对象（Parameter 对象）和参数集合（Parameters 集合），不过本节先给出一个参数查询的具体例子，下一节再详细介绍参数集合和参数对象。

清单 9-9　9-9.asp　使用参数查询

```
<html>
<body>
<h2 align="center">参数查询示例</h2>
```

```
<form name="frmSearch" method="POST" action="">
    请输入要查找的姓名：<input type="text" name="txtName">
    <input type="submit" name="btnSubmit" value="确定">
</form>
<%
If Request.Form("txtName")<>"" Then
    '以下连接数据库，建立一个 Connection 对象实例 conn
    Dim conn,strConn
    Set conn=Server.CreateObject("ADODB.Connection")
    strConn="Provider=Microsoft.Jet.OLEDB.4.0;Data Source=" & Server.MapPath("address.mdb")
    conn.Open strConn
    '以下建立 Command 对象实例 cmd
    Dim cmd
    Set cmd= Server.CreateObject("ADODB.Command")
    cmd.ActiveConnection=conn                           '指定 Connection 对象
    '下面建立一个参数对象 prm
    Dim prmName,prmType,prmDirection,prmSize,prmValue
    prmName="varName"                                   '参数名称，在 qryList2 中的变量
    prmType=200                                         '参数类型，200 表示是变长字符串
    prmDirection=1                                      '参数方向，1 表示输入
    prmSize=10                                          '参数大小，最大字节数为 10
    prmValue=Request.Form("txtName")                    '要传入的参数值
    Dim prm                                             '声明一个参数对象变量
    Set prm=cmd.CreateParameter(prmName,prmType,prmDirection,prmSize,prmValue)
    '下面将该参数对象加入到参数集合中
    cmd.Parameters.Append(prm)
    '下面执行查询 qryList2
    Dim rs
    cmd.CommandType=4                                   '表示查询指令是查询名
    cmd.CommandText="qryList2"                          '指定查询名称
    Set rs=cmd.Execute                                  '执行查询
    '以下利用循环简单列出人员姓名和电话
    Do While Not rs.Eof
        Response.Write rs("strName") & "," & rs("strTel") & "<br>"
        rs.MoveNext
    Loop
End If
%>
</body>
</html>
```

程序执行时首先显示如图 9-7 所示的表单，当输入查询姓名后，单击【确定】按钮，如果有该人，就显示姓名及电话，否则不显示任何输出。

图 9-7　程序 9-9.asp 的运行结果（参数查询）

程序说明

① 本示例与上一节例子相比，主要是多了建立参数对象的部分。这是因为查询 qryList2 中有一个变量 varName，执行时需要给它赋值，而这里建立的参数对象就是用来给这个变量赋值的。

② 另外，请大家比较本示例和 9.2.4 节示例。

9.3.6　Parameter 对象和 Parameters 集合

前面已经用到了 Parameter 对象和 Parameters 集合，也称参数对象和参数集合。一个参数就是一个 Parameter 对象，若干个 Parameter 对象组成一个 Parameters 集合。

1. Parameters 集合的属性和方法

Parameters 集合常用的属性和方法如表 9-11 所示。

表 9-11　Parameters 集合常用的属性和方法

属性/方法	说　明	示　例
Count 属性	只读。返回 Parameters 集合中的 Parameter 对象数目	intA=cmd.Parameters.Count 返回 Parameter 对象数目
Append 方法	将一个 Parameter 对象加到 Parameters 集合中	cmd.Parameters.Append(prm) 其中 prm 是建立的参数对象实例
Item 方法	用来获取集合中某个 Parameter 对象，括号中为 Parameter 对象的索引，从 0 开始	Set prm=cmd.Parameters.Item(0) 获取索引为 0 的 parameter 对象
Delete 方法	从集合中删除一个 Parameter 对象，括号中为 Parameter 对象的索引，从 0 开始	cmd.Parameters.Delete(0) 删除索引为 0 的 Parameter 对象
Refresh 方法	让 Command 对象去重新索取要操作的所有参数的信息，并且清空在 Refresh 之前获取的参数信息	cmd.Parameters.Refresh

下面依次讲述重要的属性和方法。

（1）Count 属性

该属性用于返回 Parameters 集合中的 Parameter 对象数目。语法如下：

```
Command 对象实例.Parameters.Count
```

（2）Append 方法

该方法用于将一个 Parameter 对象加入到 Parmeters 集合中。语法为：

Command 对象实例.Parameters.Append(parameter 对象实例)

如 9.3.5 节示例中有：

```
<% cmd.Parameters.Append(prm) %>
```

（3）Item 方法

该方法用于获得 Parameters 集合内的某个 Parameter 对象。语法为：

Set Parameter 对象=Command 对象.Parameters.Item(index)

说明

① index 表示该对象在集合内的索引值，对象的索引值是按添加的先后顺序来排列的，从 0 开始，到 Parameters.Count-1。

② 一般情况下都是将建立的 Parameter 对象添加到 Parameters 集合中，所以很少用到该方法。但是，如果要对某个参数对象进行操作，就需要用到该方法，比如用语句“Set tempPrm=cmd.Parameters.Item(0)”就可以返回 9.3.5 节建立的 Parameter 对象。

（4）Delete 方法

该方法用于从 Parameters 集合中删除某个 parameter 对象。语法为：

Command 对象.Parameters.Delete(index)

说明：index 的说明同上。比如用语句“cmd.Parameters.Delete(0)”就可以删除 9.3.5 节例子中建立的 Parameter 对象。

2．建立 Parameter 对象

建立 Parameter 对象需要使用 Command 对象的 CreateParameter 方法。语法如下：

Set Parameter 对象实例=Command 对象实例.CreateParameter(name,type,direction,size,value)

各参数的意义如表 9-12 所示。

表 9-12　Command 对象的 CreateParameter 方法各参数的意义

参　数	说　明
name	参数名称
type	参数类型。常用取值如：135，表示日期/时间类型；3，表示整数；4，表示单精度浮点数；5，表示双精度浮点数；200 表示变长字符串
direction	参数方向。常用取值如：1，表示传入参数；2，表示传出参数；3，表示传入传出参数；4，表示从子程序返回数据到该参数中
size	参数大小，指定值的大小（按字节或字符）
value	参数值

结合这些参数再来理解 9.3.5 节示例，实际上将有关变量值代入后相当于以下语句：

```
Set prm=cmd.CreateParameter("varName",200,1,10,"李玫")
```

3．Parameter 对象的属性和方法

Parameter 对象常用的属性和方法如表 9-13 所示。

表 9-13　Parameter 对象常用的属性和方法

属性/方法	说　明	示　例
Name 属性	读/写。设置或返回参数名称	prm.Name="varName"，设置参数对象的名称为"varName"
Type 属性	读/写。设置或返回参数类型，取值如表 9-12 所示	prm.Type=200，设置参数对象的类型为变长字符串
Direction 属性	读/写。设置或返回参数方向，取值如表 9-12 所示	prm.Direction=1，设置参数对象为传入参数
Size 属性	读/写。设置或返回参数大小，指定最长字节或字符数	prm.Size=10，设置参数对象大小为 10 个字节
Value 属性	读/写。设置或返回参数值	prm.Value="李玫"，设置参数对象的值
Attributes 属性	读/写。设置或返回该参数的特性，常用取值如：128，表示允许大数值；64，允许 NULL，16 允许使用正负号	prm.Attributes=64，设置参数对象值允许为空
AppendChunk 方法	用于追加数据到 Parameter 对象参数值的末尾	prm.AppendChunk("玫")，如果参数对象原来的值为"李玫"，现在就变为了"李玫玫"

以上 Parameter 对象的属性其实一般不会用到，因为在利用 CreateParameter 方法创建 Parameter 对象时，已经给这些属性赋值了。

不过，如果希望修改已经创建好的 Parameter 对象，就可以利用这些属性了，比如：

```
<%
Set prm=cmd.CreateParameter(prmName,prmType,prmDirection,prmSize,prmValue)
prm.Value="张杰"                    '修改 Parameter 对象的值
%>
```

另外，要特别注意 AppendChunk 方法，它用于追加数据到 Parameter 对象值的末尾，语法如下：

```
Parameter 对象实例.AppendChunk(文本字符串或二进制数据)
```

例如，以下语句将在原来值的末尾添加一个“玫”字：

```
<% prm.AppendChunk("玫") %>
```

用该方法追加文本字符串的意义并不是很大，因为用 Value 属性就可以方便地赋值。如果要追加二进制数据，比如在无组件上传程序中，要想将一个二进制文件通过参数对象保存到数据库中，就必须使用该方法。

本节介绍的参数查询和 Parameter 对象等内容在 Access 数据库中应用比较少，主要是应用在 SQL 数据库中，尤其是结合存储过程来使用。如有兴趣，请参考专门教程或本书支持网站中的案例。

9.4　Recordset 对象

Recordset 对象又称记录集对象，是最主要的对象。当用 Command 对象或 Connection 对象执行查询指令后，就会返回一个记录集对象，该记录集包含满足条件的所有记录，然后就可以利用 ASP 语句将记录集的数据显示在页面上。

至于要添加、删除或更新记录时，因为不需要返回记录集，所以也不需要建立 Recordset 对象，直接利用 Connection 或 Command 对象的 Execute 方法就可以。在 9.4.3 节中大家会看到利用 Recordset 对象实际上也可以实现删除、添加和更新操作。

下面就来介绍 Recordset 对象更多的功能。

9.4.1　建立 Recordset 对象

以前已经多次建立Recordset对象，不过都是利用Connection或Command对象的Execute方法建立的。事实上，也可以明确建立 Recordset 对象，语法如下：

Set Recordset 对象实例=Server.CreateObject("ADODB.Recordset")

然后，还需要用 Open 方法打开记录集，语法如下：

Recordset 对象实例.Open [Source], [ActiveConnection], [CursorType], [LockType], [Options]

各参数说明如表 9-14 所示。

表 9-14　Recordset 对象的 Open 方法的参数意义

参　数	说　明
Source	数据源。可以是 Command 对象名、SQL 语句、数据表名、查询名或存储过程名
ActiveConnection	Connection 对象名或数据库连接字符串
CursorType	Recordset 对象使用的指针类型，取值见表 9-15，可省略
LockType	Recordset 对象使用的锁定类型，取值见表 9-16，可省略
Options	Source 参数的类型，取值如表 9-17 所示，可省略

表 9-15　CursorType 参数取值

常　量	数　值	描　述
AdOpenForwardOnly	0	向前指针，只能利用 MoveNext 或 GetRows 向前移动记录指针，默认值
AdOpenKeyset	1	键盘指针，在记录集中可以向前或向后移动，当某客户做了修改后（除了增加新数据），其他用户都可以立即显示
AdOpenDynamic	2	动态指针，在记录集中可以向前或向后移动；所有修改都会立即在其他客户端显示
AdOpenStatic	3	静态指针，在记录集中可以向前或向后移动，所有更新的数据都不会显示在其他客户端

表 9-16　LockType 参数取值

常　量	数　值	描　述
AdLockReadOnly	1	只读，不许修改记录集，默认值
AdLockPessimistic	2	只能同时被一个客户修改，修改时锁定，修改完毕释放
AdLockOptimistic	3	可以修改，只有在修改的瞬间才锁定
AdLockBatchOptimistic	4	数据可以修改，但不锁定其他客户

表 9-17　Options 参数

常　量	值	说　明
adCmdUnknown	-1	Source 参数类型由系统自己确定，默认值
adCmdText	1	Source 参数是 SQL 语句
adCmdTable	2	Source 参数是一个数据表名
adCmdStoreProc	3	Source 参数是一个查询或存储过程名

说明

① 总的来说，Source 是数据库查询指令信息；ActiveConnection 是数据库连接信息；CursorType 是指针类型（也称游标类型）；LockType 是锁定信息；Options 是数据库查询指令类型。

② 如果没有特殊要求，一般可以省略后面 3 个参数。如果要省略中间的参数，则必须用逗号给中间的参数留出位置，也就是说，每一个参数必须对应相应的位置。例如：

```
<% rs.Open "Select * From tbAddress",conn,,3 %>
```

在这个示例中，省略了第 3 个和第 5 个参数，但必须用逗号给第 3 个参数留出位置，因为第 5 个参数在最后，可以不用管。

③ 如果对记录集有特殊要求，则某些参数就不能省略，比如，如果希望分页显示数据，就必须令 CursorType 参数为 1（键盘指针）或 3（静态指针）。

下面综合以前所学知识给出几种建立 Recordset 对象的方法。

（1）利用 Connection 对象的 Execute 方法建立

这应该算是见得最多的，也最常用的方法。

```
<%
Dim conn
Set conn=Server.CreateObject("ADODB.Connection")
conn.Open "Dsn=address2"
```

```
Dim rs
Set rs=conn.Execute("Select * From tbAddress")
%>
```

（2）利用 Command 对象的 Execute 方法建立

```
<%
Dim conn
Set conn=Server.CreateObject("ADODB.Connection")
conn.Open "Dsn=address2"
Dim cmd
Set cmd= Server.CreateObject("ADODB.Command")
cmd.ActiveConnection=conn
cmd.CommandType=1
cmd.CommandText="Select * From tbAddress"
Dim rs
Set rs=cmd.Execute
%>
```

（3）利用 Connection 对象但明确建立 Recordset 对象的方式

将本节开头介绍的方法应用到方法（1）中，可以修改为：

```
<%
Dim conn
Set conn=Server.CreateObject("ADODB.Connection")
conn.Open "Dsn=address2"
Dim rs
Set rs=Server.CreateObject("ADODB.Recordset")
rs.Open "Select * From tbAddress",conn,1,2,1
%>
```

说明：这里 Open 方法使用了 5 个参数，其中后 3 个参数是可以省略的。

（4）利用 Command 对象但明确建立 Recordset 对象的方式

这种方法明确建立 3 个对象，功能最强，应该算是较科学的方法。

```
<%
Dim conn
Set conn=Server.CreateObject("ADODB.Connection")
conn.Open "Dsn=address2"
Dim cmd
Set cmd= Server.CreateObject("ADODB.Command")
cmd.ActiveConnection=conn
cmd.CommandType=1
cmd.CommandText="Select * From tbAddress"
```

```
Dim rs
Set rs=Server.CreateObject("ADODB.Recordset")
rs.Open cmd,,1,2
%>
```

说明

① 这里 Open 方法使用了 3 个参数，但只有第 1 个参数是必须的，实际上可以简化为“rs.Open cmd”。

② 第 2 个参数必须省略掉，因为 Command 对象中已经指定了 Connection 对象，这里不能重复指定。

③ 第 3 个和第 4 个参数也可以省略。

④ 第 5 个参数省略了，因为在 Command 对象中已经利用 CommandType 属性指明了查询指令是 SQL 语句，这里没有必要设置了。

（5）直接建立 Recordset 对象

```
<%
Dim rs
Set rs=Server.CreateObject("ADODB.Recordset")
rs.Open "Select * From tbAddress","Dsn=address2",1,2,1
%>
```

说明

① 这种方法最简单，有时固然省事，但是由于没有明确建立 Connection 对象和 Command 对象，也就无法使用它们的一些功能。另外，这种方法实际上还会建立一个隐含的 Connection 对象和 Command 对象。

② 这里的 Open 方法使用了 5 个参数，后 3 个参数可以省略。

以上 5 种建立方法都存放在 chapter9 下的 recordset.asp 中，以备大家复制使用。其中方法（1）和方法（3）最常用，方法（4）最科学，方法（5）最简单。初学者为了巩固知识，可以多练习一下方法（4）。

不管采用什么方法建立 Recordset 对象，其实都是建立一个记录集，好比一个电子表格，包含若干条记录，每条记录包括若干列（字段）。如果记录集非空，打开记录集后，记录指针将指向第 1 条记录，读者可以通过移动记录指针（比如 rs.MoveNext，下一条）在记录集的各条记录中漫游，指针指向哪条记录，哪条记录就是当前记录，就可以利用 ASP 语句操作该记录。

许多时候都只能对当前记录操作，所以大家一定要牢记当前记录。

记录集的结构如图 9-8 所示。

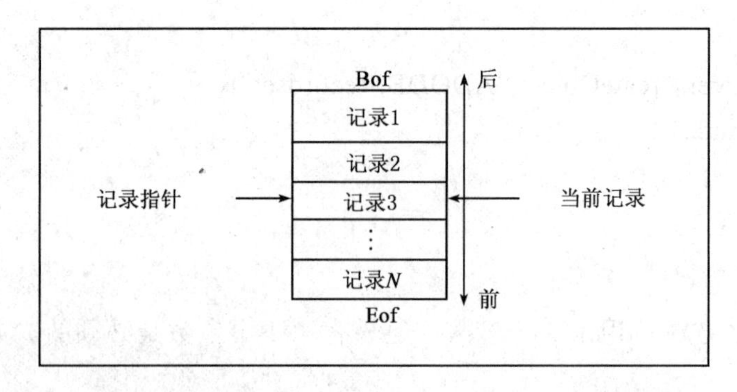

图 9-8　记录集结构图

说明

① 记录集中的第 1 条记录就是记录 1，最后一条记录就是记录 N。

② 当移动记录指针时，向前（或向下）移动就是向记录 N 的方向移动。向后（或向上）移动就是向记录 1 的方向移动。

③ 记录集有两个特殊的位置Bof和Eof，Bof表示记录集的开头，位于第1条记录之前，Eof表示记录集的结尾，位于最后一条记录之后。当记录指针移动到第1条记录时，如果继续向后移动，指针就会指向Bof；当记录指针移动到第N条记录时，如果继续向前移动，指针就会指向Eof。

9.4.2　Recordset 对象的属性和方法

Recordset 对象的属性和方法以前用得很少，要想随心所欲地操纵记录集，就必须要用到更多的属性和方法。其常用属性和方法分别如表 9-18、表 9-19 所示。

表 9-18　Recordset 对象的常用属性

属　性	说　明	示　例
Source	读/写。Command 对象、SQL 语句、数据表名、查询名或存储过程名	rs.Source="Select * From tbAddress"
ActiveConnection	读/写。Connection 对象名或数据库连接字符串	rs.ActiveConnection=conn
CursorType	读/写。Recordset 对象使用的指针类型，取值参见表 9-15	rs.CursorType=1，设置为键盘指针
LockType	读/写。Recordset 对象使用的锁定类型，取值参见表 9-16	rs.LockType=2，只能被一个客户修改
MaxRecords	读/写。设置从数据库取得的记录集的最大记录数目	rs.MaxRecord=100，最多返回 100 条记录
Filter	读/写。过滤记录集中的记录，其中可以使用条件和逻辑运算符	rs.Filter="intAge>18 And intAge<25"，只返回 intAge 字段大于 18 并且小于 25 的记录
RecordCount	只读。返回记录集中记录的总数	intA=rs.RecordCount
Bof	只读。当记录指针指向记录集开头时，返回 True，否则返回 False	blnA=rs.Bof
Eof	只读。当记录指针指向记录集结尾时，返回 True，否则返回 False	blnA=rs.Eof

续表

属　　性	说　　明	示　　例
PageSize	读/写。设置或返回数据分页显示时每一页的记录数	rs.PageSize=10，设置每页显示 10 条记录
PageCount	只读。返回数据分页显示时数据页的总数	intA=rs.PageCount，返回数据页总数
AbsolutePage	读/写。设置或返回记录指针指向的数据页	rs.AbsolutePage=2，设置指向第 2 页
AbsolutePosition	读/写。设置或返回记录指针指向的记录行的绝对值	rs.AbsolutePosition=10，设置指向第 10 条记录
BookMark	读/写。设置或返回书签位置。利用它就可以重新返回指定记录	varA=rs.BookMark，设置一个书签 rs.BookMark=varA，返回书签指定的记录

表 9-19　Recordset 对象的常用方法

方　　法	说　　明	示　　例
Open	打开记录集对象	rs.Open "Select * From tbAddress",conn
Close	关闭记录集对象	rs.Close
Requery	重新打开记录集	rs.Requery
MoveFirst	移动到第 1 条记录	rs.MoveFirst
MovePrevious	移动到上一条记录（向后移动）	rs.MovePrevious
MoveNext	移动到下一条记录（向前移动）	rs.MoveNext
MoveLast	移动到最后一条记录	rs.MoveLast
Move	移动到指定记录	rs.Move 5,2，从第 5 条记录开始向前移动 2 条 rs.Move 2，从当前记录开始向前移动 2 条
AddNew	添加新的记录	rs.AddNew
Delete	删除当前记录	rs.Delete
Update	更新数据库数据	rs.Update
CancelUpdate	取消数据更新	rs.CancelUpdate
Find	查找单个记录。其中只能使用一个条件，不能使用逻辑运算符	rs.Find "intAge<20"
GetRows	从记录集中当前记录开始获取多行记录到一个二维数组中。括号中参数默认为-1，表示全部记录	varA=rs.GetRows(100)，返回 100 条记录，之后 varA 是一个二维数组

（1）Source、ActiveConnection、CursorType、LockType 属性

这一组属性主要用于限定记录集的特性，和 9.4.1 节建立 Recordset 对象时的参数基本上是一致的。不过它们需要在打开记录集前设置，比如下面就用这几个属性改写 9.4.1 节建立 Recordset 对象的方法（3）。

```
<%
Dim rs
```

```
Set rs=Server.CreateObject("ADODB.Recordset")
rs.Source="Select * From tbAddress"           '设置数据源为 SQL 指令
rs.ActiveConnection=conn                      '设置数据库连接对象
rs.CursorType=1                               '设置为键盘指针，可前后移动
rs.LockType=2                                 '设置可被一个客户修改
rs.Open                                       '打开记录集
%>
```

说明

① 要注意没有 Option 属性，如果一定希望加上，就将最后一行修改为“rs.Open ,,,,1”。

② 当打开记录集后，就不能再给这几个属性赋值了。

（2）MaxRecords、Filter 属性

这两个属性都是用来过滤记录集的。其中 MaxRecords 属性用于设置从数据库取得的记录集的最大记录数目。例如，下面的语句将限制最多返回 100 条记录。

```
<% rs.MaxRecords=100 %>
```

说明

① 该属性也只能在打开记录集之前使用。

② 该属性有助于减轻服务器负担。比如在大型网站中，可以限制返回的记录数目。

在 Access 数据库中不支持该属性，大家可以用“Select Top 100...”语句。

Filter 属性可以利用条件表达式设置要获取的记录。例如，以下语句将只返回 intAge 字段大于 18 并且小于 25 的记录：

```
<% rs.Filter="intAge>18 And intAge<25" %>
```

说明

① 该属性在打开记录集之前和之后均可使用。

② 这里的条件实际上类似于 Select 语句中的 Where 条件子句。

③ 除了使用条件表达式过滤外，还可以使用常量或书签过滤，请参考专门教程。

（3）RecordCount 属性

该属性用于返回记录集中的记录总数。例如，以下语句将输出记录总数：

```
<% Response.Write rs.RecordCount %>
```

说明

① 由此往后的 Recordset 属性一般只能在记录集打开之后使用。

② 其实也可以用“Select Count(*) ...”语句来判断记录集中的记录总数。

使用该属性必须设置 CursorType 为 1（键盘指针）或 3（静态指针），否则可能会返回错误的数值（-1）。

（4）Bof、Eof 属性

这两个属性用于判断当前记录指针是否指向记录集的开头或结尾，返回值为 True 或 False。当指针指向开头时，Bof 属性的值为 True；当指针指向结尾时，Eof 属性的值为 True。

在图 9-8 中大家已经看到了，记录集有两个特殊的位置，Bof 位于第 1 条记录之前，Eof 位于最后一条记录之后。

如果记录集非空，记录指针则可以在 Bof、所有记录和 Eof 移动。当指针移动到第 1 条记录后，如果再向后移动，指针将指向 Bof，此时 Bof 属性的值为 True，如果再向后移动，就出错误了；当指针移动到第 *N* 条记录后，如果再向前移动，指针将指向 Eof，此时 Eof 属性的值为 True，如果再向前移动，也要出错。

如果记录集是空的，情况就比较特殊，此时指针同时指向 Bof 和 Eof，它们的值都是 True。

在之前的例子中，已经多次用到 Eof 属性来判断是否到了记录集结尾，例如：

```
<%
Do While Not rs.Eof
    ⋮
    rs.MoveNext
Loop
%>
```

另外，也常常会同时使用两个属性来判断记录集是否为空，例如：

```
<%
rs.Open ...                              '打开记录集，省略了
If Not rs.Bof And Not rs.Eof Then        '如果既不是开头，也不是结尾，就执行
    ⋮
End If
%>
```

（5）PageSize 属性、PageCount 属性、AbsolutePage 属性、AbsolutePosition 属性

这一组属性用来完成分页显示数据的功能。其中 PageSize 属性用于设置每一页的记录数。例如，以下语句将设置每页显示 10 条记录：

```
<% rs.PageSize =10 %>
```

PageCount 属性用于返回数据页的总数。下面语句将输出数据页总数：

```
<% Response.Write rs.PageCount %>
```

AbsolutePage 属性用于设置当前指针指向哪一页。下面语句将指向第 2 页：

```
<% rs.AbsolutePage=2                '需要小于总页数 %>
```

AbsolutePosition 属性用于设置当前指针指向的记录行的绝对值。下面语句将指向第 10 条记录：

```
<% rs.AbsolutePosition=10 %>
```

利用这几个属性时也必须设置 CursorType 为 1（键盘指针）或 3（静态指针）。具体示例请参考 9.4.5 节。

（6）BookMark 属性

该属性用于设置或返回书签位置，例如，以下语句就可以将当前记录位置保存到一个变量中：

```
<% varA=rs.BookMark %>
```

当希望重新指向该记录时，只要将该变量赋值给 BookMark 属性即可，记录指针就会自动指向书签所在记录。如：

```
<% rs.BookMark=varA %>
```

（7）Open、Close、Requery 方法

这一组方法主要是关于 Recordset 对象本身的。其中 Open 方法在 9.4.1 节已经详细介绍过，用于打开一个记录集。

Close 方法用于关闭记录集。例如：

```
<% rs.Close %>
```

Requery 方法用于重新打开记录集，相当于先关闭再打开。例如：

```
<% rs.Requery %>
```

说明：重新打开记录集后，记录指针将重新指向第 1 条记录。

（8）MoveFirst、MovePrevious、MoveNext、MoveLast、Move 方法

MoveFirst 方法用于将记录指针移动到第 1 条记录。例如：

```
<% rs.MoveFirst %>
```

MovePrevious 方法用于将记录指针向后（或向上）移动一条记录。例如：

```
<% rs.MovePrevious %>
```

MoveNext 方法用于将记录指针向前（或向下）移动一条记录。例如：

```
<% rs.MoveNext %>
```

MoveLast 方法用于将指针移动到最后一条记录。例如：

```
<% rs.MoveLast %>
```

Move 方法用于将指针移动到指定的记录。语法为：

```
Recordset 对象.Move number,start
```

其中，start 表示指针移动的开始位置，如省略，则默认为当前指针位置；number 表示从 start 设置的起始位置向前或向后移动 number 条记录，如 number 为正，表示向前移动；如 number 为负，表示向后移动。例如：

```
<%
rs.Move 5,2                    '从第 2 条记录开始向前（或向下）移动 5 条记录
rs.Move 2                      '从当前位置向前（或向下）移动 2 条记录
%>
```

说明

① 以上方法中，MoveNext 速度最快。如果没有特殊需要，建议使用该方法。

② 如果要使用其他方法，一般需要事先设置指针类型 CursorType 为 1（键盘指针）或 3（静态指针）。

③ 移动指针时要注意，当移动到 Eof 时，继续向后移动，会出错；开头也一样。因此移动时最好用 Bof 和 Eof 属性判断是否已到达记录集边界。

（9）AddNew、Delete、Update、CancelUpdate 方法

这一组方法用来添加、删除和更新记录。以前讲过，一般不用 Recordset 对象来执行这些操作，不过有时候这种方法可能更方便些。

添加记录时一般要同时用到 AddNew 方法和 Update 方法，例如：

```
<%
rs.AddNew                                  '添加一个新记录
rs("strName")="李玫"                       '以下给新记录的字段赋值
rs("strSex")="女"
.....
rs.Update                                  '更新数据库
%>
```

删除记录时比较简单，首先将指针移动到要删除的记录，然后利用 Delete 方法就可以删除当前记录，不过还要用 Update 方法更新数据库。例如：

```
<%
rs.Delete                                  '删除当前记录
rs.Update                                  '更新数据库
%>
```

更新记录时首先将指针移动到要更新的记录，然后直接给字段赋值，之后使用 Update 方法更新数据库即可。例如：

```
<%
rs("strName")="张杰"                       '更新当前记录的字段值
.....
rs.Update                                  '更新数据库
%>
```

说明：执行完 AddNew 或 Delete 方法后，必须执行 Update 方法，才能真正更新数据库（如果更新后，又移动了记录指针，也将自动更新数据库）。

CancelUpdate 方法用来取消刚才添加、删除和更新记录的操作。例如：

```
<% rs.CancelUpdate %>
```

（10）Find 方法

该方法用来查找符合条件的单个记录，语法如下：

Recordset 对象实例.Find criteria, skipRows, searchDirection, start

说明

① 参数 criteria 表示条件表达式，类似于 Select 语句中的 Where 条件，不过它只能使用单个条件，不能使用 And 等逻辑运算符。

② skipRows 表示在开始查找记录前跳过的行数。默认为 0，表示从当前记录开始。

③ searchDirection 表示查找方向，1 表示向前查找，-1 表示向后查找，默认为 1。要注意 Find 方法只能单向查找。当向前查找时，如果没有找到记录，则指针指向 Eof；当向后查找时，如果没有找到记录，指针指向 Bof。

④ start 是一个书签位置。如果利用 BookMark 属性定义了一个书签变量，就可以从该书签位置开始查找。

下面来看两个常用的例子：

```
<%
rs.Find "intAge<20"                    '向前查找年龄小于 20 的人员
rs.Find "intAge<20",0,-1               '向后查找年龄小于 20 的人员
%>
```

请注意该方法和 Filter 属性的区别。使用 Filter 属性后，记录集中全部都是符合条件的记录。而 Find 方法只是将指针指向符合条件的第 1 条记录，之后如果继续移动指针，记录不一定符合条件要求。

（11）GetRows 方法

该方法用来从记录集中当前记录开始返回多条记录，它将符合要求的数据返回给一个二维数组。例如，以下语句将从当前记录开始返回 10 条记录：

```
<%
Dim varA                               '定义一个普通变量
varA=rs.GetRows(10)                    '返回 10 条记录，之后 varA 是数组
%>
```

说明

① 在返回的二维数组 varA 中，第一维表示字段（列），第二维表示记录（行）。

② 括号中的参数可以省略，默认值为-1，表示从当前记录开始直到记录集结尾。

9.4.3　利用 Recordset 对象存取数据库

利用 Recordset 对象也可以执行查询、添加、删除和更新记录的操作，其中查询记录和之前学的基本一样，而添加、删除和更新记录就要用到 9.4.2 节讲述的 AddNew、Delete 和 Update 方法。请看下面的综合示例。

清单 9-10　9-10.asp　利用 Recordset 对象存取数据库

```
<html>
<body>
    <h2 align="center">利用 Recordset 对象存取数据库</h2>
    <%
    '以下连接数据库，建立一个 Connection 对象实例 conn
    Dim conn,strConn
    Set conn=Server.CreateObject("ADODB.Connection")
    strConn="Provider=Microsoft.Jet.OLEDB.4.0;Data Source=" & Server.MapPath("address.mdb")
```

```
        conn.Open strConn
        '以下建立 Recordset 对象实例 rs
        Dim rs,strSql
        Set rs=Server.CreateObject("ADODB.Recordset")
        strSql ="Select * From tbAddress"
        rs.Open strSql,conn,1,2                '注意后两个参数，表示键盘指针和可以更新
        '以下查询记录，利用循环简单列出人员姓名和电话
        Do While Not rs.Eof
            Response.Write rs("strName") & "," & rs("strTel") & "<br>"
            rs.MoveNext
        Loop
        '以下添加记录
        rs.AddNew                              '添加一个新记录，指针会指向该记录
        rs("strName")="李玫"                   '给新记录的字段赋值
        rs("strTel")="88888888"                '同上
        rs("strSex")="女"                      '同上
        rs("intAge")=22                        '同上
        rs("strTel")="limei@371.net"           '同上
        rs("strIntro")="一个大学生"            '同上
        rs("dtmSubmit")=Date()                 '同上，令字段值为当天日期
        rs.Update                              '更新数据库
        '以下更新记录（更新 ID=5 的人员的电话）
        rs.MoveFirst                           '将记录指针移动到第 1 条记录
        rs.Find "ID=5"                         '找到这条记录，指针会指向该记录
        If Not rs.Eof Then                     '判断是否找到了记录
            rs("strTel")="66666666"            '更新当前记录的字段值
            rs.Update                          '更新数据库
        End If
        '以下删除记录（删除 ID=6 的人员）
        rs.MoveFirst                           '将记录指针移动到第 1 条记录
        rs.Find "ID=6"                         '找到这条记录，指针会指向该记录
        If Not rs.Eof Then                     '判断是否找到了记录
            rs.Delete                          '删除当前记录
            rs.Update                          '更新数据库
        End If
        %>
    </body>
    </html>
```

程序说明

① 首先要注意 rs.Open 方法的后两个参数，因为本示例中需要前后移动指针，所以第 3 个参数设置为键盘指针类型；又因为本示例需要更新数据库，所以第 4 个参数设置为可以更新。

② 添加记录时，AddNew 方法就会在记录集结尾处添加一条新记录，指针也会指向该记录，然后就可以给字段赋值，不过最后要用 Update 方法更新数据库。

③ 在更新和删除记录时，首先用 rs.MoveFirst 将记录指针指向了第 1 条记录，然后利用 rs.Find ...语句就可以向前查找符合条件的记录。当然，此时也可以在 Find 方法中利用参数向后查找，这样就不需要用 rs.MoveFirst 了。

④ 在更新和删除记录时使用了判断语句，主要是因为如果要更新或删除的记录不存在，就会出现错误。

⑤ 利用这种方法存取数据库，一定要注意当前记录的概念，通过在记录集中移动记录指针，就可以方便地对当前记录进行操作。

9.4.4　添加不完整的记录

在网上注册或其他页面中，通常允许用户省略某些信息，而在 8.3.2 节的例子中大家也看到了，如果用户省略某些信息，那么 SQL 语句的书写就会比较麻烦。下面就介绍一种利用 Recordset 对象的 AddNew 方法来添加不完整记录的更简单的方法。

清单 9-11　9-11.asp　添加不完整的记录

```
<html>
<body>
<h2 align="center">添加不完整记录示例</h2>
<form name="frmInsert" method="POST" action="">
<p align="center">其中带*号的必须填写
<table border="1" width="80%" align="center">
    <tr>
        <td>姓名</td><td><input type="text" name="txtName" size="20">*</td>
    </tr><tr>
        <td>性别</td><td><input type="radio" name="rdoSex" value="男">男
        <input type="radio" name="rdoSex" value="女">女</td>
    </tr><tr>
        <td>年龄</td><td><input type="text" name="txtAge" size="4"></td>
    </tr><tr>
        <td>电话</td><td><input type="text" name="txtTel" size="20">*</td>
    </tr><tr>
        <td>E-mail</td><td><input type="text" name="txtEmail" size="50"></td>
    </tr><tr>
        <td>个人简介</td><td><textarea name="txtIntro" rows="4" cols="50"></textarea></td>
    </tr><tr>
```

```
            <td></td><td><input type="submit" name="btnSubmit" value=" 确  定 "></td>
        </tr>
    </table>
    </form>
    <%
    '只要添加了姓名和电话，就添加记录
    If Request.Form("txtName")<>"" And Request.Form("txtTel")<>"" Then
        '以下连接数据库，建立一个 Connection 对象实例 conn
        Dim conn,strConn
        Set conn=Server.CreateObject("ADODB.Connection")
        strConn="Provider=Microsoft.Jet.OLEDB.4.0;Data Source=" & Server.MapPath("address.mdb")
        conn.Open strConn
        '以下建立 Recordset 对象实例 rs
        Dim rs,strSql
        Set rs=Server.CreateObject("ADODB.Recordset")
        strSql ="Select * From tbAddress"
        rs.Open strSql,conn,1,2                    '注意后两个参数，表示键盘指针和可以更新
        '以下添加记录-------------------------------------------------------------------------------------
        rs.AddNew
        '以下几个字段肯定有值，所以一定要添加
        rs("strName")=Request.Form("txtName")
        rs("strTel")=Request.Form("txtTel")
        rs("dtmSubmit")=Date()
        '以下几个字段将根据是否提交而决定是否添加
        If Request.Form("rdoSex")<>"" Then rs("strSex")=Request.Form("rdoSex")
        If Request.Form("txtAge")<>"" Then rs("intAge")=Request.Form("txtAge")
        If Request.Form("txtEmail")<>"" Then rs("strEmail")=Request.Form("txtEmail")
        If Request.Form("txtIntro")<>"" Then rs("strIntro")=Request.Form("txtIntro")
        rs.Update                                              '更新数据库---------------------
        Response.Write "<p align='center'>已经成功添加记录"
    End If
    %>
    </body>
    </html>
```

程序说明

① 本示例的表单部分和 8.3.2 节示例一样，建立 Connection 和 Recordset 对象实例的语句也没有什么特别，只要 rs.Open 中的第 4 个锁定类型参数一定是可以更新的。

② 需要特别注意的只是虚线中的添加记录部分，其中对于允许省略的字段，采用 If

条件的最简单形式来判断一下，如果用户填写了才添加该字段值，否则就不添加。

③ 要注意 8.3.2 节和本节示例的区别：前者如果用户没有提交该字段值，也会在 SQL 语句中给该字段赋值。对于数字类字段，赋值 0；对于文本类字段，则赋值空字符串（""）；而后者如果用户没有提交该字段值，就不会给其赋值。对于数字类字段，它的值一般就是默认值；而对于文本类字段，它的值一般就是空（NULL）。

④ 大家想一想，如果某字段允许为空（NULL），但是不允许空字符串（""），就只能用本示例的方法了。

9.4.5 分页显示数据

网上 BBS 论坛等程序大部分都是分页显示数据，客户可以一页一页地浏览。如图 9-9 所示，记录集中共有 17 条记录，每页显示 5 条，这样就共分成了 4 页。

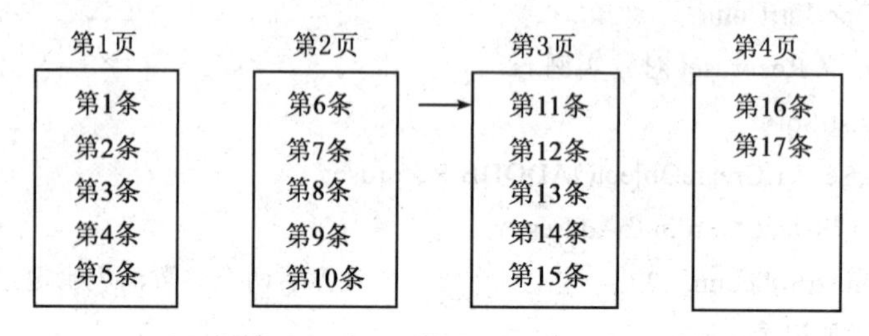

图 9-9　分页显示示意图

要分页显示，就要用到前面刚学的属性 PageSize、PageCount 和 AbsolutePage。

PageSize 属性表示 1 页显示多少条记录，这里为 5。设置该属性后，记录集就会自动分成多页。

PageCount 属性表示总共有多少页，这里为 4 页。

AbsolutePage 属性表示当前指向第几页，这里为 3。设置该属性后，记录指针就会指向该页的第 1 条记录，之后可以利用循环移动记录指针显示该页所有记录。

下面来看一个具体例子。

清单 9-12　9-12.asp　分页显示数据

```
<html>
<body>
<h2 align="center">分页显示数据示例</h2>
<%
'以下连接数据库，建立一个 Connection 对象实例 conn
Dim conn,strConn
Set conn=Server.CreateObject("ADODB.Connection")
strConn="Provider=Microsoft.Jet.OLEDB.4.0;Data Source=" & Server.MapPath("address.mdb")
conn.Open strConn
'以下建立 Recordset 对象实例 rs
Dim rs,strSql
```

```
Set rs=Server.CreateObject("ADODB.Recordset")
strSql ="Select * From tbAddress"
rs.Open strSql,conn,1                                        '注意参数设置为键盘指针
'如果记录集不是空的，就执行分页显示
If Not rs.Bof And Not rs.Eof Then
    '--------------------------------------------------------------------------
    '下面一段判断当前显示第几页，如果是第一次打开，为 1，否则由传回参数决定
    Dim intPage
    If Request.QueryString("varPage")="" Then
        intPage=1
    Else
        intPage=CInt(Request.QueryString("varPage"))         '用 CInt 转换为整数
    End If
    '--------------------------------------------------------------------------
    '下面一段开始分页显示，指向要显示的页，然后逐条显示当前页的所有记录。
    rs.PageSize=5                                            '设置每页 5 条记录
    rs.AbsolutePage=intPage                                  '设置当前显示第几页
    '下面利用循环显示当前页的所有记录，并显示在表格中
    Response.Write "<table border='1' width='100%'><tr bgcolor='#E0E0E0'>"
    Response.Write "<th>姓名</th><th>电话</th><th>E-mail</th> <th>添加日期</th></tr>"
    Dim I                                                    '定义一个变量 I
    For I=1 To rs.PageSize
        If rs.Eof Then Exit For                              '如果到了记录集结尾，就跳出循环
        Response.Write "<tr>"
        Response.Write "<td>" & rs("strName") & "</td>"
        Response.Write "<td>" & rs("strTel") & "</td>"
        Response.Write "<td>" & rs("strEmail") & "</td>"
        Response.Write "<td>" & rs("dtmSubmit") & "</td>"
        Response.Write "</tr>"
        rs.MoveNext
    Next
    Response.Write "</table>"
    '--------------------------------------------------------------------------
    '下面一段依次输出第 1 页、上一页、下一页和最后页的超链接
    Response.Write "<p><a href='9-12.asp?varPage=1'>第 1 页</a> "
    If intPage>1 Then
        Response.Write "<a href='9-12.asp?varPage=" & (intPage-1) & "'>上一页</a> "
    Else
        Response.Write "上一页 "
```

```
        End If
        If intPage<rs.PageCount Then
            Response.Write "<a href='9-12.asp?varPage=" & (intPage+1) & "'>下一页</a> "
        Else
            Response.Write "下一页 "
        End If
        Response.Write "<a href='9-12.asp?varPage=" & rs.PageCount & "'>最后页</a> "
        '--------------------------------------------------------------------------------
    Else
        Response.Write "该记录集为空"
    End If
    %>
    </body>
    </html>
```

程序结果如图 9-10 所示。

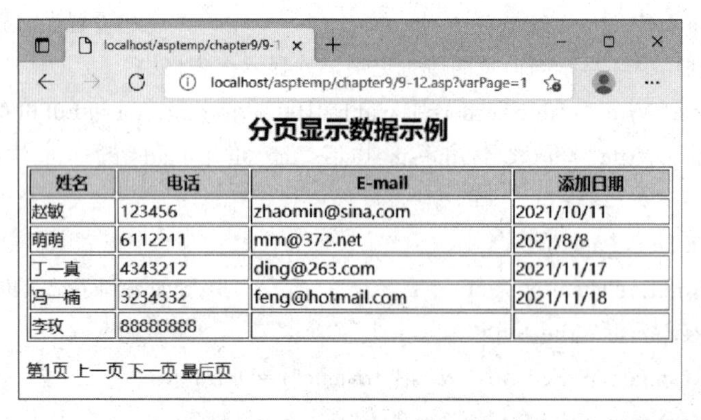

图 9-10　程序 9-12.asp 的运行结果

程序说明

① 该程序的中心思想是每一次选择要显示的页码，然后将该页码还传给本程序，从而显示指定页的数据。

② 程序主体分为两部分：第一部分是前面建立 Connection 对象和 Recordset 对象的语句，其中要特别注意的是建立 Recordset 对象时 Open 方法的参数设置；第二部分是下面的 If...End If 语句，表示如果该记录集不是空的，就执行下面的分页显示。

③ 第二部分中又用虚线分为了 3 个小部分：第 1 小部分和第 3 小部分相互呼应，主要用来确定当前显示第几页。这里声明了一个变量 intPage，用它来记载要显示的页码，第一次打开时，它是空的，设为 1。选择页码再打开后，利用 Request.QueryString("varPage")获取传回来的参数，用它决定 intPage 的值。

④ 第 2 小部分是该程序的重点和难点：首先利用 PageSize 属性设置每页显示 5 条记录，然后根据 intPage 的值并利用 AbsolutePage 属性将指针指向相应的页（实际指向相应页的第

1 条记录）。

⑤ 记录集分页后，实际上记录集还是连续的，比如当指针指到当前页的最后一条记录时，如果继续向前移动指针（MoveNext），指针不会自动停止，而是会指向下一页的第1条记录。因此，在利用循环输出记录时，这里用了“For I=1 To rs.PageSize”循环语句，这样可以确保只输出当前页的所有记录。不过，这种固定次数的For循环在最后一页就会有麻烦，如果最后一页记录不足rs.PageSize条（参见图9-9），这样就会出错误。因此本例中使用了“If rs.Eof Then Exit For”语句来判断到达结尾就跳出循环。

⑥ 简单地说，在输出当前页的所有记录时，实际上有两种结束条件：一种是到本页的结尾，另一种是最后一页中记录集的结尾。

⑦ 第3小部分是输出数据页的超链接。这里使用了If语句，主要因为如果当前页是第1页，显然不需要给“上一页”添加超链接；同样，如果当前页是最后一页，自然不需要给“下一页”添加超链接。请大家在图9-10中查看源文件来对比理解。

9.4.6　Field 对象和 Fields 集合

Field 对象又称字段对象，是 Recordset 的子对象。简单地说：一个记录集就好比一个电子表格，该表格内总是包含许多列（字段），每一个字段就是一个 Field 对象，而所有 Field 对象组合起来就是一个 Fields 集合。

其实，在前面已经隐含地用到了 Fields 集合和 Field 对象。例如，要输出姓名字段值时，用的是：

```
<% Response.Write rs("strName") %>
```

还可以用以下 8 种方法：

```
<%
Response.Write rs("strName")
Response.Write rs.Fields("strName")
Response.Write rs.Fields("strName").Value
Response.Write rs.Fields.Item("strName").Value
Response.Write rs(1)
Response.Write rs.Fields(1)
Response.Write rs.Fields(1).Value
Response.Write rs.Fields.Item(1).Value
%>
```

说明

① 以上例子中明确用到了 Fields 集合的 Item 方法和 Field 对象的 Value 属性。

② 当用索引值时，按字段在记录集中的先后顺序，从 0 开始。因为在 tbAddress 表中字段顺序为 id、strName、strSex、intAge、strTel、strEmail、strIntro、dtmSubmit，所以 strName 的索引值为 1。也可以通过 SQL 语句选取若干字段而改变索引值，比如用下面的 SQL 语句：

```
Select strName,strEmail,strTel From tbAddress
```

这样，strName 在记录集中的索引值就是 0 了。

1．Fields 集合的属性和方法

Fields 集合常用的属性和方法如表 9-20 所示。

表 9-20　Fields 集合常用的属性和方法

属性/方法	说　明	示　例
Count 属性	只读。返回 Fields 集合中的 Field 对象数目	intA= rs.Fields.Count
Item 方法	用来获取集合中某个 Field 对象，括号中为 Field 对象的字段名或索引（从 0 开始）	Set fld=rs.Fields.Item(1) Set fld=rs.Fields.Item("strName")

下面分别讲述。

（1）Count 属性

该属性用于返回 Fields 集合中 Fields 对象的数目。语法为：

Recordset 对象实例.Fields.Count

（2）Item 方法

Fields 集合中包含了多个 Field 对象，而利用 Item 方法就可以建立每一个 Field 对象的实例。语法为：

Set Field 对象实例= Recordset 对象实例.Fields.Item(index)

或者

Set Field 对象实例= Recordset 对象实例.Fields.Item(string)

说明

① 其中，index 表示字段的索引值，string 表示字段的名称。

② 事实上 Fields 和 Item 都可以省略，如“Set fld=rs ("strName")”语句也可以建立字段 strName 的 Field 对象。

2．Field 对象的属性和方法

Field 对象的常用属性如表 9-21 所示。

表 9-21　Field 对象常用的属性和方法

属性/方法	说　明
Name 属性	只读。返回字段名称
Value 属性	读/写。设置与返回字段值，这是最常用的
Type 属性	只读。返回字段数据类型
DefinedSize 属性	只读。返回字段被定义的大小（单位为字节，下同）
ActualSize 属性	只读。返回字段的实际大小
Precision 属性	只读。字段为数值时允许的最大位数
NumericScale 属性	只读。字段为数值时允许的小数的最大位数
Attributes 属性	只读。返回字段数据值属性，取值如表 9-22 所示，它的值是可以累加的，比如 36 就表示数值取 4（不允许更改）和 32（可以接受空值）
AppendChunk 方法	在当前字段值的末尾添加数据（包括文本或二进制数据）

表 9-22　**Attributes 的属性取值**

常　量	数　值	说　明
AdFldMayDefer	2	一次可以不取回一个字段的所有数据
AdFldUpdatable	4	该字段不允许被更改
AdFldUnknownUpdatable	8	数据源可写与否不能确定
AdFldFixed	16	该字段的宽度固定，多余部分将被截去
AdFldIsNullable	32	该字段可以接受空值
AdFldMayBeNull	64	该字段可以读取空值
AdFldLong	128	该字段是长二进制字段
AdFldRowID	256	该字段可以包含行记录 ID
AdFldRowVersion	512	该字段包含了能够进行跟踪日期和时间的标志

上面这些属性通常用来返回字段（Field 对象）的各种性质，比如字段类型、字段长度等，实际上就是在 Access 数据库中看到的字段的属性。

其中，最有用的属性是字段值 Value，因为在页面上使用数据库最主要的就是要和字段值打交道。其他属性不太常用，也比较简单，这里就不再分别讲述，只举一个具体例子说明。

清单 9-13　9-13.asp　Fields 集合与 Field 对象示例

```
<html>
<body>
    <h2 align="center">Fields 集合与 Field 对象示例</h2>
    <%
    '以下连接数据库，建立一个 Connection 对象实例 conn
    Dim conn,strConn
    Set conn=Server.CreateObject("ADODB.Connection")
    strConn="Provider=Microsoft.Jet.OLEDB.4.0;Data Source=" & Server.MapPath("address.mdb")
    conn.Open strConn
    '以下建立 Recordset 对象实例 rs
    Dim rs,strSql
    Set rs=Server.CreateObject("ADODB.Recordset")
    strSql ="Select * From tbAddress"
    rs.Open strSql,conn
    '用一个循环将所有字段属性写出
    Dim I,fld
    For I=0 to rs.Fields.Count-1
        Set fld=rs.Fields.Item(I)                    '建立当前字段的 Field 对象实例 fld
        Response.Write "字段名称：" & fld.Name & "<br>"
        Response.Write "字段值：" & fld.Value & "<br>"
```

```
            Response.Write "字段类型：" & fld.Type & "<br>"
            Response.Write "字段大小：" & fld.Definedsize & "<br>"
            Response.Write "字段最大位数：" & fld.Precision & "<br>"
        Next
        %>
    </body>
    </html>
```

程序运行结果如图 9-11 所示。

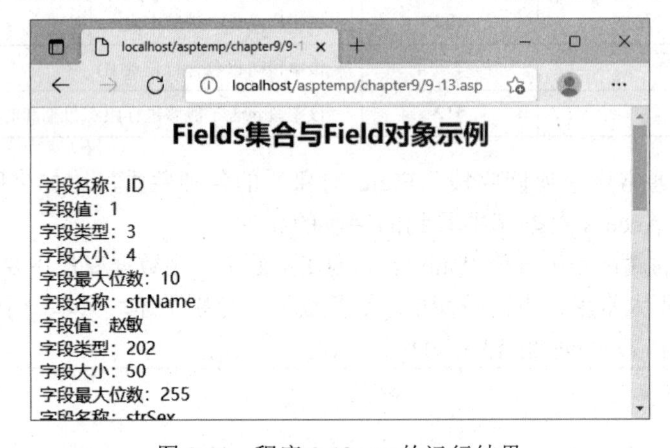

图 9-11　程序 9-13.asp 的运行结果

程序说明

① 本示例中利用循环依次建立每一个 Field 对象，然后利用属性输出该对象的特性。请注意这里实际上是针对当前记录（目前是第 1 条记录）输出的，不过不同记录除了 Value 属性外，其他属性值都是相同的。

② Value 属性是非常重要的属性，因此也被定为 Field 对象的默认属性，可以省略不写。比如，其中语句可以替换为“Response.Write "字段值：" & fld & "<br>"”。

3．Fields 集合与 Field 对象的反思

大家看到了，其实 Field 对象还是比较重要的，可是为什么以前几乎没有注意到它呢？因为它太重要了，所以 ASP 把它作为默认的对象了，Fields、Item、Value 都可以省略不写。例如，在上面的例子中，其实不需要建立 Field 对象，直接用以下语句即可输出属性值：

```
<%
Response.Write rs("strName").name
Response.Write rs("strName")                    'Value 属性可省略
Response.Write rs("strName").type
Response.Write rs("strName"). Definedsize
%>
```

9.5　存取 SQL Server 数据库

存取 SQL Server 数据库（以下简称 SQL 数据库）其实和存取 Access 数据库是一样的，只是数据库连接字符串略有区别，其他部分基本一样。下面将着重介绍具体的连接方法。

假设已经建立了一个 SQL 数据库 Database，名称为 sqltest，数据库登录账号为 jjshang，登录密码为 123456，ODBC 数据源名称为 test。数据表和字段与 Access 数据库 address.mdb 基本相似。至于建立 SQL 数据库的方法请参考 SQL 有关书籍。

（1）基于 ODBC 数据源的连接方式

```
<%
Dim conn
Set conn=Server.CreateObject("ADODB.Connection")
conn.Open "Dsn=test;Uid=jjshang;Pwd=123456"
%>
```

同连接 Access 数据库一样，也可以省略为：

```
<%
Dim conn
Set conn=Server.CreateObject("ADODB.Connection")
conn.Open "test", "jjshang", "123456"
%>
```

（2）基于 ODBC 但没有数据源的连接

```
<%
Dim conn
Set conn=Server.CreateObject(" ADODB.Connection")
conn.Open  "Driver={SQL  Server};  Server=localhost;  Database=sqltest;  Uid=jjshang;
        Pwd=123456"
%>
```

说明

① 和连接 Access 数据库类似，多个参数之间用分号隔开。

② 其中，Server 参数表示 SQL 数据库服务器地址，localhost 表示本机，也可以使用 127.0.0.1 或本机 IP 地址。如果使用其他服务器上的 SQL 数据库，只要将 localhost 替换为该服务器的 IP 地址即可。事实上，很多大型程序就有专门的数据库服务器。

（3）创建基于 OLE DB 的连接

SQL 数据库也可以使用 SQL Server 的 OLE DB 提供程序连接，例子如下：

```
<%
Dim conn
Set conn=Server.CreateObject("ADODB.Connection")
conn.Open  "Provider=SQLOLEDB;  Data Source=localhost;  initial Catalog=sqltest;
        Uid=jjshang; Pwd=123456"
%>
```

以上连接方式都存放在 chapter9 下的 sqlconnection.asp 中，以备大家复制使用。

除了连接方法外，其他部分基本上都是一样的，程序基本上不用修改。不过要注意在 SQL 数据库中，日期类型的字段值两边要加引号，而不是#。

其实，Access 数据库和 SQL 数据库是可以相互转化的，可以将 Access 数据库导入 SQL 数据库，或者将 SQL 数据库导出为 Access 数据库。只不过导入导出时字段类型可能会有一些变化，字段的默认值可能会有丢失，并需要一些调整，但基本上不影响使用。具体的导入导出操作请参考专门的 SQL Server 书籍。在实际开发时，可以先用 Access 数据库，这样方便些。等基本上开发好后，再导入到 SQL 数据库中。而要修改的就是数据库连接字符串和个别字段的类型。

9.6　对多个表进行组合查询

大家经常要碰到从多个表中组合查询数据的情况，也就是说从一个表中取若干个字段，再从另一个表中取若干个字段，其实主要用到的就是 Select 语句中的组合查询语句，请参见 7.3.1 节。

现在来看一个实际例子，用到的数据库就是在第 7 章习题中建立的 userinfo.mdb，并将它保存到了 C:\Inetpub\wwwroot\asptemp\chapter9 文件夹下。它包括两张表：表 tbUsers 包含用户名、密码、真实姓名、性别等字段，表 tbLog 包括用户名、登录 IP、登录时间字段。现在需要从 tbUsers 中选取用户名和真实姓名，从 daylog 中选取登录 IP 和登录时间。请看具体代码。

清单 9-14　9-14.asp　组合查询

```
<html>
<body>
    <h2 align="center">对多个表进行组合查询示例</h2>
    <%
    '以下连接数据库，建立一个 Connection 对象实例 conn
    Dim conn,strConn
    Set conn=Server.CreateObject("ADODB.Connection")
    strConn="Provider=Microsoft.Jet.OLEDB.4.0;Data Source=" & Server.MapPath("userinfo.mdb")
    conn.Open strConn
    '以下建立记录集对象实例 rs
    Dim strSql,rs
    strSql="Select tbUsers.strUserId,tbUsers.strName,tbLog.strIP,tbLog.dtmLog From
    tbUsers,tbLog Where tbUsers.strUserId=tbLog.strUserId Order By tbLog.dtmLog DESC"
    Set rs=conn.Execute(strSql)
    '以下利用循环显示记录集，并显示在表格中
    Response.Write "<table border='1' width='100%'><tr bgcolor='#E0E0E0'>"
    Response.Write "<th>用户名</th><th>姓名</th><th>登录 IP</th><th>登录时间</th></tr>"
```

```
        Do While Not rs.Eof
            Response.Write "<tr>"
            Response.Write "<td>" & rs("strUserId") & "</td>"
            Response.Write "<td>" & rs("strName") & "</td>"
            Response.Write "<td>" & rs("strIP") & "</td>"
            Response.Write "<td>" & rs("dtmLog") & "</td>"
            Response.Write "</tr>"
            rs.MoveNext
        Loop
        Response.Write "</table>"
        %>
    </body>
    </html>
```

程序运行结果如图 9-12 所示。

用户名	姓名	登录IP	登录时间
lulu	卢卢	167.111.167.112	2021/11/3
huyong	胡勇	202.112.7.13	2021/11/2
lulu	卢卢	167.111.167.111	2021/11/2
ligang	李钢	202.112.7.12	2021/11/1
ligang	李钢	162.105.188.188	2021/10/1

图 9-12　程序 9-14.asp 的运行结果

程序说明

① 本示例与其他程序相比，比较特殊的就是 strSql=……语句。这里使用组合查询语句，用到哪个字段，就需要在字段前面加上该表的名字，中间用点隔开。请大家结合 7.3.1 节来理解。

② 打开记录集以后，读取记录时就和别的程序一样了，也不需要添加表的名字。

③ 通过本示例要再次理解记录集和数据表是有区别的，数据表是真实存在的，而记录集是从数据表中获取的虚拟的“表”。

查询记录时可以对多个表操作，但是添加、删除和更新记录只能对单个表操作。

9.7 通信录综合示例

至此，我们已经学完了 ASP 数据库编程的基础知识，现在就来综合前两章所学内容，来实现一个功能更为复杂的通信录。

9.7.1 通信录的设计

本通信录要求能够分页、排序显示数据，并在详细页面中显示详细信息，能够添加、更新和删除记录，能够查找记录。实际上就是要将前面所学的功能整合到一起。

本通信录具体包括以下 9 个文件：

address.mdb——数据库文件；

odbc_connection.asp——连接数据库文件；

config.asp——配置文件，用来声明一些常量；

index.asp——首页，使用分页和排序显示所有人员信息；

particular.asp——显示人员详细信息文件；

search.asp——查找人员文件；

insert.asp——添加人员文件；

delete.asp——删除人员文件；

update.asp——更新人员信息文件。

关于通信录的所有文件都在配套素材“\asptemp\chapter9\address”文件夹里，其中都有详细注释。

9.7.2 通信录的实现

为节省篇幅，本节不再列出所有源代码，下面只是简要介绍每个文件的重点和难点。

（1）连接数据库文件 odbc_connection.asp

由于很多文件都要用到连接数据库的语句，为了方便，可以将这部分单独保存为一个文件，然后在其他文件中用“<!--#Include file="odbc_connection.asp"-->”将其包含进来，这就相当于将这些语句直接写在别的文件中。其实在 3.9.3 节中也用过类似的方法。

清单 9-15　odbc_connection.asp　连接数据库文件

```
<%
'以下连接数据库，建立一个 Connection 对象实例 conn
Dim conn,strConn
Set conn=Server.CreateObject("ADODB.Connection")
strConn="Provider=Microsoft.Jet.OLEDB.4.0;Data Source=" & Server.MapPath("address.mdb")
conn.Open strConn
%>
```

（2）配置文件 config.asp

这是一个配置文件，主要用来声明一些常量，在其他文件中也可以用 Include 语句包含进来。这样做的好处是：可以方便修改程序中的一些参数。例如，如果要修改分页显示数据时每页的记录数，只要修改下面的文件即可。

清单 9-16　config.asp　配置文件

```
<%
'本文件用来定义一些常数，如果要修改本程序，只要修改本页面即可
Const conPageSize=10                    '该常数用来设置每页显示多少条记录
%>
```

（3）首页 index.asp

这是本程序的首页（见图 9-13），它将本章的分页显示数据、排序显示数据、链接到详细页面 3 个示例整合到了一起。另外，还增加了“添加记录、查找记录、更新记录、删除记录”的超链接。

编号	姓名	电话	E-mail	添加日期	更新	删除
10	许嫣然	43433212	xu@163.net	2021/8/6	更新	删除
9	张杰	5342613	zhang@msn.com	2021/8/4	更新	删除
8	冯一楠	8234332	feng@hotmail.com	2021/8/3	更新	删除
7	胡鹏	5333221	hupeng@371.net	2021/8/3	更新	删除
6	丁一岚	4343212	ding@263.net	2021/8/2	更新	删除
5	李龙	5332213	lilong@msn.com	2021/8/1	更新	删除
4	李工	8234321	li@hotmail.com	2021/7/13	更新	删除
3	胡如云	6321117	huruyun@126.com	2021/7/12	更新	删除
2	李若鹏	8123221	lirp@souhu.com.cn	2021/7/1	更新	删除
1	赵敏	6123212	zhaomin@sina.com.cn	2021/7/1	更新	删除

图 9-13　首页 index.asp 的运行结果

程序说明

① 本页面的一个主要难点是要同时考虑排序和分页显示数据，也就是要同时考虑 strField 和 intPage 参数。实际上这两者是有关系的，比如，当选择按“姓名”排序后，单击“下一页”超链接再次打开本页面时，不仅要记住要显示的页码，还要记住当前的排序字段。所以，在页面下方几个超链接中不仅要传回来页码，还要传回来排序字段。

② 此外，本程序还在表格的美观方面做了一些修改，请大家结合第 2 章内容来理解。

（4）详细页面文件 particular.asp

本页面和 9.2.5 节的详细页面示例基本上是一样的。只是为了美观，将人员信息显示在

了表格中。

（5）查找人员文件 search.asp

本页面是在 9.2.4 节查找记录示例的基础上修改而成的。这里只是将表格等 HTML 代码都用 Response.Write 方法输出了。另外，添加了“更新”“删除”“详细”超链接，这些部分实际上和首页 index.asp 差不多。

（6）添加人员文件 insert.asp

本页面是在 9.4.4 节添加不完整的记录示例的基础上简单修改而成的。

（7）删除人员文件 delete.asp

本页面非常简单，只是根据传递过来的 ID 将记录删除了，和 8.3.3 节示例基本一样。

（8）更新人员信息文件 update.asp

本页面实际上是在 8.3.4 节更新记录示例的基础上修改的，只不过将两个文件合并成了一个文件。不过合并成一个文件后，理解难度有所增加。请大家注意以下几点。

● 当从首页 index.asp（或 search.asp）单击“更新”超链接时，就会从头到尾执行本页面一次。此时，首先利用 Request.QueryString("ID")获取传递过来的 ID 值，然后从数据库中查找相应的记录，并显示在表单中。要注意这里也将 ID 值保存在了隐藏文本框中。

因为此时还没有提交表单，所以后面的更新部分的条件不成立，从而不会执行。

● 当用户提交表单后，会再次从头到尾执行一次本页面，此时更新部分的条件成立了，所以会执行后面的更新记录部分。注意，此时会从隐藏文本框中获取 ID 值。

● 细心的同学可能会想到，当提交表单后，前面的表单部分是否也会再执行一次呢？确实是，不过因为后面用 Response.Redirect 重定向到首页了，所以表单部分执行也就没有意义了。

● 事实上这里还隐藏着 ASP 的一个“秘密”，当利用 action=""向自身提交表单时，查询字符串中的信息还自动保留在 URL 后面，也会再次提交给自身。也就是说，第二次执行本文件时，仍然可以用 Request.QueryString 方法获取 ID 值，这样就不需要用隐藏文本框传递 ID 值。这种方法容易混淆，建议大家用示例中的方法。

9.7.3 关于通信录的讨论

上面的通信录已经是一个比较实用的数据库程序了，事实上作者就在自己的计算机上安装了一套，用来管理自己的联系人。

不过，如果要用在公众网上，还需要解决安全问题。因为现在任何人都可以添加、删除和更新记录。实际上应该加上管理界面，管理员输入密码后才可以删除或更新记录。

此外，本示例在容错性等细节方面考虑还不够，比如在查找记录页面单击“删除”或“更新”超链接，执行完毕后不会返回本页面，而会直接返回首页 index.asp。大家可以结合这两章内容自行完善。

9.8 本章小结

本章主要讲述了 ADO 的 3 个对象：Connection、Command 和 Recordset 对象。并分别讲述了它们的 3 个子对象 Error、Parameter 和 Field。

关于本章，希望大家重点掌握的是 3 个对象的概念和彼此的关系，此外要切实掌握本章要点中提到的知识点，并且要认真体会最后一个综合示例。

学习本章确实是一个艰难的历程，因此才把本章设计成分步介绍的方式，学完 Connection 后，再学 Command，然后是 Recordset。尽管内容非常庞杂，不过大家不用担心，在实际开发中只要会使用最常用的方法即可。

习题 9

1. 选择题（可多选）

（1）如果希望打开的数据库是只读的，需要设置 Connection 对象的（　　）属性。

A．Provider　　B．Mode　　C．ReadOnly　　D．ConnectionString

（2）通常使用（　　）属性可以返回集合中的对象数目。

A．Count　　B．Number　　C．Item　　D．Total

（3）如果希望使用 RecordCount 属性返回记录总数，则 CursorType 属性值需要是（　　）。

A．向前指针　　B．键盘指针　　C．动态指针　　D．静态指针

（4）如果一个记录集为空，那么 Bof、Eof 属性的值分别是（　　）。

A．True False　　B．False True　　C．True True　　D．False False

（5）执行 Recordset 对象的 Requery 方法后，记录指针一般会指向（　　）记录。

A．Bof　　B．第 1 条　　C．最后一条　　D．Eof

（6）对于图 9-9，如果指针指向第 1 条记录，则 rs.Bof 和 rs.Eof 的值分别为（　　）。

A．True False　　B．False True　　C．True True　　D．False False

（7）对于图 9-9，如果指针指向第 17 条记录，然后又执行了一次 MoveNext 方法，则 rs.Bof 和 rs.Eof 的值分别为（　　）。

A．True False　　B．False True　　C．True True　　D．False False

（8）对于图 9-9，如果当前指针已经指向第 10 条记录，之后继续执行 MoveNext 方法，则指针会指向第（　　）条记录。

A．10　　B．11　　C．15　　D．会发生错误

（9）对于图 9-9，如果指针指向第 10 条记录，然后又执行了一条 rs.Move 2 语句，则指针会指向第（　　）条记录。

A．8　　B．10　　C．12　　D．会发生错误

（10）下面（　　）语句打开的记录集可以前后移动指针，并且可读可写。

A．rs.Open strSql,conn　　B．rs.Open strSql,conn,1,2

C．rs.Open strSql,conn,,2　　D．rs.Open strSql,conn,1

2. 问答题

（1）请简述为什么要使用事务处理。

（2）在示例 9-6.asp 中去掉 On Error Resume Next 一句，还会输出有关错误信息吗?

（3）请比较 9.4.3 节利用 Recordset 对象存取数据库和之前第 8 章讲的方法的区别。

（4）请比较 9.4.4 节示例和 8.3.2 节示例的区别。

（5）请比较 Recordset 对象的 Filter 属性和 Find 方法的区别。

（6）使用 Access 数据库和 SQL 数据库时有什么主要区别？

（7）可以对多个表同时进行删除和更新操作吗？

（8）可以在一个页面中建立多个 Connection、Command 或 Recordset 对象吗？

（9）请思考一下，如果希望限制只能读取数据库，都有哪几种方法？

（10）请思考和总结对象及对象集合的概念与基本操作方法。

3. 实践题

（1）请参考 9.4.3 节方法改写 9.2.4 节查找数据示例，请尽量不要使用 SQL 语句。

（2）请参考 9.4.4 节方法修改 9.7 节综合示例中的 update.asp（提示：在更新记录时，对于文本字段，如果用户没有输入内容，可以赋值 NULL 或空字符串""）。

（3）在第 4 章和第 6 章习题中开发过简单的考试程序，现在可以利用数据库修改一下。将试题和答案都存放到数据库中，并从数据库中读出；学生在线完成后，将成绩保存回数据库（提示：可能需要两张数据表，分别用来保存题目和成绩）。

（4）假如你不知道 tbAddress 表的具体结构，请想办法使用表格输出全部记录（提示：需要使用 Field 对象和 Fields 集合）。

（5）请模仿一般网站的注册系统开发一个程序，要求用户能注册，输入用户名、密码等个人信息，下一次访问时可以用该用户名和密码登录，登录后就可以察看有关网页内容。如果没有登录直接访问其他页面，则重定向回注册页面。

（6）在第 8 章习题中开发过留言板，请结合本章知识改写一下。

（7）（选做题）请修改 9.2.4 节排序示例，使得单击某一标题时按升序排列，再次单击就按倒序排列（提示：可以在查询字符串中同时传回排序字段和排序方向）。

（8）（选做题）请修改 9.7 节综合示例，使得删除和更新记录时需要输入一个密码，密码正确才可以修改（提示：在删除和更新记录时要求用户输入一个正确的密码，不过此时要注意 ID 值的正确传递）。

第 10 章　文件存取组件及其他组件

本章要点

☑ 对文件或文件夹的复制、移动和删除操作
☑ 对文本文件的新建、读取和添加操作
☑ File对象和Folder对象的属性
☑ 广告轮显组件、文件超链接组件和计数器组件

10.1　文件存取组件

有时需要对服务器端的文件或文件夹进行操作，这就要用到文件存取组件，它可以实现对文本文件的存取，文件和文件夹的复制、移动和删除等操作。

文件存取组件包含多个对象，常用对象如表 10-1 所示。

表 10-1　文件存取组件常用对象列表

名　称	说　明
FileSystemObject	也称文件系统对象，几乎包含处理文件和文件夹的所有方法
TextStream	也称文本流对象，主要用于对文本文件进行操作
File	也称文件对象，此对象的属性和方法可以处理文件
Folder	也称文件夹对象，此对象的属性和方法可以处理文件夹
Drive	也称驱动器对象，此对象的属性和方法可以处理驱动器

在本章示例中，如果涉及对文件或文件夹的写操作，就需要参考 8.2.2 节设置相应文件或文件夹的属性与安全权限。

10.1.1　FileSystemObject 对象的属性和方法

该对象是最主要的对象，它不仅可以对文件和文件夹进行新建、复制、移动、删除等操作，而且可以建立 TextStream、File、Folder 和 Drive 对象，功能非常强大。建立该对象的语法如下：

Set FileSystemObject 对象实例= Server.CreateObject("Scripting.FileSystemObject")

例如：

```
<% Set fso=Server.CreateObject("Scripting.FileSystemObject") %>
```

建立该对象之后，就可以利用它的属性和方法进行各种操作了，不过它的常用属性只有 Drives，用来返回硬盘上的驱动器对象的集合。例如（详细例子见 10.1.7 节）：

```
<%  Set objA=fso.Drives  %>
```

FileSystemObject 对象的方法如表 10-2 所示。

表 10-2　FileSystemObject 对象的方法

方　法	说　明	示　例
GetFile	从指定路径中返回一个 File 对象	Set fle=fso.GetFile("C:\temp\test.txt")
CopyFile	复制文件	fso.CopyFile "C:\temp\test.txt", "C:\temp\test2.txt"
MoveFile	移动文件	fso.MoveFile "C:\temp\test.txt", "C:\temp\test2.txt"
DeleteFile	删除文件	fso.DeleteFile "C:\temp\test.txt"
FileExists	判断文件是否存在？返回 True 或 False	blnA=fso.FileExists("C:\temp\test.txt")
GetFileName	返回一个指定路径中的文件名	strA=fso.GetFileName("C:\temp\test.txt")
GetExtensionName	返回一个指定路径中的文件的扩展名	strA=fso.GetFileName("C:\temp\test.txt")
GetFolder	从指定路径中返回一个 folder 对象	Set fld=fso.GetFolder("C:\temp\test")
CreateFolder	创建一个文件夹	fso.CreateFolder "C:\temp\test"
CopyFolder	复制一个文件夹	fso.CopyFolder "C:\temp\test", "C:\temp\test2"
MoveFolder	移动一个文件夹	fso.MoveFolder "C:\temp\test", "C:\temp\test2"
DeleteFolder	删除一个文件夹	fso.DeleteFolder "C:\temp\test"
FolderExists	判断文件夹是否存在？如存在，返回 True，否则返回 False	blnA=fso.FolderExists("C:\temp\test")
GetParentFolderName	返回指定路径中最后一个部分的父文件夹的名称	strA=fso.GetParentFolderName("C:\temp\test") 返回"C:\temp"
CreatTextFile	新建文本文件并返回 TextStream 对象	Set tsm=fso.CreateTextFile("C:\temp\test.txt")
OpenTextFile	打开一个已有的文本文件，返回一个 TextStream 对象	Set tsm=fso.OpenTextFile("C:\temp\test.txt")
GetDrive	从指定路径中返回一个 Drive 对象	Set drv=fso.GetDrive("C:")
DriveExists	判断驱动器是否存在？如存在，返回 True，否则返回 False	blnA=fso.DriveExists("C:")
GetDriveName	从指定路径中返回一个驱动器名	strA=fso.GetDriveName("C:\temp\test.txt")
BuildPath	在指定的路径后面加上文件或文件夹名称，并返回一个路径	strA=fso.BuildPath("C:\temp","test.txt") 返回路径名为 "C:\temp\test.txt"
GetAbsolutePathName	从指定路径中返回对应的绝对路径名	strA=fso.GetAbsolutePathName("C:\temp\test.txt") 返回"C:\temp\test.txt"
GetBaseName	返回指定路径的最后一个部分	strA=fso.GetBaseName("C:\temp\test.txt") 返回"test"
GetSpecialFolder	返回一个特殊文件夹对象，取值 0 表示 Windows 文件夹，1 表示包含库、字体等系统文件夹，2 表示临时文件夹	Set fld=fso.GetSpecialFolder(2) 返回临时文件夹对象，一般是"C:\Windows\temp"
GetTempName	返回一个随机生成的文件或文件夹名称	strA=fso.GetTempName 返回值类似 "radC4DB8.tmp"

以上方法大致可以分为 3 部分，分别是关于文件、文件夹和驱动器的方法。因为篇幅所限，这里不再赘述每一个方法的语法，请大家仔细参考表格中的示例。后面各节会介绍其中重要的方法。

10.1.2　文件及文件夹的基本操作

文件和文件夹的基本操作实质上是一致的，都包括新建、复制、移动和删除几项功能，请注意对比两者的语法。

（1）文件的复制、移动和删除

要对文件进行复制、移动和删除，就需要用到 FileSystemObject 对象的关于文件的几个方法，CopyFile、MoveFile、DeleteFile、FileExists。语法如下：

复制：FileSystemObject 对象实例.CopyFile source, destination [,overwrite]

移动：FileSystemObject 对象实例.MoveFile source, destination

删除：FileSystemObject 对象实例.DeleteFile source [, force]

文件是否存在：FileSystemObject 对象实例. FileExists (source)

说明

① 参数 source 表示源文件，destination 表示目标文件。

② 复制时，overwrite 取值为 True 时表示可以覆盖，False 表示不可以，默认为 True。

③ 移动时，如果目标文件存在，则会报错。

④ 删除时，如果 force 为 True，表示可以删除只读文件，False 表示不可以，默认为 False。

⑤ 复制、移动和删除文件时都可以使用通配符？和*。关于通配符知识请参考 Windows 教程。

⑥ 复制、移动和删除文件时，如果遇到“没有权限”的错误提示，则需要为当前操作的文件夹“chapter10”配置“IUSR、IIS_IUSRS”这两个用户的完全控制权限，并且需要去掉文件夹的只读属性。

下面请看具体例子。

清单 10-1　10-1.asp　文件的复制、移动和删除

```
<html>
<body>
    <h2 align="center">文件的复制、移动和删除</h2>
    <%
    Dim fso                                     '声明一个 FileSystemObject 对象实例
    Set fso=Server.CreateObject("Scripting.FileSystemObject")
    Dim SourceFile,DestiFile                    '声明源文件和目标文件变量
    '复制文件---将 test.txt 复制为 test2.txt
    SourceFile="C:\Inetpub\wwwroot\asptemp\chapter10\test.txt"
    DestiFile="C:\Inetpub\wwwroot\asptemp\chapter10\test2.txt"
    fso.CopyFile SourceFile, DestiFile          '复制文件
    '移动文件---将 test2.txt 移动到 temp 文件夹下，应保证 temp 文件夹存在
    SourceFile="C:\Inetpub\wwwroot\asptemp\chapter10\test2.txt"
    DestiFile="C:\Inetpub\wwwroot\asptemp\chapter10\temp\test2.txt"
```

```
        fso.MoveFile SourceFile, DestiFile                    '移动文件
        '删除文件---如果 test2.txt 存在，则将其删除
        SourceFile="C:\Inetpub\wwwroot\asptemp\chapter10\temp\test2.txt"
        IF fso.FileExists(SourceFile)=True Then
            fso.DeleteFile SourceFile                         '删除文件
        End If
        %>
    </body>
    </html>
```

程序说明

① 练习时可以将3部分分别注释掉，然后依次练习3种操作。

② 在复制文件时，一定要保证目标文件所在的文件夹是存在的。

（2）文件夹的新建、复制、移动和删除

要对文件夹进行复制、移动和删除，就需要用到 FileSystemObject 的关于文件夹的几个方法：CreateFolder、CopyFolder、MoveFolder、DeleteFolder、FolderExists。语法如下。

新建：FileSystemObject 对象实例. CreateFolder source

复制：FileSystemObject 对象实例. CopyFolder source, destination [,overwrite]

移动：FileSystemObject 对象实例. MoveFolder source, destination

删除：FileSystemObject 对象实例. DeleteFolder source, force

文件夹是否存在：FileSystemObject 对象实例. FolderExists(source)

说明：参数source表示源文件夹，destination表示目标文件夹。其他参数说明同前面文件的说明。

下面举例说明文件夹的新建、复制、移动和删除。

清单 10-2　10-2.asp　文件夹的新建、复制、移动和删除

```
    <html>
    <body>
        <h2 align="center">文件夹的新建、复制、移动和删除</h2>
        <%
        Dim fso                                   '声明一个 FileSystemObject 对象实例
        Set fso=Server.CreateObject("Scripting.FileSystemObject")
        Dim SourceFolder,DestiFolder              '声明源文件夹和目标文件夹变量
        '新建文件夹---新建 new1 文件夹
        SourceFolder="C:\Inetpub\wwwroot\asptemp\chapter10\new1"
        fso.CreateFolder SourceFolder             '新建文件夹
        '复制文件夹---将 new1 复制为 new2 文件夹
```

```
        SourceFolder="C:\Inetpub\wwwroot\asptemp\chapter10\new1"
        DestiFolder="C:\Inetpub\wwwroot\asptemp\chapter10\new2"
        fso.CopyFolder SourceFolder, DestiFolder        '复制文件夹
        '移动文件夹---将 new2 文件夹移动到 new1 下
        SourceFolder="C:\Inetpub\wwwroot\asptemp\chapter10\new2"
        DestiFolder="C:\Inetpub\wwwroot\asptemp\chapter10\new1\new2"
        fso.MoveFolder SourceFolder, DestiFolder        '移动文件夹
        '删除文件夹---如存在，将 new1 文件夹删除
        SourceFolder="C:\Inetpub\wwwroot\asptemp\chapter10\new1"
        IF fso.FolderExists(SourceFolder)=True Then
            fso.DeleteFolder SourceFolder               '删除文件夹
        End If
        %>
    </body>
    </html>
```

程序说明

① 练习时可以将几部分分别注释掉，然后依次练习几种操作。

② 在删除文件夹时，会将子文件夹及子文件一并删除。

③ 一般在新建、复制、移动、删除文件夹时，最好先判断一下文件夹是否存在。

④ 在以上例子中，也可以使用Server对象的MapPath方法转换相对路径。以下例子同此。

10.1.3 TextStream 对象的属性和方法

TextStream 对象用于创建文本文件或者对已经存在的文本文件进行读写操作。不过它是利用 FileSystemObject 的方法创建的。

新建文本文件要用 FileSystemObject 对象的 CreateTextFile 方法创建。语法如下：

Set TextStream 对象实例＝FileSystemObject 对象实例.CreateTextFile (filename [,overwrite] [,unicode])

各参数的用法如表 10-3 所示。

表 10-3　CreateTextFile 方法的参数

参　数	说　明
filename	指定准备创建文件的完整路径
Overwrite	指定目标文件存在时是否允许覆盖。True 为允许，False 为不允许，默认为 False
unicode	指定采用 Unicode 还是 ANSI 码文件格式。True 表示 Unicode，False 表示 ANSI 码，默认为 False

如果要对已有的文本文件执行读取和追加操作，就要用到 FileSystemObject 对象的 OpenTextFile 方法。语法如下：

Set TextStream 对象实例＝FileSystemObject 对象实例.OpenTextFile(filename [,iomode] [, create] [, format])

各参数说明如表 10-4 所示。

表 10-4　OpenTextFile 方法的参数

参　数	说　明
filename	指定准备打开的文件的完整路径
iomode	指定文件的打开方式。1 为只读，2 为只写，8 为可追加，默认为 1
create	指定打开的文件不存在时，是否自行建立新文件。True 为是，False 为否，默认为 False
format	指定文件的编码格式。0 为 ANSI 格式，-1 为 Unicode 格式，-2 为系统缺省方式，默认为 0

建立 TextStream 对象后，就可以利用它的属性和方法来对文本文件进行各种操作。常用的属性和方法分别如表 10-5、表 10-6 所示。

表 10-5　TextStream 对象的属性

属　性	说　明	示　例
AtEndOfLine	只读。当指针指向当前行的末尾时，返回 True，否则返回 False	blnA=tsm.AtEndOfLine
AtEndOfStream	只读。当指针指向文件末尾时，返回 True，否则返回 False	blnA=tsm.AtEndOfStream
Column	只读。返回从行首到当前指针位置的字符数	intA=tsm.Column
Line	只读。返回指针所在行在整个文件中的行号	intA=tsm.Line

表 10-6　TextStream 对象的方法

方　法	说　明	
Close	关闭一个已打开的数据文件	tsm.Close
Read	从指针的当前位置开始读取指定数目的字符，并返回一个字符串	strA=tsm.Read(10) 从当前位置开始读取 10 个字符
ReadLine	从指针的当前位置开始读取一行数据，并返回一个字符串	strA=tsm.ReadLine
ReadAll	读取整个文件，并返回一个字符串	strA=tsm.ReadAll
Skip	读取文件时跳过指定数目的字符	tsm.Skip 10，跳过 10 个字符
SkipLine	读取文件时跳过一行数据	tsm.SkipLine
Write	向文本文件写入字符串	tsm.Write "abcdefg"
WriteLine	向文本文件写入一行数据，包括换行符	tsm.WriteLine "abcdefg"
WriteBlankLines	向文本文件写入指定数目的空行，实际上是写入指定数目的换行符	tsm.WriteBlankLines 10，写入 10 个空行

说明

① 当打开一个文件时，文本流指针一般指向第一行第一个字符，如果使用 Read 读取若干个字符，指针就自动向后移动若干个位置；如果使用 ReadLine 读取一行数据，则指针自动指向下一行开头；如果使用 ReadAll 方法读取整个文件，指针自动指向文件

结尾。

② 在表 10-6 的 WriteLine 和 WriteBlankLines 中会在行末写入换行符，这里的换行符不是 HTML 中的
标记，而是一个不可见的换行符，就如大家在 Word 中按回车键换行一样。

10.1.4　文本文件的基本操作

文本文件的操作主要依赖于 10.1.3 节介绍的 TextStream 对象，下面依次讲解文本文件的新建、读取和追加等操作方法。

（1）新建文本文件

新建文件时，首先要建立 TextStream 对象，然后利用 10.1.3 节介绍的 Write、WriteLine 或 WriteBlankLine 方法向文件中写入字符串。请看具体例子。

清单 10-3　10-3.asp　新建一个文本文件

```
<html>
<body>
    <h2 align="center">新建一个文本文件</h2>
      <%
      Dim fso                                              '声明一个 FileSystemObject 对象实例
      Set fso=Server.CreateObject("Scripting.FileSystemObject")
      Dim tsm                                              '声明一个 TextStream 对象实例
      Set tsm=fso.CreateTextFile("C:\Inetpub\wwwroot\asptemp\chapter10\test.txt",True)
      tsm.WriteLine "这是第一句"                           '向文件中写一行内容
      tsm.WriteLine "这是第二句"                           '再写一行内容
      tsm.Close                                            '关闭 TextStream 对象
      Response.Write "已经成功建立文件，请自己打开查看。"
      %>
</body>
</html>
```

程序运行后将在指定文件夹下生成一个 test.txt，并写入两句话，结果图略。

程序说明

① 注意 CreateTextFile 方法的第 2 个参数 True，它表示如果文件已经存在，则覆盖。

② 所谓文本文件，是指不包括格式、图片和表格的纯字符文件，一般扩展名为.txt，但事实上也可以用其他扩展名。比如可以用该程序生成HTML文件，扩展名为.htm。

（2）文本文件的读取和追加

读取文件时，首先也要建立 TextStream 对象，然后用 Read、ReadAll 和 ReadLine 方法读取即可，不过可能需要利用 AtEndOfStream 属性判断是否已经到达文件结尾。请看具体例子。

清单 10-4　10-4.asp　读取已有文本文件

```
<html>
<body>
    <h2 align="center">读取已有文本文件</h2>
    <%
    Dim fso                                              '声明一个 FileSystemObject 对象实例
    Set fso=Server.CreateObject("Scripting.FileSystemObject")
    Dim tsm                                              '声明一个 TextStream 对象实例
    Set tsm= fso.OpenTextFile("C:\Inetpub\wwwroot\asptemp\chapter10\test.txt",1,True)
    Do While Not tsm.AtEndOfStream
        Response.Write tsm.ReadLine                      '逐行读取，直到文件结尾
        Response.Write "<br>"                            '在页面上换行显示
    Loop
    tsm.Close                                            '关闭 TextStream 对象
    %>
</body>
</html>
```

该程序将打开示例 10-3.asp 新建的文本文件，程序运行结果如图 10-1 所示。

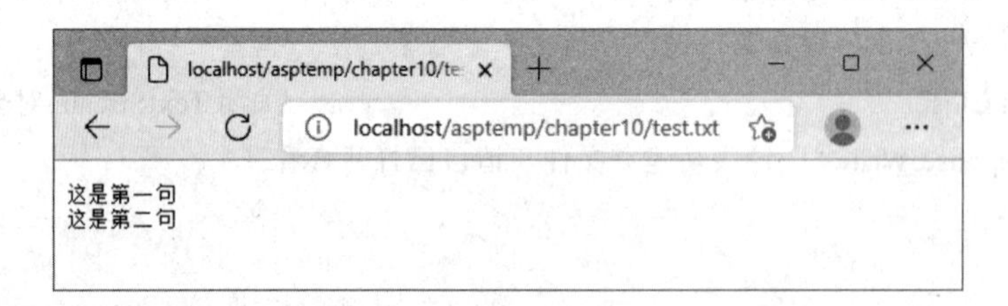

图 10-1　程序 10-4.asp 的运行结果（读取文件）

程序说明

① 请注意OpenTextFile方法的后两个参数：1表示只读；True表示如果文件不存在，则自动建立文件。

② 读取文件非常类似于读取数据库，循环语句依次读取每一行，直到文件结尾。只不过这里的指针会自动指向下一行，所以不需要像数据库中使用MoveNext方法移动指针。

③ 在文本文件中每一行末尾有换行符（回车），但是HTML中并不会识别该符号，所以本示例在每一行末尾添加了一个
标记，否则多行文本会显示在一行中。

在文件中追加内容时，首先也要建立 TextStream 对象，此时指针会自动指向文件结尾，之后用 Write、WriteLine 或 WriteBlankLine 等方法追加内容即可。请看具体例子。

清单 10-5　10-5.asp　在文本文件中追加内容

```
<html>
<body>
    <h2 align="center">在文本文件中追加内容</h2>
    <%
    Dim fso                                          '声明一个 FileSystemObject 对象实例
    Set fso=Server.CreateObject("Scripting.FileSystemObject")
    Dim tsm                                          '声明一个 TextStream 对象实例
    Set tsm= fso.OpenTextFile("C:\Inetpub\wwwroot\asptemp\chapter10\test.txt",8,True)
    tsm.WriteLine "这是第三句"                       '追加内容
    tsm.Close                                        '关闭 TextStream 对象
    Response.Write "已经成功追加，请自己打开查看。"
    %>
</body>
</html>
```

程序说明

① 请注意OpenTextFile方法的后两个参数：8表示可以追加；True表示若该文件不存在，就创建该文件。

② 当打开文件后，追加内容实际上和10-3.asp中新建文件基本上是一样的。

（3）自动生成 HTML 文件示例

HTML 文件本质上也是文本文件，所以也可以自动创建，只不过需要将 HTML 代码当作字符串写入到文件中。请看具体代码。

清单 10-6　10-6.asp　自动生成 HTML 文件

```
<html>
<body>
   <h2 align="center">自动生成 HTML 文件</h2>
    <%
    Dim fso                                          '声明一个 FileSystemObject 对象实例
    Set fso=Server.CreateObject("Scripting.FileSystemObject")
    Dim tsm                                          '声明一个 TextStream 对象实例
    Set tsm=fso.CreateTextFile("C:\Inetpub\wwwroot\asptemp\chapter10\temp.htm",True)
    tsm.WriteLine "<html>"                           '向文件中写入内容，以下同
    tsm.WriteLine "<head>"
    tsm.WriteLine "<title>我的主页</title>"
    tsm.WriteLine "</head>"
    tsm.WriteLine "<body>"
```

```
        tsm.WriteLine "<h2 align='center'>我的主页</h2>"
        tsm.WriteLine "<p align='center'>欢迎大家访问"
        tsm.WriteLine "</body>"
        tsm.WriteLine "</html>"
        tsm.Close                                   '关闭 TextStream 对象
        Response.Write "已经成功建立文件，请自己打开查看。"
        %>
    </body>
    </html>
```

程序说明

① 上面的示例是逐行写入的，实际上也可以将所有内容当作一个大字符串一次写入，不过那样生成的HTML文件内容就只有一行了，不够美观。请大家自行比较。

② 本示例比较简单，但是再复杂的HTML文件也可以这样生成，请大家自行尝试。

③ 3.7.2节示例和本示例有相似性，但有本质不同。前者是向客户端浏览器直接输出内容，后者是向文件中输出内容。

10.1.5　File 对象的属性和方法

File 对象又称文件对象，一个文件就是一个 File 对象。建立 File 对象的语法如下：

Set File 对象实例=FileSystemObject 对象实例.GetFile(filename)

其中 filename 表示文件的完整路径。

建立 File 对象后，就可以利用它的属性得到文件的各种信息，常用属性如表 10-7 所示。

表 10-7　File 对象的属性

属　性	说　明	示　例
Name	读/写。设置或返回文件的名字	strA=fle.Name
Attributes	读/写。设置或返回文件的属性，0 为普通、1 为只读、2 为隐藏、4 为系统、32 表示上次备份后又修改的文件。各个属性是相加的关系，如隐藏的只读文件，值为 3	intA=fle.Attributes，返回文件的属性
Drive	只读。返回文件所在驱动器对应的 Drive 对象	Set drv=fle.Drive
ParentFolder	只读。返回文件的父文件夹对应的 Folder 对象	Set fld=fle.ParentFolder
Path	只读。返回文件的绝对路径	strA=fle.Path
Size	只读。返回文件的大小（单位为字节）	intA=fle.Size
DateCreated	只读。返回该文件的创建日期和时间	dtmA=fle.DateCreated
DateLastAccessed	只读。返回最后一次访问该文件的日期和时间	dtmA=fle.DateLastAccessed
DateLastModified	只读。返回最后一次修改该文件的日期和时间	dtmA=fle.DateLastModified

说明

① Path 属性是 File 对象的默认属性，也可以省略，如 strA=fle 将返回文件的路径。

② Drive 和 ParentFolder 属性较为特殊，可以如表 10-7 中示例返回 Drive 或 Folder 对象，也可以直接用它们返回所在驱动器及父文件夹名，如“strA=fle.Drive”将返回驱动器名。

File 对象常用的方法如表 10-8 所示。

表 10-8　File 对象的方法

方　法	说　明	示　例
Copy	将当前文件复制到另一位置	fle.Copy "C:\temp\test2.txt"
Move	将当前文件移动到另一位置	fle.Move "C:\temp\test2.txt"
Delete	删除当前文件	fle.Delete
OpenAsTextStream	打开当前文件，并返回一个 TextStream 对象	Set tsm=fle.OpenAsTextStream

说明

① File 对象的方法也可以完成对文件的复制、移动和删除等操作，不过因为它是对当前文件对象进行操作，所以不用指明源文件。

② 这些方法中实际上也可以使用 10.1.2 节中介绍的一些参数。比如“fle.Copy "C:\temp\test2.txt", True”表示如果目标文件存在，就覆盖。

③ 本书中对文件操作时较少使用以上方法，一般使用 FileSystemObject 对象的方法。

下面来看一个具体的例子，显示指定文件的各种属性。

清单 10-7　10-7.asp　显示指定文件的主要属性

```
<html>
<body>
    <h2 align="center">File 对象的属性示例</h2>
    <%
    Dim fso                                    '声明一个 FileSystemObject 对象实例
    Set fso=Server.CreateObject("Scripting.FileSystemObject")
    Dim fle                                    '声明一个 File 对象实例
    Set fle=fso.GetFile("C:\Inetpub\wwwroot\asptemp\chapter10\test.txt")
    Response.Write "<br>文件名：" & fle.Name
    Response.Write "<br>文件属性：" & fle.Attributes
    Response.Write "<br>路径：" & fle.Path
    Response.Write "<br>大小：" & fle.Size
    Response.Write "<br>创建日期：" & fle.DateCreated
    %>
</body>
</html>
```

程序运行结果如图 10-2 所示。

图 10-2　程序 10-7.asp 的运行结果（显示文件属性）

10.1.6　Folder 对象的属性和方法

Folder 对象又称为文件夹对象，一个文件夹就是一个 Folder 对象。建立 Folder 对象的语法如下：

Set Folder 对象实例=FileSystemObject 对象实例.GetFolder(foldername)

其中，foldername 表示文件夹的完整路径。

建立 Folder 对象后，也可以利用它的属性获取文件夹的各种信息，常用属性如表 10-9 所示。

表 10-9　Folder 对象的属性

属　性	说　明	示　例
Name	读/写。设置或返回文件夹的名字	strA=fld.Name
Attributes	读/写。设置或返回文件夹的属性，0 为普通、1 为只读、2 为隐藏、4 为系统、16 为文件夹。各属性是相加的关系，如隐藏只读文件夹，值为 3	intA=fld.Attributes
Drive	只读。返回文件夹所在驱动器对应的 Drive 对象	Set drv=fld.Drive
ParentFolder	只读。返回文件夹的父文件夹对应的 Folder 对象	Set fldParent=fld.ParentFolder
Path	只读。返回该文件夹的绝对路径	strA=fld.Path
Size	只读。返回指定文件夹的大小	intA=fld.Size
IsRootFolder	只读。返回一个布尔值，说明文件夹是否是当前驱动器的根目录	blnA=fld.IsRootFolder
SubFolders	只读。返回文件夹中所有的子文件夹，实际上返回一个由 Folder 对象组成的集合	Set objA=fld.SubFolders
Files	只读。返回文件夹中所有的文件，实际上返回一个由 File 对象组成的集合	Set objA=fld.Files
DateCreated	只读。返回该文件夹的创建日期和时间	dtmA=fld.DateCreated
DateLastAccessed	只读。返回最后一次访问该文件夹的日期和时间	dtmA=fld.DateLastAccessed
DateLastModified	只读。返回最后一次修改该文件夹的日期和时间	dtmA=fld.DateLastModified
Type	只读。返回指定文件夹的类型	strA=fld.Type

说明

① Path 属性是 Folder 对象的默认属性，也可以省略，如 strA=fld 将返回文件夹的路径。

② Drive 和 ParentFolder 属性较为特殊，和 File 对象一样，可以如表 10-9 中示例返回 Drive 或 Folder 对象，也可以直接用它们返回所在驱动器及父文件夹名，如 strA=fld.Drive。

③ SubFolders 和 Files 会返回一个对象集合。对于集合的操作和上一章类似，比如这里实际上可以用 fld.SubFolders.Count 返回子文件夹数目。

Folder 对象常用的方法如表 10-10 所示。

表 10-10　Folder 对象的方法

方　法	说　明	示　例
Copy	将当前文件夹复制到另一位置	fld.Copy "C:\temp\test2"
Move	将当前文件夹移动到另一位置	fld.Move "C:\temp\test2"
Delete	删除当前文件夹	fld.Delete
CreateTextFile	在当前文件夹下创建一个文本文件，并返回一个 TextStream 对象	Set tsm=fld.CreateTextFile("test.txt",1,True) 直接写文件名，后两个参数说明同 10.1.3 节

说明：Folder 对象的方法的说明同 File 对象。

Folder 对象的使用和 File 对象非常类似，下面先举一个简单的例子。

```
<%
Dim fld                                      '声明一个 Folder 对象实例
Set fld=fso.GetFolder("C:\Inetpub\wwwroot\asptemp\chapter10")
Response.Write "<br>文件夹名：" & fld.Name
Response.Write "<br>文件夹属性：" & fld.Attributes
Response.Write "<br>路径：" & fld.Path
Response.Write "<br>大小：" & fld.Size
Response.Write "<br>创建日期：" & fld.DateCreated
%>
```

现在再来看一个比较复杂的例子，其中利用 SubFolders 集合和 Files 集合显示指定文件夹下所有的子文件夹和文件。

清单 10-8　10-8.asp　显示指定文件夹下所有的子文件夹和文件

```
<html>
<body>
    <h2 align="center">显示指定文件夹下所有子文件夹和文件</h2>
    <%
    Dim fso                                  '声明一个 FileSystemObject 对象实例
    Set fso=Server.CreateObject("Scripting.FileSystemObject")
    Dim fld                                  '声明一个 Folder 对象
    Set fld=fso.GetFolder("C:\Inetpub\wwwroot\asptemp\chapter10")
```

```
        Response.Write "子文件夹共" & fld.SubFolders.Count & "个<br>"
        '下面利用循环输出子文件夹集合中的所有 Folder 对象
        Dim objItem                              '声明一个对象变量
        For Each objItem In fld.SubFolders
            Response.Write objItem.Path & "<br>"
        Next
        Response.Write "文件共" & fld.Files.Count & "个<br>"
        '下面利用循环输出文件集合中的所有 File 对象
        For Each objItem In fld.Files
            Response.Write objItem.Path & "<br>"
        Next
        %>
    </body>
    </html>
```

程序运行结果如图 10-3 所示。

图 10-3　程序 10-8.asp 的运行结果（显示文件夹属性）

程序说明

① Count 属性通常用来返回集合中对象的数目。以子文件夹为例，fld.SubFolders.Count 表示子文件夹集合中 Folder 对象的数目，也就是子文件夹的数目。

② 使用 For Each 循环可以依次获取集合中的每一个 Folder 对象或 File 对象，因此变量 objItem 实际上就是相应的对象，利用 objItem.Path 就可以输出该对象的路径。

10.1.7　Drive 对象的属性

Drive 对象又称驱动器对象，一个驱动器就是一个 Drive 对象。建立 Drive 对象的语法如下：

Set Drive 对象实例=FileSystemObject 对象实例.GetDrive(drivename)

其中，drivename 表示驱动器的名称。

Drive 对象的属性如表 10-11 所示。

表 10-11　Drive 对象的属性

属　性	说　明	示　例
Path	只读。返回一个由驱动器字母和冒号组成的驱动器路径，如“C:”	strA=drv.Path
DriveLetter	只读。返回驱动器的字母，如"C"	strA=drv.DriveLetter
DriveType	只读。返回驱动器的类型，0 为未知，1 为软驱，2 为硬盘，3 为网络驱动器，4 为光驱	strA=drv.DriveType
FileSystem	只读。返回驱动器文件系统的类型，如"FAT32"或"NTFS"	strA=drv.FileSystem
SerialNumber	只读。返回用于识别磁盘卷的十进制的序列号	lngA=drv.SerialNumber
ShareName	只读。如果是网络驱动器，返回它的网络共享名	strA=drv.ShareName
VolumeName	读/写。设置或返回驱动器卷名	strA=drv.VolumeName
IsReady	只读。返回一个布尔值，表明驱动器是否已准备好	blnA=drv.IsReady
TotalSize	只读。返回驱动器的总容量大小（单位为字节，以下同）	lngA=drv.TotalSize
FreeSpace	只读。返回驱动器上可用剩余空间的总大小	lngA=drv.FreeSpace
AvailableSpace	只读。返回驱动器上当前用户可用的空间的大小	lngA=drv.AvailableSpace
RootFolder	只读。返回驱动器根目录文件夹对应的 Folder 对象，如"C:\"	Set fld=drv.RootFolder

Drive 对象的属性和 File、Folder 对象的属性用法基本一致，下面举一个简单的例子：

```
<%
Dim drv                                    '声明一个 Drive 对象实例
Set drv=fso.GetDrive("C:")
Response.Write "<br>驱动器名称：" & drv.DriveLetter
Response.Write "<br>文件系统：" & drv.FileSystem
Response.Write "<br>可用空间大小：" & drv.AvailableSpace
%>
```

大家还记得在 10.1.1 节开头提到的 FileSystemObject 对象有一个属性 Drives，可以返回所有驱动器的集合，下面就利用 For Each 循环列出所有驱动器的名称，请看具体代码。

清单 10-9　10-9.asp　列出所有驱动器的名称

```
<html>
<body>
    <h2 align="center">列出所有驱动器名称</h2>
    <%
    Dim fso                                '声明一个 FileSystemObject 对象实例
    Set fso=Server.CreateObject("Scripting.FileSystemObject")
    Response.Write "共有" & fso.Drives.Count & "个驱动器"
    Dim objItem
    For Each objItem in fso.Drives         '下面用循环列出每个驱动器的名称
        Response.Write "<br>驱动器名称：" & objItem.DriveLetter
```

```
    Next
    %>
</body>
</html>
```

10.2　广告轮显组件

利用广告轮显组件可以轻松制作交替变换的广告 Web 页面，当用户每一次进入该页面或者刷新该页面时，显示出来的广告信息都是随机出现的。

当然，利用其他技术也可以实现上述要求，只不过利用广告轮显组件比较简单。可以把广告信息放在一个专门的文本文件内，维护时只要修改该文件就行了，不需要修改网页源文件。

广告轮显组件在 IIS7.0 及以上版本中，将不再默认附带，需要手动安装。组件注册步骤如下：

① 从本书的配套素材中的对应章节目录 chapter10 下找到文件：adrot.dll，将该文件复制到"C:\Windows\SysWOW64"文件夹下。

② 单击计算机左下角的"开始"图标，在应用列表中依次单击【Windows 系统】|【运行】，在弹出的对话框中输入"regsvr32 C:\Windows\SysWOW64\adrot.dll"后，按回车键即可注册。在注册过程中若有问题，请参看附录 A 中的问题答疑。

10.2.1　广告轮显组件的属性和方法

广告轮显组件主要包括一个对象 AdRotator，建立该对象的语法如下：

Set AdRotator 对象实例=Server.CreateObject("MSWC.AdRotator")

该对象的属性和方法如表 10-12 所示。

表 10-12　AdRotator 对象的属性和方法

属性/方法	说　明	示　例
Border 属性	读/写。设置与返回广告图片的边框宽度(单位为像素)。若省略，则采用广告文件中的设置	ad.BorderSize=1
Clickable 属性	读/写。设置与返回广告图片是否提供超链接功能。True 表示提供，False 表示不提供，默认为 True	ad.Clickable=True
TargetFrame 属性	读/写。设置与返回打开超链接的目标框架或窗口。取值请参考表 2-13，默认为"_self"	ad.TargetFrame="_blank" 这表示在新窗口中打开广告
GetAdvertisement 方法	取得广告信息文件中下一个广告的 HTML 字符串。括号中参数为广告信息文件的相对路径或绝对路径	strA=ad.GetAdvertisement("adver.txt")

10.2.2　使用广告轮显组件示例

要使用该组件，一般来说，需要以下 3 个文件。

- 广告信息文件：记录所有广告信息的文本文件。

- 超链接处理文件：用户单击广告图片时引导用户到相应广告网页的 ASP 文件。
- 显示广告图片文件：即放置广告图片的文件，比如个人主页首页。

下面依次说明。

（1）建立广告信息文件

广告信息文件用来存放每个广告的图片路径、超链接网址、广告大小与边框大小等信息，当需要增删广告信息时，只要修改该文件即可。该文件的名字可以任意命名。请看例子。

清单 10-10　adver.txt　广告信息文件

```
REDIRECT    10-11.asp
WIDTH 440
HEIGHT 60
BORDER 1
*
images/edu.gif
http://www.edu.cn/
中国教育和科研计算机网
40
images/sohu.gif
http://www.sohu.com/
搜狐
30
images/jjshang.gif
https://www.pku.edu.cn/
北京大学
20
```

说明

① 前面5行不可以省略。

② 所有广告信息存放在*符号后，每个广告信息包含4行，每行都不能省略。

③ 第1行REDIRECT后指定的文件就是下面要建立的超链接处理文件的相对路径。

④ 第2、3、4行依次是广告图片的宽度、高度和边框宽度的像素数。

⑤ 在具体广告信息中，各部分表示如下：

images/edu.gif	广告图片的相对路径（所有图片已经放到images下）
http://www.edu.cn/	对应网址
中国教育和科研计算机网	图片无法显示时的替代文字
40	广告出现概率

⑥ 广告图片出现概率计算公式。以“中国教育和科研计算机网”为例，出现概率为40/(40+30+20)，即4/9。

（2）建立超链接处理文件

当用户单击广告图片时，ASP 就会调用这个处理文件执行超链接的动作。在该文件中就会获取传递过来的网址，并重定向到相应网址。最简单的超链接处理文件如下。

清单 10-11　10-11.asp　　超链接处理文件

```
<%
Response.Redirect Request.QueryString("url")                    '引导客户端至相应网址
%>
```

程序说明：如果要统计网页访问次数及其他信息，可以在这个程序里加一些语句，比如，可以在重定向语句之前将该广告点击次数记载在数据库里。

（3）建立显示广告图片文件

上面两个文件建立好后，就可以在任意 ASP 文件中使用广告轮显组件显示广告图片了。请看具体代码。

清单 10-12　10-12.asp　显示广告图片

```
<html>
<body>
    <h2 align="center">显示广告图片示例</h2>
    <%
    Dim ad                                                 '声明一个 AdRotator 对象实例
    Set ad=Server.CreateObject("MSWC.AdRotator")
    ad.Border=2                                            '设置图片边框为 2 像素
    ad.Clickable=True                                      '设置图片提供超链接功能
    ad.TargetFrame="_blank"                                '设置在新窗口中打开网址
    Response.Write Ad.GetAdvertisement("adver.txt")        '获取广告信息 HTML 字符串
    %>
</body>
</html>
```

程序运行结果如图 10-4 所示。

图 10-4　程序 10-12.asp 运行结果（显示广告图片）

程序说明

① 本示例中的3个属性也可以省略。Border属性省略后，按广告信息文件中的Border的值设置；Clickable属性的默认值就是True；TargetFrame属性省略后，默认值为"_self"，表示在当前窗口打开广告页面。

② 大家在图10-4中查看源文件，可以看出ad.GetAdvertisement("adver.txt")方法实际上会生成如下的HTML字符串：

<a href="10-11.asp?url=http://www.jjshang.com/&image=images/jjshang.gif" target= "_blank"> <img src="images/jjshang.gif" alt="北京大学" width=440 height=60 border=1></a>

这是根据adver.txt中的信息和10-12.asp中属性的设置生成的一个图片超链接。单击该超链接，就会在新窗口中打开10-11.asp，并将广告网址传递过去；在10-11.asp中就会立即引导客户端到相应网址。

10.3　浏览器兼容组件

由于浏览器之间的差异，当用不同的浏览器访问同一网页时，显示的效果可能不完全一样。而要解决该问题，最好的办法就是针对不同的浏览器开发不同的网页。当然，要做到这一点，首先就要判断客户端浏览器的类型。

第 4 章曾讲过 Request 对象的 ServerVariables 集合，利用该集合实际上也可以获取客户端浏览器类型，不过比较复杂。现在利用浏览器兼容组件就可以轻松获取客户端浏览器类型等特性，比如是否支持框架页，是否支持背景音乐等。

10.3.1　浏览器兼容组件的工作原理

4.2 节讲过，当客户端访问服务器端的任何一个资源文件时，都会向服务器端发出一个 HTTP 请求信息。该请求信息中就包含了客户端浏览器类型、浏览器版本、客户端 IP 地址等。

浏览器兼容组件就可以从这个 HTTP 请求信息中提取出客户端浏览器的类型和版本等信息，然后它会将这些信息与服务器端的一个特殊文件 Browscap.ini 相匹配。Browscap.ini 一般位于“C:\Windows\SysWOW64\inetsrv”文件夹下（如果是 32 位的操作系统，文件夹路径为：“C:\Windows\system32\inetsrv”）。它是一个普通的文本文件，其中包含了市场上各种常见的浏览器的特性信息。图 10-5 就是作者计算机上的 Browscap.ini 文件关于火狐浏览器、谷歌浏览器、Edge 浏览器的部分。

如果浏览器兼容组件在 Browscap.ini 中找到了相匹配的浏览器信息时，它就假定客户端浏览器特性和该文件所记录的一致；当找不到匹配信息时，它会将 Browscap.ini 中设定的默认浏览器的信息当作客户端浏览器的特性。

有时候个人计算机上的 Browscap.ini 文件可能比较旧，无法准确判断客户端浏览器的特性。此时可以从微软等网站下载最新的 Browscap.ini 文件，并将其覆盖原来的文件。也可以参照原有格式，自行添加各种浏览器的多种版本信息。

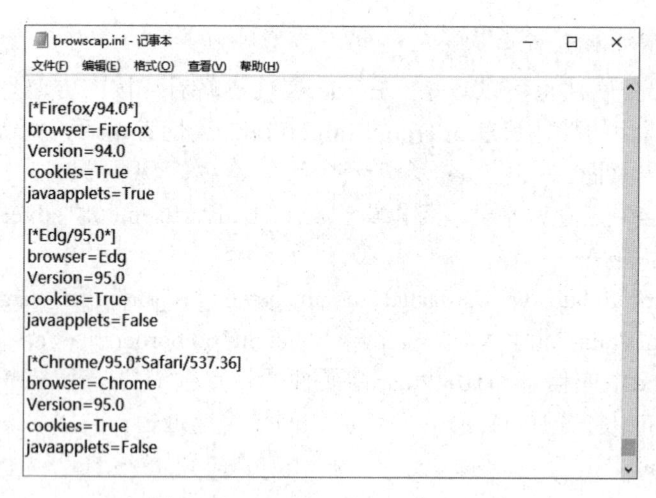

图 10-5　Browscap.ini 文件内容图

10.3.2　浏览器兼容组件的属性

浏览器兼容组件主要包括一个对象 BrowserType，建立该对象的语法如下：

Set BrowserType 对象实例＝Server.CreateObject("MSWC.BrowserType")

该对象的属性如表 10-13 所示。

表 10-13　BrowserType 对象的属性

属　性	说　明	示　例
Browser	只读。返回浏览器类型名称	strA=bc.Browser
Version	只读。返回浏览器版本名称	strA=bc.Version
Majorver	只读。返回浏览器主版本号	strA=bc.Majorver
Minorver	只读。返回浏览器次版本号	strA=bc.Minorver
Frames	只读。返回是否支持框架功能。支持返回 True，不支持返回 False，以下同	blnA=bc.Frames
Tables	只读。返回是否支持表格功能	blnA=bc.Tables
Cookies	只读。返回是否支持 Cookies	blnA=bc.Cookies
BackgroundSounds	只读。返回是否支持背景音乐	blnA=bc.BackgroundSounds
VBScript	只读。返回是否支持 VBScript	blnA=bc.VBScript
JavaApplets	只读。返回是否支持 Java 小程序	blnA=bc.JavaApplets
JavaScript	只读。返回是否支持 JavaScript	blnA=bc.JavaScript
ActiveXControls	只读。返回是否支持 ActiveXControls 控件	blnA=bc.ActiveXControls
Win16	只读。返回浏览器是否支持 Win 16 位	blnA=bc.Win16
Beta	只读。返回浏览器是否是测试版	blnA=bc.Beta

10.3.3　使用浏览器兼容组件示例

下面请看一个具体例子，其运行结果将输出客户端浏览器的主要特性。

清单 10-13　10-13.asp　显示客户端浏览器特性

```
<html>
<body>
    <h2 align="center">客户端浏览器特性</h2>
    <%
    Dim bc                                              '声明一个 BrowserType 对象实例
    Set bc=Server.CreateObject("MSWC.BrowserType")
    Response.Write "<br>浏览器类型：" & bc.Browser
    Response.Write "<br>浏览器版本：" & bc.Version
    Response.Write "<br>支持 Cookies 否：" & bc.Cookies
    Response.Write "<br>支持 Java 小程序否：" & bc.JavaApplets
    %>
</body>
</html>
```

图 10-6 是客户端为 IE 浏览器时的运行结果。

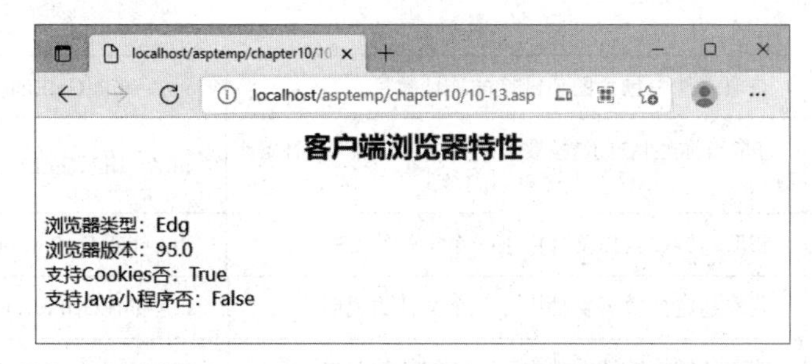

图 10-6　程序 10-13.asp 的运行结果（客户端浏览器为 Edge 95.0）

程序说明

① 如果本示例不能返回正确的结果，请大家下载更新Browscap.ini文件。

② 本示例只是简单地显示了客户端浏览器的一些特性，其实可以加上判断语句，根据不同特性引导至不同的页面或输出不同的内容。当然，对于小型网站意义不大，但对于大型网站就比较重要了。

10.4　文件超链接组件

在一些教学或新闻网站中，经常需要给一批文件制作目录，并且在每个文件末尾通过单击“上一篇”或“下一篇”超链接就可以打开相应的文件。

当然，要实现以上要求并不难，只要手工建立一个目录页，并且在每个文件中手工添加超链接就可以了。ASP 提供了文件超链接组件，利用它可以自动生成目录页，并且可以方便地给每一个文件添加“上一篇”或“下一篇”超链接。

要应用该组件，首先要建立一个超链接数据文件，在其中存放每一个文件的 URL 和说明，然后在其他页面中就可以用有关方法来读取该数据文件并显示相应的内容。当需要添加或删除一个文件时，只要修改这个超链接数据文件即可。

文件超链组件在 IIS7.0 及以上版本中，将不再默认附带，需要手动安装。组件注册步骤如下：

① 从本书的配套素材中的对应章节目录 chapter10 下找到文件：nextlink.dll，将该文件复制到“C:\Windows\SysWOW64”文件夹下。

② 单击计算机左下角的“开始”图标，在应用列表中依次单击【Windows 系统】|【运行】，在弹出的对话框中输入“regsvr32 C:\Windows\SysWOW64\nextlink.dll”后，按回车键即可注册。

10.4.1　文件超链接组件的方法

文件超链接组件主要包括一个对象 NextLink，建立该对象的语法如下：

Set NextLink 对象实例＝Server.CreateObject("MSWC.NextLink"）

该对象的常用方法如表 10-14 所示。

表 10-14　NextLink 对象的常用方法

方　法	说　明	示　例
GetListCount	获取文件中包含的超链接的地址数目	intA=link.GetListCount("link.txt")
GetListIndex	获取当前文件在超链接数据文件中的索引（从 1 开始计数）	intA= link.GetListIndex("link.txt")
GetPreviousURL	获取超链接数据文件中上一个文件的 URL	strA=link.GetPreviousURL("link.txt")
GetPreviousDescription	获取超链接数据文件中上一个文件的说明	strA=link.GetPreviousDescription("link.txt")
GetNextURL	获取超链接数据文件中下一个文件的 URL	strA=link.GetNextURL("link.txt")
GetNextDescription	获取超链接数据文件中下一个文件的说明	strA=link.GetNextDescription("link.txt")
GetNthURL	获取超链接数据文件中第 *n* 个文件的 URL	strA=link.GetNthURL("link.txt",1)
GetNthDescription	获取超链接数据文件中第 *n* 个文件的说明	strA=link.GetNthDescription("link.txt",1)

10.4.2　使用文件超链接组件示例

本示例的所有文件都存放在 chapter10/webcourse 文件夹下，请大家注意访问路径。

（1）建立超链接数据文件

要使用文件超链接组件，首先要建立超链接数据文件，这是一个文本文件，存放了其他文件的 URL 和说明。请看下面的代码。

清单 10-14　link.txt　超链接数据文件

```
www_1.asp	第一讲 利用工具软件制作网页
www_2.asp	第二讲 网页制作高级功能
www_3.asp	第三讲 利用源代码开发网页
www_4.asp	第四讲 利用 ASP 开发动态网页
```

> 说明
>
> ① 每行是一个文件。文件 URL 和说明之间用 TAB 键分开，不能用空格。
>
> ② 文件路径一般是相对路径或绝对路径，这里用了相对路径。
>
> ③ 该超链接数据文件的名字也可以任意命名。

（2）建立目录页文件

建立超链接数据文件后，就可以在 ASP 中利用 NextLink 对象读取该文件并显示一个目录页了。请看具体代码。

清单 10-15　10-15.asp　建立目录页

```
<html>
<body>
    <h2 align="center">利用文件超链接组件建立目录页</h2>
    <%
    Dim link                                          '声明一个 NextLink 对象实例
    Set link=Server.CreateObject("MSWC.NextLink")
    Dim I
    For I=1 To link.GetListCount("link.txt")          '用循环依次写出所有的文件链接
        Response.Write "<a href='" & link.GetNthURL("link.txt",I) & "'>" &
        link.GetNthDescription("link.txt",I) & "</a><p>"
    Next
    %>
</body>
</html>
```

程序运行结果如图 10-7 所示。

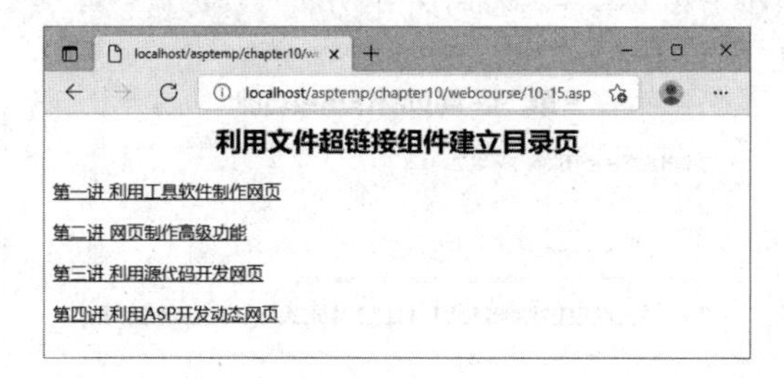

图 10-7　程序 10-15.asp 的运行结果

程序说明

① 其中link.GetListCount("link.txt")会返回文件总数，利用循环就可以建立目录了。

② 输出超链接的语句比较复杂，大家可以将有关变量代入，看看最后究竟生成了什么。另外，也可以在图10-7中查看源文件，对比研究。

（3）在文件中添加“上一篇、下一篇”的超链接

上面只是建立了一个目录页，并没有发挥出文件超链接组件的所有功能，实际上还可以在每一个文件中添加“上一篇”和“下一篇”等超链接。请看其中 www_2.asp 的具体代码。

清单 10-16　www_2.asp　添加“上一篇”和“下一篇”等超链接

```
<html>
<body>
    <h2 align='center'>第二讲 网页制作高级功能</h2>
    <table width="80%" border="1" align="center">
        <tr><td>本节主要讲授网页制作高级功能......<br><br><br><br><br></td></tr>
    </table>
    <p align="center">
    <%
    Dim link                                          '声明一个 NextLink 对象实例
    Set link=Server.CreateObject("MSWC.NextLink")
    '下面是上一篇的超链接
     Response.Write "【<a href='" & link.GetPreviousURL("link.txt") & "'>" &
     link.GetPreviousDescription("link.txt") & "</a>】"
    '下面是返回目录的超链接
    Response.Write "【<a href='10-15.asp'>目录</a>】"
    '下面是下一篇的超链接
     Response.Write "【<a href='" & link.GetNextURL("link.txt") & "'>" &
     link.GetNextDescription("link.txt") & "</a>】"
    %>
</body>
```

程序运行结果如图 10-8 所示。

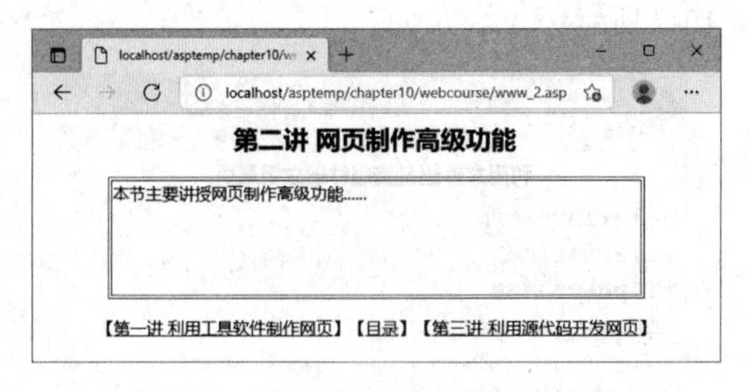

图 10-8　程序 10-16.asp 的运行结果

程序说明

① 在图10-8中单击上一篇标题或下一篇标题的超链接，就可以依次浏览每一个文件了。而且，到达超链接数据文件的开头和末尾时，它会自动循环执行。

② 这里列出的是www_2.asp的源代码，事实上其他3个文件中的超链接部分都是一样的，这也是利用组件比手工添加超链接的优势。如果有更多的文件，只要将该部分复制到每一个文件的末尾即可。

10.5　计数器组件

在以前的讲解和习题中多次要求大家制作计数器，其实 ASP 还提供了一个专门的计数器组件。该组件是将统计数据存放到服务器端的一个文本文件中，不过大家并不需要关心该文件，组件会自动完成有关计数工作。

文件超链组件在 IIS7.0 及以上版本中，将不再默认附带，需要手动安装。组件注册步骤如下：

① 从本书的配套素材中的对应章节目录 chapter10 下找到文件 pagecnt.dll，将该文件复制到“C:\Windows\SysWOW64”文件夹下。

② 单击计算机左下角的“开始”图标，在应用列表中依次单击【Windows 系统】|【运行】，在弹出的对话框中输入“regsvr32 C:\Windows\SysWOW64\pagecnt.dll”后，按回车键即可注册。

10.5.1　计数器组件的属性和方法

计数器组件主要包括一个对象 PageCounter，建立该对象的语法如下：

Set PageCounter 对象实例＝Server.CreateObject("MSWC. PageCounter")

该对象的常用方法如表 10-15 所示。

表 10-15　PageCounter 对象的常用方法

方　法	说　明	示　例
Hits	获取指定的网页的访问次数。如果省略参数，则返回当前网页的访问次数	intA=count.Hits("10-16.asp") intA=count.Hits()
PageHit	增加当前网页的访问次数	cont.PageHit
Reset	设置指定的网页的访问次数为 0。如果省略参数，则设置当前网页的访问次数为 0	count.Reset("10-16.asp") count.Reset

10.5.2　使用计数器组件示例

下面看一个具体例子，其运行结果将显示当前网页的访问次数。

清单 10-17　10-17.asp　计数器组件应用示例

```
<html>
<body>
    <h2 align="center">计数器组件应用示例</h2>
    <%
    Dim count                                          '声明一个组件实例变量
    Set count=Server.CreateObject("MSWC.PageCounter")
    count.PageHit                                      '将当前网页访问次数加 1
    Dim intVisit
    intVisit=count.Hits()                              '获取当前网页访问次数
    Response.Write "您是第" & intVisit & "位访客"
    %>
</body>
</html>
```

10.6　本章小结

本章的重点是文件存取组件，该组件的对象、属性、方法都非常多，请大家细心体会，一定要牢固掌握文件或文件夹的基本操作、文本文件的新建、读取和追加操作。

对于其他组件，大家实际上也可以自己编程实现相应的效果，不过利用这些组件开发比较简单。希望大家尽量熟悉每个组件的常用属性和方法。

在本章中经常涉及文件路径，其中文本存取组件一般需要使用物理路径，而其他组件通常使用相对路径或绝对路径。

习题 10

1. 选择题（可多选）

（1）如果程序中需要建立一个临时文件，下面（　　）方法可以用来生成一个临时文件名称。

A．GetFileName　　B．GetDriveName
C．GetBaseName　　D．GetTempName

（2）当使用 OpenTextFile 方法打开一个文件并准备读取内容时，指针一般指向（　　）。

A．文件开头　　B．文件结尾
C．第 1 行　　D．最后一行

（3）如果目标文件存在，下面（　　）语句建立的 TextStream 对象可以读取文件。

A．Set tsm= fso.OpenTextFile("C:\Inetpub\wwwroot\asptemp\chapter10\test.txt",1,True)
B．Set tsm= fso.OpenTextFile("C:\Inetpub\wwwroot\asptemp\chapter10\test.txt",1)
C．Set tsm= fso.OpenTextFile("C:\Inetpub\wwwroot\asptemp\chapter10\test.txt")

D．Set tsm= fso.OpenTextFile("C:\Inetpub\wwwroot\asptemp\chapter10\test.txt", ,True)

（4）如果目标文件不存在，下面（　　）语句能够自动建立文件。

A．Set tsm= fso.OpenTextFile("C:\Inetpub\wwwroot\asptemp\chapter10\test.txt",1,True)

B．Set tsm= fso.OpenTextFile("C:\Inetpub\wwwroot\asptemp\chapter10\test.txt",2,True)

C．Set tsm= fso.OpenTextFile("C:\Inetpub\wwwroot\asptemp\chapter10\test.txt",8,False)

D．Set tsm= fso.OpenTextFile("C:\Inetpub\wwwroot\asptemp\chapter10\test.txt",1,False)

（5）执行“tsm.WriteBlankLines 1”语句后，会在文件中写入一个（　　）。

A．<p>　　B．
　　C．1　　D．换行符（回车）

（6）如果给某文件的 Attributes 属性赋值 3，则该文件属性为（　　）。

A．普通　　B．只读　　C．隐藏　　D．只读和隐藏

（7）在 Folder 对象中，下面（　　）属性可以返回一个对象或对象集合。

A．Drive　　B．ParentFolder

C．SubFolders　　D．Files

（8）在广告轮显组件的超链接数据文件中，文件 URL 和说明之间可以用（　　）隔开。

A．空格　　B．逗号　　C．冒号　　D．Tab 键

（9）在广告轮显组件中，假如在广告信息文件中设置 Border 为 1，然后在页面中又设置了 Border 属性值为 3，则显示在页面中的广告图片的边框宽度为（　　）。

A．0　　B．1　　C．3　　D．4

（10）在文件超链接组件中，假如使用 GetNextURL 方法读取到了最后 1 个文件的 URL，之后继续执行该方法，将会读取（　　）文件的 URL。

A．第 1 个　　B．最后 1 个

C．停止不动　　D．程序会出错

2. 问答题

（1）小王在调试程序 10-1.asp 中，无论如何修改程序都不能正确执行，可能是什么原因？

（2）在新建文本文件时，扩展名是否一定要用.txt？

（3）如果希望修改一个文件的名字，请思考都有什么方法。

（4）如果希望创建一个新的文本文件，请思考都有什么方法。

（5）请比较按行读取文本文件和读取数据库记录有什么区别。

（6）文本文件中的换行符（回车）会自动在浏览器中呈现换行效果吗？

（7）请思考究竟什么时候用 FileSystemObject 对象，什么时候用 File 对象和 Folder 对象。

（8）请简述浏览器兼容组件的工作原理。

（9）请简述广告轮显组件的工作原理。

（10）如果浏览器兼容组件无法返回正确的信息，请问可能是什么原因？

3. 实践题

（1）请利用文件存取组件自己制作一个计数器。

（2）请用文件存取组件开发一个故事接龙网页（提示：可以在表单中输入故事内容，然后追加到一个文本文件中）。

（3）请在自己的个人主页上添加广告轮显组件和计数器组件。

（4）请制作一个页面，判断用户的浏览器版本。如果是 IE 5.0 以下版本，就提示用户更新自己的浏览器软件。

（5）请参考 10-6.asp，将 8-1.asp 改写并生成一个静态通信录页面。

（6）（选做题）请自己编程实现广告轮显效果（提示：使用随机函数，但是注意不同广告的出现概率）。

（7）（选做题）请自己开发一个简单的网上文件管理器，在其中可以显示指定文件夹下的所有子文件夹和文件；可以单击子文件夹的名称进入下一层文件夹；可以返回父文件夹；可以删除文件或文件夹；如果是文本文件，可以读取并显示在页面上。

第 11 章　使用第三方组件

本章要点

- ☑ 利用文件上传组件上传文件
- ☑ 利用发送E-mail组件发送E-mail

11.1　文件上传组件 ASPUpload

有时候希望将客户端的文件上传到服务器端，比如在网上教学平台中，学生通过上传文件递交作业等。要实现该功能，也可以完全自己编程实现，这就是通常所说的“无组件上传”。不过无组件上传非常复杂，实际开发中一般使用第三方提供的文件上传组件。本节就来介绍网上比较流行的ASPUpload组件。

11.1.1　下载和安装 ASPUpload 组件

该组件的下载网址是：http://www.aspupload.com/download.html，从该网址可以下载安装软件aspupload.exe。下载后双击该文件，按照提示一步一步安装即可。

安装完毕后，将默认生成“C:\Program Files\Persits Software\AspUpload”文件夹，其中有使用说明和例子，大家可以仔细研究一下（注：本书使用ASPUpload 3.1.0.4）。

ASPUpload 组件只可以免费使用 30 天，过期需要付费注册才能继续使用。

11.1.2　ASPUpload 组件的属性和方法

该组件包括多个对象，其中最重要的是Upload对象，它用来执行上传操作。另外，每一个上传的文件被当作一个上传文件对象，每一个上传的普通表单元素（如文本框）也被当作一个上传表单元素对象。下面就依次介绍这3个重要的对象。

（1）Upload对象

建立Upload对象的语法如下：

```
Set Upload对象实例=Server.CreateObject("Persits.Upload")
```

例如：

```
<% Set upload=Server.CreateObject("Persits.Upload") %>
```

该对象的常用属性和方法如表11-1所示。

表 11-1　Upload 对象的属性和方法

属性/方法	说　明	示　例
OverWriteFiles 属性	读/写。表示是否允许覆盖文件。True 为允许，False 为不允许，默认为 True	upload.OverWriteFiles=False

续表

属性/方法	说　明	示　例
IgnoreNoPost 属性	读/写。表示是否忽略上传过程中的错误。True 为允许，False 为不允许，默认为 False	upload.IgnoreNoPost=True
SetMaxSize 方法	设置上传文件最大字节数，如不设置默认为 2 GB。第二个参数为 True 时，表示超出限制时报错，为 False 时表示自动截短，如省略默认为 False	upload.SetMaxSize 10485760,True upload.SetMaxSize 10485760,False
Save 方法	将上传文件保存到指定文件夹或内存中	upload.Save "C:\upfiles"，保存到文件夹 upload.Save，保存到内存中
Files 方法	获取上传文件对象的集合	Set objA=upload.Files
Form 方法	获取上传表单元素对象的集合	Set objA=upload.Form

（2）上传文件对象

上传文件时，一次可以上传一个或多个文件，每个上传文件都是一个上传文件对象，而所有上传文件对象就组成了一个集合。利用Upload对象的Files方法就可以获取该集合，然后可以通过它获取到每一个上传文件对象。语法如下：

Set 上传文件对象实例=Upload对象实例.Files(name / index)

其中，name表示上传表单中文件选择框的名称，index表示文件选择框在所有文件选择框中的索引（从1开始）。

例如，下面的例子将建立一个上传文件对象，并输出该文件上传后的保存路径：

```
<%
Set fle=upload.Files("fleUpload")
Response.Write fle.Path
%>
```

上面的例子首先明确建立了上传文件对象实例fle，然后再调用它的属性。不过实际开发中通常可以直接调用，如：

```
<% Response.Write upload.Files("fleUpload").Path %>
```

上面已经用到了Path属性，上传文件对象更多的属性和方法如表11-2所示。

表 11-2　上传文件对象的属性和方法

属性/方法	说　明	示　例
Name 属性	只读。返回上传表单中的文件框的名称	strA=fle.Name
FileName 属性	只读。返回上传文件的名称	strA=fle.FileName
Ext 属性	只读。返回上传文件的扩展名	StrA=fle.Ext
Path 属性	只读。返回上传后文件的路径	strA=fle.Path
Size 属性	只读。返回上传后文件的大小	lngA=fle.Size
LastWriteTime 属性	只读。返回上传文件的最后修改时间	dtmA=fle.LastWriteTime
SaveAs 方法	将当前文件另存到指定文件夹下	Fle.SaveAs "C:\upfiles"

（3）上传表单元素对象

当利用表单上传文件时，必须以二进制的方式提交表单数据，此时就不能用Request.Form方法来获取表单元素值，而需要用ASPUpload组件提供的方法来获取元素值。和上传文件一样，ASPUpload将每一个表单元素也当作了一个对象，所有上传表单元素对象就组成了一个集合。利用Upload对象的Form方法就可以获取该集合，然后可以通过它获取到每一个上传表单元素对象。语法如下：

Set 上传表单元素对象实例=Upload对象实例.Form(name / index)

其中，name表示上传表单中表单元素的名称，index表示表单元素在所有普通表单元素中的索引（从1开始）。

例如，下面的示例将建立一个上传表单元素对象，并输出该元素的值：

```
<%
Set frm=upload.Form("txtIntro")
Response.Write frm.Value
%>
```

与上传文件对象一样，在实际开发中通常可以直接调用，如：

```
<% Response.Write upload.Form("txtIntro").Value %>
```

上传表单元素对象的常用属性如表11-3所示。

表 11-3　上传表单元素对象的属性

属　性	说　明	示　例
Name	只读。返回上传表单中表单元素的名称	strA=frm.Name
Value	只读。返回表单元素的值。这是该对象的默认属性，可以省略	strA=frm.Value strA=frm，省略 Value 属性

以上详细介绍了每一个对象的建立方式，主要希望大家进一步理解对象和集合的关系，实际上传文件时一般不需要这么复杂。

11.1.3　上传单个文件

下面先来看一个简单的例子，其中只能上传一个文件，并可以添加文件说明。

清单11-1　11-1.asp　上传单个文件表单

```
<html>
<body>
    <h2 align="center">上传单个文件</h2>
    <form name="frmUp" action="11-2.asp" method="POST" enctype="multipart/form-data">
        选择文件:<input type="file" name="fleUpload"><br>
        文件说明:<input type="text" name="txtIntro" size="30"><br>
        作者姓名:<input type="text" name="txtAuthor" size="30"><br>
        <input type="submit" value="确定">
    </form>
```

```
</body>
</html>
```

清单11-2　11-2.asp　上传单个文件执行程序

```
<html>
<body>
    <h2 align="center">文件已安全上传</h2>
    <%
    Dim upload                                               '声明一个 upload 对象实例
    Set upload=Server.CreateObject("Persits.Upload")
    upload.SetMaxSize 10*1024*1024,True                      '限制文件不超过 10 MB，否则报错
    upload.OverWriteFiles=False                              'False 表示文件不可以被覆盖
    upload.Save "C:\Inetpub\wwwroot\asptemp\chapter11\upfiles"       '上传到指定文件夹
    '下面判断一下，如果确实上传了文件，则输出文件信息
    If upload.Files.Count>0 Then
        Response.Write "<br>上传文件：" & upload.Files("fleUpload").Path
        Response.Write "<br>文件名：" & upload.Files("fleUpload").FileName
        Response.Write "<br>扩展名：" & upload.Files("fleUpload").Ext
        Response.Write "<br>文件大小：" & upload.Files("fleUpload").Size & "字节"
        Response.Write "<br>最后修改时间：" & upload.Files("fleUpload").LastWriteTime
    End If
    '下面输出表单元素信息
    Response.Write "<br>文件说明：" & upload.Form("txtIntro").Value
    Response.Write "<br>作者姓名：" & upload.Form("txtAuthor").Value
    %>
</body>
</html>
```

依次执行程序11-1.asp和11-2.asp，运行结果分别如图11-1、图11-2所示。

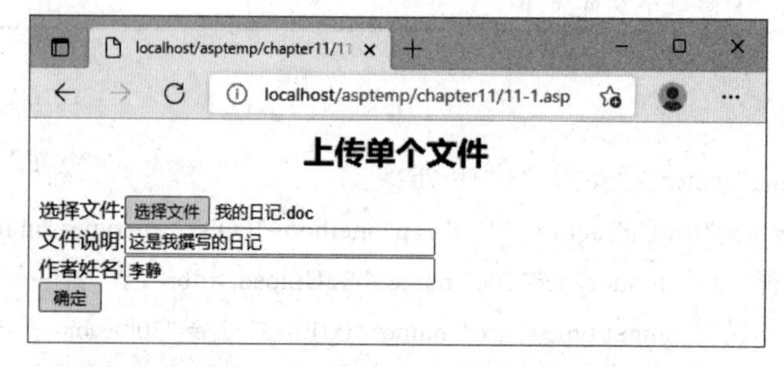

图 11-1　程序 11-1.asp 的运行结果（上传文件表单）

图 11-2　程序 11-2.asp 的运行结果（上传文件结果）

程序说明

① 注意11-1.asp中FORM表单中的“enctype="multipart/form-data"”，该属性表示以二进制方式提交表单，这样就可以上传文件了。

② 要注意文件选择框的HTML语法“<input type="file" name="fleUpload">”。

③ 注意11-2.asp中限制文件大小的语句“upload.SetMaxSize 10*1024*1024,True”，其中用一个数学表达式限制文件大小为10 MB；True表示如果文件超过10 MB，则报错；如果改为False，则会自动截短。

④ 关于文件是否覆盖的语句“upload.OverWriteFiles=False”，其中False表示不可以覆盖，这样它会自动另外起一个名称保存；如改为True，则可以覆盖。

⑤ 请注意“upload.Save …”语句，执行该语句后才会真正将上传文件保存到指定文件夹下。并且只有执行该语句后，后面的语句才能获取正确的值。另外，这里需要使用物理路径，当然，也可以使用Server.MapPath转换。

⑥ 这里在输出上传文件信息时用了一个判断语句“If upload.Files.Count>0 Then”，主要是因为如果用户只提交了文件说明，没有上传文件就会出错。而upload.Files.Count就会返回上传文件集合中文件对象的数目，大于0就表示确实上传了文件。

11.1.4　上传多个文件

在上面的例子里，一次只能上传一个文件，如果想一次上传多个文件也很容易，只要在上传表单中添加多个文件选择框即可，请参考下面的例子。

清单11-3　11-3.asp　上传多个文件表单

```
<html>
<body>
    <h2 align="center">上传多个文件示例</h2>
    <form name="frmUp" action="11-4.asp" method="POST" enctype="multipart/form-data">
        选择文件 1:<input type="file" name="fleUpload1">
        文件说明 1:<input type=text name="txtIntro1" size="30"><br>
        选择文件 2:<input type="file"name="fleUpload2">
        文件说明 2:<input type=text name="txtIntro2" size="30"><br>
```

```
        <input type="submit" value="确定">
    </form>
</body>
</html>
```

清单11-4　11-4.asp　上传多个文件执行文件

```
<html>
<body>
    <h2 align="center">文件已安全上传</h2>
    <%
    Dim upload                                          '建立 upload 对象实例
    Set upload=Server.CreateObject("Persits.Upload")
    upload.Save Server.MapPath("upfiles")               '上传到指定文件夹
    Dim objItem                                         '声明一个对象实例变量
    For Each objItem In upload.Files                    '用循环输出所有文件的信息
        Response.Write objItem.Name & "=" & objItem.Path & "<br>"
    Next
    For Each objItem In upload.Form                     '用循环输出所有表单元素信息
        Response.Write objItem.Name & "=" & objItem.Value & "<br>"
    Next
    %>
</body>
</html>
```

程序说明

① 不管上传多少个文件，“upload.Save ...”语句都会将它们保存到指定文件夹下。

② 在上传多个文件时可以像上节示例一样，逐个获取上传文件和文件说明。不过本示例用了一个For Each循环，效果是一样的。

③ 在循环过程中，objItem就是一个上传文件对象或上传表单元素对象。

11.1.5　判断文件是否已经存在

在以上示例中，如果文件存在将直接覆盖，但是比较人性化的方法应该是判断一下，如果文件已经存在，就提醒用户换一个名称重新上传。下面请看具体示例。

清单11-5　11-5.asp　判断文件是否存在表单

```
<html>
<body>
    <h2 align="center">判断文件是否存在示例</h2>
```

```
    <form name="frmUp" action="11-6.asp" method="POST" enctype="multipart/form-data">
        选择文件:<input type="file" name="fleUpload">
        <input type="submit" value="确定">
    </form>
</body>
</html>
```

清单11-6　11-6.asp　判断文件是否存在执行文件

```
<html>
<body>
    <h2 align="center">文件上传结果</h2>
    <%
    Dim upload                                          '声明一个 upload 对象实例
    Set upload=Server.CreateObject("Persits.Upload")
    upload.OverWriteFiles=False                         'False 表示文件不可以覆盖
    upload.Save                                         '上传文件到内存中
    '先建立一个上传文件对象，后面可以直接引用该对象
    Dim fle
    Set fle=upload.Files("fleUpload")
    '下面判断文件是否已经存在
    If upload.FileExists(Server.MapPath("upfiles" & "/" & fle.FileName)) Then
        Response.Write "文件已经存在，请返回<a href='11-5.asp'>重新上传</a>"
    Else
        '从内存中保存到文件夹下
        fle.SaveAs Server.MapPath("upfiles" & "/" & fle.FileName)
        Response.Write "文件路径：" & fle.Path
    End If
    %>
</body>
</html>
```

程序说明

① 本示例的中心思想是：先把上传文件临时保存到内存中；然后根据它的文件名判断该文件是否已经存在；如果存在就提醒用户重新上传，否则再将内存中的文件另存到指定文件夹下。

② 请注意“upload.Save”语句，如果不指定文件夹，则保存到内存中。

③ 本示例明确建立上传文件对象实例fle，主要是为了后面书写简单。

④ 请注意“fle.SaveAs ...”语句，它表示将保存在内存中的当前文件另存到指定文件夹下。

ASPUpload 组件还有许多功能，比如直接上传文件到数据库中，请大家参看使用说明或参考本书支持网站中的更多示例。

11.2　发送 E-mail 组件 W3Jmail

大家平时可能都用过新浪、163等免费信箱。当然，要开发一个基于WWW的完整的邮件系统还是非常复杂的，不过可以利用一些发送E-mail组件在ASP网页中实现简单的发信功能。本节就来介绍一个比较流行的W3Jmail组件。

11.2.1　注册 W3Jmail 组件

W3Jmail 组件注册步骤如下：

① 大家可以使用百度搜索，自行从网上搜索、下载 jmail.dll 文件，将该文件复制到"C:\Windows\SysWOW64"文件夹下。（如果下载的文件是 rar 等压缩包格式，下载后解压缩即可获得 dll 文件，例如：https://oss.gamepku.com/asptemp/jmail.rar）

② 单击计算机左下角的"开始"图标，在应用列表中依次单击【Windows 系统】|【运行】，在弹出的对话框中输入"regsvr32 C:\Windows\SysWOW64\jmail.dll"后，按回车键即可注册。

11.2.2　W3Jmail 组件的属性和方法

该组件实际上包含多个对象，其中最重要的是Message对象。建立该对象的语法如下：

```
Set Message对象实例=Server.CreateObject("Jmail.Message")
```

例如：

```
<%  Set jmail=Server.CreateObject("Jmail.Message")  %>
```

Message对象的常用属性和方法如表11-4所示。

表 11-4　Message 对象的属性和方法

属性/方法	说　明	示　例
From 属性	读/写。设置与返回发件人地址	jmail.From="aspbook@163.com"
FromName 属性	读/写。设置与返回发件人姓名	jmail.FromName="李静"
Subject 属性	读/写。设置与返回邮件主题	jmail.Subject="你好"
Body 属性	读/写。设置与返回文本格式的邮件内容	jmail.Body="测试发信组件"
HTMLBody 属性	读/写。设置与返回 HTML 格式的邮件内容	jmail.HTMLBody="<b>节日快乐</b>"
Charset 属性	读/写。设置与返回编码格式	Jmail.Charset="gb2312"
AddRecipient 方法	添加收件人 E-mail 地址	jmail.AddRecipient "jjshang@263.net"
AddAttachment 方法	添加附件	jmail.AddAttachment "C:\temp.txt"
Send 方法	执行发送	jmail.Send"aspbook:MVBYNUILCPUISVQM@smtp.163.com"
Close 方法	关闭对象	jmail.Close
Version 属性	只读。返回 W3Jmail 的版本号	strA=jmail.Version

关于Message对象的属性和方法，必须注意以下几点。

① Body和HTMLBody分别用来设置文本格式或HTML格式的信件内容，两者只能使用一个。

② 当发送附件时，文件必须位于服务器端。如果在客户端，必须先上传到服务器端。

③ 请注意Send方法的参数为发信服务器地址，具体格式为“jmail.Send"用户名：SMTP服务授权密码@发信服务器"”，而且通常情况下发件人地址也必须使用这个地址才行。为了介绍方便，这里从https://mail.163.com申请了一个免费信箱aspbook@163.com，用户名为aspbook，SMTP服务授权密码为MVBYNUILCPUISVQM，发信服务器为smtp.163.com。书中使用的免费信箱aspbook@163.com及对应的SMTP服务授权密码只是一个示例，大家在测试程序时，请更换为自己申请的信箱。此处若有问题，请参看附录A中的常见问题答疑。

11.2.3　简单发送 E-mail

下面是最简单的发送E-mail的例子。

清单11-7　11-7.asp　发送E-mail的简单例子

```
<%
Dim jmail
Set jmail=Server.CreateObject("Jmail.Message")                    '建立 Message 对象实例
jmail.From="aspbook@163.com"                                      '发件人地址
jmail.FromName="李静"                                             '发件人姓名
jmail.AddRecipient "jjshang@263.net"                              '第一个收件人
jmail.AddRecipient "jiananlearning@qq.com"                        '第二个收件人
jmail.Subject="你好"                                              '信件主题
jmail.Body="测试一下发信组件"                                      '信件内容
jmail.AddAttachment "C:\Inetpub\wwwroot\asptemp\chapter11\music.mid"      '添加附件一
jmail.AddAttachment "C:\Inetpub\wwwroot\asptemp\chapter11\beauty.jpg"     '添加附件二
jmail.Charset="gb2312"                                            '信件编码格式
jmail.Send "aspbook:MVBYNUILCPUISVQM@smtp.163.com" '执行发送，参数是发信服务器
jmail.Close                                                       '发送完毕，关闭该对象
Response.Write "已经成功发送"
%>
```

程序说明

① 请确保附件位于服务器端。

② 请注意“jmail.Send "aspbook:MVBYNUILCPUISVQM@smtp.163.com"”，这里使用的是需要验证的发信服务器。另外，发件人地址必须是“aspbook@163.com”。

③ 在发信时，FromName、Charset、Body等属性也可以省略。

本示例虽然简单，但是用处非常大。比如在网站注册页面中，当用户注册后，就可以给用户自动发一封信。

另外，将该示例和第9章的数据库结合起来，还可以给所有人员自动群发一封信。其实道理很简单，利用循环读取每个人的E-mail地址，然后逐个添加到收件人中即可。如：

```
<%
......                                      '以上省略了打开记录集的语句
Do While Not rs.Eof
    jmail.AddRecipient rs("strEmail")       '添加收件人
    rs.MoveNext
Loop
%>
```

11.2.4　在线发送 E-mail

下面再来看一个例子，首先在表单中填写邮件信息，然后提交到服务器端，再利用W3Jmail组件发送邮件。

清单11-8　11-8.asp　在线发送E-mail

```
<html>
<body>
    <h2 align="center">在线发送 E-mail 示例</h2>
    <form name="frmEmail" method="POST" action="">
    <table border="0" align="center">
        <tr><td>发件人</td><td>aspbook@163.com</td></tr>
        <tr><td>收件人</td><td><input type="text" name="txtRecipient" size="30"></td></tr>
        <tr><td>主题</td><td><input type="text" name="txtSubject" size="40"></td></tr>
        <tr><td>内容</td>
        <td><textarea name="txtBody" rows="4" cols="40"></textarea></td></tr>
        <tr><td></td><td><input type="submit" value=" 发送 "></td></tr>
    </table>
    </form>
    <%
    '判断，如果收件人和主题都不为空，则继续发信
    If Request("txtRecipient")<>"" And Request("txtSubject")<>"" Then
        Dim jmail                                           '声明 Message 对象实例
        Set jmail=Server.CreateObject("Jmail.Message")
        jmail.From="aspbook@163.com"                        '发件人
        jmail.AddRecipient Request("txtRecipient")          '收件人
        jmail.Subject=Request("txtSubject")                 '主题
        jmail.Body=Request("txtBody")                       '内容
        jmail.Send "aspbook:MVBYNUILCPUISVQM@smtp.163.com"     '执行发送
        jmail.Close                                         '关闭对象
```

```
            Response.Write "<p align='center'>成功发送"
        End If
        %>
    </body>
    </html>
```

程序运行结果如图11-3所示。

图 11-3　程序 11-8.asp 的运行结果（在线发送 E-mail）

程序说明：由于发信服务器需要验证，所以这里不允许用户自己填写发件人地址。大家测试时可以将其更换为自己的信箱地址，另外，要同时修改Send方法的参数。

11.2.5　在线发送附件

本节示例将在上一节示例的基础上，增加可以发送附件的功能。要达到该目的，需要综合使用ASPUpload和W3Jmail两个组件。首先将文件从客户端上传到服务器端，然后再将其作为附件发出去。请看具体代码。

清单11-9　11-9.asp　在线发送附件表单

```
<html>
<body>
    <h2 align="center">在线发送附件示例</h2>
    <form name="frmUp" action="11-10.asp" method="POST" enctype="multipart/form-data">
    <table border="0" align="center">
        <tr><td>发件人</td><td>aspbook@163.com</td></tr>
        <tr><td>收件人</td><td><input type="text" name="txtRecipient" size="40"></td></tr>
        <tr><td>主题</td><td><input type="text" name="txtSubject" size="40"></td></tr>
        <tr><td>内容</td>
        <td><textarea name="txtBody" rows="4" cols="40"></textarea></td></tr>
        <tr><td>附件</td><td><input type="file" name="fleUpload" size="40"></td></tr>
```

```
        <tr><td></td><td><input type="submit" value=" 发送 "></td></tr>
    </table>
    </form>
</body>
</html>
```

清单11-10　11-10.asp　在线发送附件执行程序

```
<html>
<body>
    <h2 align="center">在线发送附件</h2>
    <%
    '下面首先保存上传的文件
    Dim upload                                                    '声明 upload 对象实例
    Set upload=Server.CreateObject("Persits.Upload")
    upload.Save "C:\Inetpub\wwwroot\asptemp\chapter11\upfiles"    '上传到指定文件夹
    '下面开始发送邮件
    Dim jmail                                                     '声明 Message 对象实例
    Set jmail=Server.CreateObject("Jmail.Message")
    jmail.From="aspbook@163.com"                                  '发件人
    jmail.AddRecipient upload.Form("txtRecipient")                '收件人
    jmail.Subject=upload.Form("txtSubject")                       '主题
    jmail.Body=upload.Form("txtBody")                             '内容
    '下面判断一下，如果确实上传了文件，就发送附件
    If upload.Files.Count>0 Then
        jmail.AddAttachment upload.Files("fleUpload").Path        '添加附件
    End if
    jmail.Send "aspbook:MVBYNUILCPUISVQM@smtp.163.com"
   '执行发送
    jmail.Close
    Response.Write "已经成功发送"
    %>
</body>
</html>
```

程序运行结果如图11-4所示。

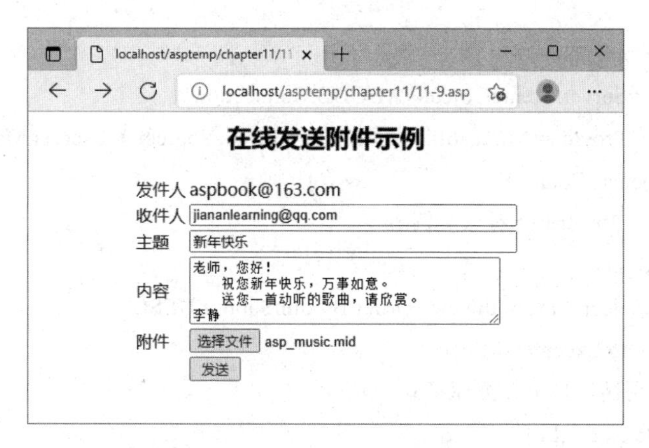

图 11-4　程序 11-9.asp 的运行结果

程序说明：本示例实际上是将11.1.3节和11.2.4节示例融合到了一起。在其中要注意上传文件和收件人等信息都是通过ASPUpload组件获取到的，然后利用W3Jmail组件发出即可。

在练习 W3Jmail 组件时可能经常会出现错误，比如程序显示成功了，但是实际收不到信。主要原因是现在许多网上邮局为了防垃圾邮件进行了各种限制。可以尝试调整邮件的主题、内容和附件内容并再次发送。

11.3　发布信息综合示例

许多网站都有最新消息栏目，可以发布通知等，还可以添加一个文件。下面就综合使用文件上传组件和数据库存取组件实现该目的。该示例包括以下4个文件和1个文件夹。

news.mdb 数据库文件：其中有一张表tbNews，包括序号ID、标题strTitle、内容strBody、上传文件名strFileName、发布时间dtmSubmit共5个字段。

index.asp：首页，用来显示最新消息。

insert_form.asp：发布新消息表单文件。

insert.asp：发布最新消息执行文件。

upfiles文件夹：上传文件名称存放在数据库中，文件本身则存放到该文件夹下。

本示例的所有文件和文件夹都存放在 chapter11/news 文件夹下。

下面先来看首页，其实它就是一个普通的数据库程序。

清单11-11　index.asp　显示最新消息

```
<html>
<body>
    <h2 align="center">最新消息</h2>
    <center><a href="insert_form.asp">发布新消息</a></center>
    <%
    '以下连接数据库，建立一个 Connection 对象实例 conn
```

```
        Dim strConn,conn
        Set conn=Server.CreateObject("ADODB.Connection")
        strConn="Provider=Microsoft.Jet.OLEDB.4.0;Data Source=" &Server.MapPath("news.mdb")
        conn.Open strConn
        '以下建立 Recordset 对象实例 rs
        Dim strSql,rs
        strSql="Select * From tbNews Order By dtmSubmit DESC"
        Set rs=conn.Execute(strSql)
        '以下利用循环显示数据库记录
        Do while Not rs.Eof
        %>
            <table border="0" width="80%" align="center">
                <tr><td colspan=2><hr></td></tr>
                <tr><td width="20%">标题</td><td><%=rs("strTitle")%></td></tr>
                <tr><td>内容</td><td><%=rs("strBody")%></td></tr>
                <tr><td>附件</td><td>
                <a href="upfiles/<%=rs("strFilename")%>"><%=rs("strFilename")%></a></td></tr>
                <tr><td>时间</td><td><%=rs("dtmSubmit")%></td></tr>
            </table>
        <%
            rs.MoveNext
        Loop
        %>
        </center>
    </body>
    </html>
```

程序运行结果如图11-5所示。

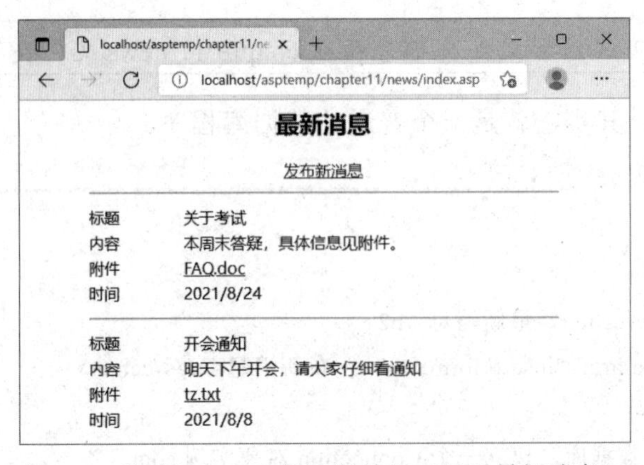

图11-5　程序index.asp的运行结果（显示最新消息）

程序说明：本示例和第8章的示例没有太多区别。只不过要注意输出附件的超链接的语法。在超链接标记中是需要用虚拟路径的，这里用了相对路径。将附件名称代入后超链接类似于“<a href="upfiles/FAQ.doc">FAQ.doc</a>”。

下面再来看发布新消息表单文件和执行文件的代码，其实它们和11.1.3节的上传单个文件的示例差不多，只不过将上传的文件和其他信息保存到数据库中。

清单11-12 insert_form.asp 发布最新消息表单

```
<html>
<body>
    <h2 align="center">发布新消息</h2>
    <center>
    <form name="frmUp" action="insert.asp" method="POST" enctype="multipart/form-data">
        标题:<input type="text" name="txtTitle" size="40"><br>
        内容:<textarea name="txtBody" rows="4" cols="40"></textarea><br>
        附件:<input type="file" name="fleUpload" size="30"><br>
        <input type="submit" value="确定">
    </form>
    </center>
</body>
</html>
```

清单11-13 insert.asp 发布最新消息执行文件

```
<%
'下面首先保存上传的文件
Dim upload                                                  '声明 upload 对象实例
Set upload=Server.CreateObject("Persits.Upload")
upload.OverWriteFiles=False                                 'False 表示文件不可以被覆盖
upload.Save Server.MapPath("upfiles")                       '上传到指定文件夹
'以下获取提交过来的标题、内容和文件名称
Dim strTitle,strBody,strFileName                            '声明 3 个变量待用
strTitle=upload.Form("txtTitle")
strBody=upload.Form("txtBody")
'下面判断是否上传了文件？如果没有上传，则赋值空字符串
If upload.Files.Count>0 Then
    strFileName=upload.Files("fleUpload").FileName          '获取上传文件的名称
Else
    strFileName=""                                          '赋值空字符串
End If
```

```
'以下将标题、内容和文件名添加到数据库中
Dim strConn,conn
Set conn=Server.CreateObject("ADODB.Connection")
strConn="Provider=Microsoft.Jet.OLEDB.4.0;Data Source=" &Server.MapPath("news.mdb")
conn.Open strConn
Dim strSql
strSql="Insert Into tbNews(strTitle,strBody,strFileName,dtmSubmit) Values('" & strTitle & "','" &
strBody & "','" & strFileName & "',#" & Date() & "#)"
conn.execute(strSql)
Response.Redirect "index.asp"                                    '成功添加，返回首页
%>
```

程序说明

① 上面insert_form.asp就是普通的上传表单文件。

② insert.asp文件的中心思想是：首先将上传的文件保存在指定文件夹下，然后再将标题、内容和上传文件名称保存到数据库中。

③ 注意在本示例中允许用户省略某些信息，也可以不添加附件。所以，这就要求数据表中相应字段允许赋值空字符串。如有问题，请参考8.3.2节。

11.4　关于第三方组件

本章对ASPUpload和W3Jmail组件进行了比较详细的介绍，也许大家希望能够使用更多的组件，而本书限于篇幅不可能对每个都展开讲解。因此，下面从宏观上介绍一下第三方组件的下载、安装及使用方法。

（1）下载和安装

许多网站都提供或转载了很多组件，比如http://www.aspupload.com不仅提供了ASPUpload组件，而且还提供了图片处理组件等组件。

下载组件的文件形式各不一样，像本章讲的aspupload组件是exe安装程序，对于这种文件只要双击运行安装程序，按照提示一步一步安装即可使用。

有的是一个dll文件，比如jmail.dll，它是该组件的动态链接库文件。对于这种文件，先将其保存在文件夹“C:\Windows\SysWOW64”或其他文件夹下，然后单击计算机左下角的“开始”图标，在应用列表中依次单击【Windows系统】|【运行】，在对话框中输入“regsvr32 C:\Windows\SysWOW64\jmail.dll”后，按回车键即可注册。如图11-6所示。

其实，对一个组件来说，主要就是dll动态链接库文件。所谓的exe安装程序，主要的功能就是注册dll文件。

（2）使用方法

学习组件使用可能有几种方法：① 有的网站在提供组件的同时可能会提供组件说明和示例；② 有的组件安装完毕后，会生成一个文件夹，里面包括使用说明和示例，本章例子就是如此；③ 如果前两种方法还不行，可以到网上去请教别人或参考专门教程。

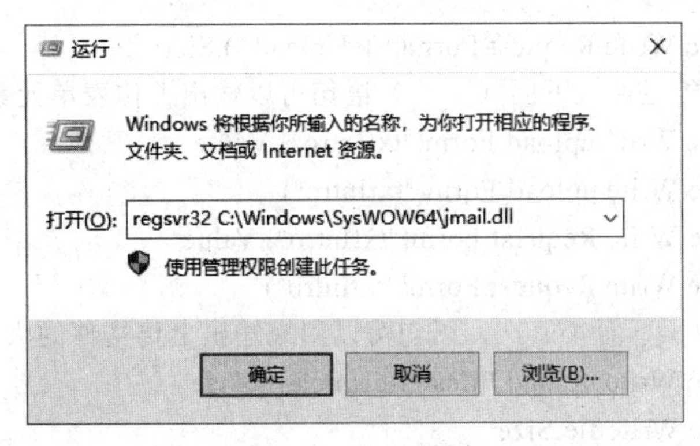

图11-6　注册组件

学习时也要有技巧，很多组件都提供很多对象、属性和方法等，数不胜数，其实对大家来说一般只用最常用的几个即可。

（3）自己开发组件

组件其实并不神秘，比如文件上传组件，实际上也是用4.2.7节讲解的BinaryRead方法获取通过表单提交过来的二进制数据，然后利用各种字符串函数对这个二进制数据进行分析，从中提取出上传文件和表单元素的值。只不过组件作者将这些复杂的过程包装了起来，现在只要调用它的属性和方法就可以了。

将来如果大家在网上找不到合适的组件，也可以自己开发，目前常用的开发工具有VB、Visual C++、Delphi等语言工具。不过对初学者来说，最重要的是要先学会应用。

11.5　本章小结

通过本章的学习，大家一方面要牢固掌握上传文件和发送E-mail的常用方法，另一方面要进一步体会对象、集合、属性和方法的用法。

将来大家彻底掌握ASP之后，可以去尝试使用更多的组件，从而完成更复杂的功能。

习题 11

1. 选择题（可多选）

（1）下面（　　）语句可以用于限制上传文件的大小为2 MB，并且超出大小时报错。

A．upload.SetMaxSize 2*1024*1024,True

B．upload.SetMaxSize 2*1024*1024,False

C．upload.SetMaxSize 2*1024*1024

D．upload.SetMaxSize=2*1024*1024

（2）对于文件上传组件，下面（　　）语句可以输出上传文件的大小。

A．Response.Write upload.Files("fleUpload").Size

B．Response.Write upload.Form("fleUpload ").Size

C．Response.Write Request.Files("fleUpload ").Size

D．Response.Write Request.Form("fleUpload ").Size

（3）对于文件上传组件，下面（　　）语句可以输出上传表单元素的值。

A．Response.Write upload.Form("txtIntro").Value

B．Response.Write upload.Form("txtIntro")

C．Response.Write Request.Form("txtIntro").Value

D．Response.Write Request.Form("txtIntro")

（4）在11-6.asp中，下面（　　）语句可以用来输出上传文件的大小。

A．Response.Write upload.Files("fleUpload").Size

B．Response.Write fle.Size

C．Response.Write upload.Files(1).Size

D．Response.Write fle

（5）Upload对象的（　　）属性用于设置是否允许覆盖文件。

A．IgnoreNoPost　　B．OverWrite　　C．SetMaxSize　　D．OverWriteFiles

（6）对于发送邮件组件，如果信箱是jjshang99@163.com，密码是123456，发信服务器是smtp.163.com，发信时需要验证。请问应该用（　　）。

A．jmail.Send "smtp.163.com"

B．jmail.Send "jjshang99@smtp.163.com"

C．jmail.Send "jjshang99:123456@163.com"

D．jmail.Send "jjshang99:123456@smtp.163.com"

（7）如果要发送支持HTML格式的邮件，需要用（　　）属性设置邮件内容。

A．Body　　B．HTMLBody　　C．Subject　　D．HTMLSubject

（8）如果希望确保发送的邮件中不会出现乱码，可以设置（　　）属性。

A．Subject　　B．Body　　C．Charset　　D．ContentType

2．问答题

（1）小王在测试11.1.3节的示例时，无论如何都不能正确执行，请分析可能的原因。

（2）在11.1节的例子中，可以用Request.Form获取表单元素值吗？

（3）在文件上传时，可能上传时间会比较长而不能成功。想想应该怎么办？（提示：Server对象的ScriptTimeOut属性）

（4）请比较第9章学习的文件存取组件和本章学习的文件上传组件的区别。

（5）在发送邮件时，附件到底是位于客户端还是服务器端？

（6）从网上下载一个组件test.dll文件后，应该如何注册该组件？

3．实践题

（1）请参考11.1.3节示例改写11.1.4节示例，将其修改为逐个获取上传文件和说明。

（2）请修改11.1.3节示例，将上传文件用当时的日期和时间的组合命名保存。如2021-8-25-15-46-43.jpg（提示：一要利用日期函数和字符串函数生成文件名称；二要先将上传文件保存到内存中，然后以该名称另存）。

（3）请在自己的个人主页中添加自动发信功能，当有人给你留言时，可以将留言内容发送到你的信箱，并给留言人发一封感谢信。

（4）请结合W3Jmail组件和数据库知识开发一个可以自动群发E-mail的页面。

（5）请在个人主页中添加个人影集页面，可以在线添加照片。

（6）请为 11.3 节的发布信息综合示例添加删除功能（提示：删除记录时要利用第 10 章讲的文件存取组件，同时要删除掉 upfiles 文件夹下的文件）。

（7）（选做题）第 10 章习题中开发过网上文件管理器，请为其添加上传文件的功能。

（8）（选做题）请设法将11.1.3节的两个文件合并成一个文件（提示：需要使用IgnoreNoPost属性，请参考组件的使用说明）。

（9）（选做题）网上还有一个比较流行的免费的LyfUpload.dll文件上传组件，有兴趣的读者可以自己下载研究使用。

第 12 章 网络程序开发实例

本章要点

- ☑ 利用3个实例，介绍如何综合运用各种技术开发网络程序
- ☑ 在留言板示例中，要掌握包含文件、调用CSS文件、客户端JavaScript验证、添加不完整记录等关键技术
- ☑ 在聊天室示例中，要掌握管理聊天信息、管理在线人员名单、客户端JavaScript特效、调用函数等关键技术
- ☑ 在BBS示例中，要掌握数据库的结构、分页显示数据、用户管理等关键技术

12.1 留言板

留言板可以说是网上最常见的，本节就利用数据库来实现一个功能比较完整的留言板，它的首页如图 12-1 所示。

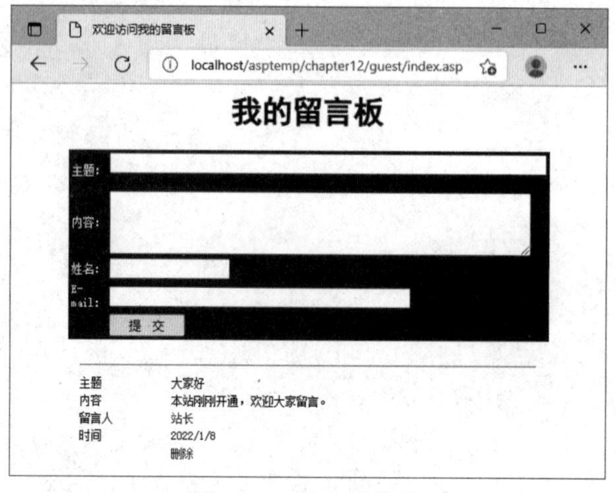

图 12-1 留言板首页

12.1.1 留言板的总体设计

在开发网络程序时，并不是越复杂越好，而是要根据需求进行合理的设计，过分复杂的设计不仅会浪费大量的时间和精力，而且也会使访问者眼花缭乱、不知所措。鉴于这一考虑，留言板的设计原则应该是美观大方、简单实用。因此，本留言板只提供浏览留言和添加留言的功能。对管理员来说，另外需要提供删除留言的功能。

根据这样的设计思想，该系统将包括以下主要文件。

① 数据库文件 guest.mdb——数据库程序首先要设计数据库文件。因为留言板比较简单，只要一张表就够了。其中包括留言主题、留言内容、留言人姓名、留言人 E-mail、留

言时间 5 个字段。另外，由于经常需要在不同的页面间传递数据，所以最好添加一个自动编号类型字段 ID，这个字段可以设为主键（不可重复），用来唯一地确定每条记录。该数据表的结构如图 12-2 所示，详情请参看 chapter12/guest/guest.mdb 文件。

tbGuest

字段名称	数据类型	说明(可选)
ID	自动编号	留言编号
strTitle	短文本	留言主题（字段大小50）
strBody	长文本	留言内容
strName	短文本	留言人姓名（字段大小30）
strEmail	短文本	留言人E-mail（字段大小100）
dtmSubmit	日期/时间	留言时间

图 12-2　留言板数据结构图

② 首页 index.asp——在其中显示所有留言和一个添加留言的表单。

③ 添加留言 insert.asp——当用户在首页表单中输入内容后，就提交到本页面，添加完毕后自动返回首页。

④ 删除留言 delete.asp——单击首页中的“删除”超链接就可以打开本页面，输入管理员密码后就可以删除该信息，删除完毕返回首页。

⑤ odbc_connection.asp、config.asp、function.asp、guest.css——这些是公共文件，用来存放数据库连接语句、几个常量、几个函数和 CSS 样式，可供其他文件调用。

关于留言板的所有文件都存放在“/asptemp/chapter12/guest”文件夹里。

12.1.2　留言板的关键技术

这个留言板虽然比较简单，但是有一些值得注意的关键技术。

（1）添加不完整记录

很多时候，都应该允许用户添加不完整的信息，比如本示例应该允许用户省略留言内容或 E-mail 地址。在 8.3.2 节简单讲过如何添加不完整的记录，在 9.4.4 节也举例谈过利用 AddNew 添加不完整记录的方法。本节再来介绍另外一种方法。

这种方法在添加记录时将 Insert 语句分为前后两部分，根据用户提交信息分别建立前半句和后半句，最后再组成完整的 Insert 语句。请结合 insert.asp 认真体会。

（2）对文本的处理

在添加记录时，如果用户提交的信息包含了英文单引号，就会和 SQL 语句中的单引号发生冲突错误。为了解决该错误，可以在添加记录时将单引号替换为连续两个单引号，这样就不会发生错误，而且在数据库中也只会添加一个单引号。

另外，在读取记录时，如果不进行处理就原样输出，从而也无法实现换行效果；另外，用户输入的 HTML 代码也会被执行。而在留言板中，我们一般希望能够实现换行显示的效果，并且能够原样显示用户输入的 HTML 代码。这样就需要用字符串函数将其中的特殊字符替换为相应的 HTML 标记或字符实体，比如将用户在文本框中输入的回车换行符替换为
，将用户输入的空格替换为 。

关于文本处理技术，请结合 function.asp 认真体会。

（3）管理留言

对于大型网站，一般有专门的管理系统，管理员登录后就可以管理各种信息，可是对于这个简单的留言板，没有必要去建立一套专门的管理系统，可以将管理密码直接写在 ASP 文件中，当要删除留言时，必须输入该密码才行，否则会拒绝操作。

这也是小型网站经常采取的管理方法，请大家结合 delete.asp 认真体会。

（4）客户端 JavaScript 验证

在填写表单信息时，通常要求用户按照一定的规则填写，比如必须填写某些信息，这样就需要来验证用户填写的信息是否符合规则。当然，可以在用户提交表单后进行验证。不过，利用客户端的 JavaScript 验证代码，可以在提交表单前在客户端就进行验证，符合规则后才提交到服务器端，这样可以减轻服务器的负担。

请大家结合 index.asp 认真体会。

12.1.3　留言板的具体实现

下面首先介绍几个公共文件，然后依次讲解添加留言的主要文件。

（1）连接数据库文件 odbc_connection.asp 和配置文件 config.asp

连接数据库文件中保存了连接数据库的语句，配置文件用来存放一些供其他页调用的常量。在其他文件中用 Include 语句就可以将它们包含进去。

这样做的好处是修改数据库名称、留言板名称或密码时，只要修改这两个文件即可。这也是许多大型程序常用的技巧。

（2）函数文件 function.asp

该文件专门用来存放一些供其他页调用的函数，具体代码如下：

清单 12-1　function.asp　函数文件

```
<%
'该函数用来对字符串中的危险字符进行处理
Function myDangerEncode(myString)
    If IsNull(myString) Then
        myDangerEncode=""                              '如果 myString 为空，则赋值空字符串
    Else
        myString=Trim(myString)                        '去掉前后的空格
        myString=Replace(myString,"'","''")            '将单引号替换为连续两个单引号
        myDangerEncode=myString                        '返回函数值
    End If
End Function
'该函数用来对字符串进行 HTML 编码，而且，要替换其中的空格和换行符号
Function myHTMLEncode(myString)
    If IsNull(myString) Then
        myHTMLEncode=""                                '如果 myString 为空，则赋值空字符串
    Else
```

```
            myString=Replace(myString,"&","&amp;")              '替换&为字符实体&amp;
            myString=Replace(myString,"<","&lt;")               '替换<为字符实体&lt;
            myString=Replace(myString,">","&gt;")               '替换>为字符实体&gt;
            myString=Replace(myString,Chr(32)," ")         '替换空格符为字符实体 
            myString=Replace(myString,Chr(13),"<br>")           '替换回车符为换行标记<br>
            myHTMLEncode=myString                               '返回函数值
        End If
    End Function
    %>
```

程序说明

① myDangerEncode函数用于将字符串前后的空格去掉，并且将英文的单引号替换为连续两个单引号。这样添加记录时就不会发生错误了。

② myHTMLEncode函数用于将字符串中的特殊字符替换为HTML标记或字符实体。这里其实也可以用Server.HTMLEncode方法，不过该方法只会替换&、<和>，不会替换空格符和回车符，所以这里全部用Replace函数逐个替换。

③ 要注意Chr函数，该函数用来返回数字对应的字符，一般用来返回一些不可见的字符，比如Chr(13)就表示回车符。当然，对于可见字符，也可以用该函数表示，比如空格可以用" "，也可以用Chr(32)表示，再如"A"也可以用Chr(65)表示。

（3）CSS 样式文件 guest.css

CSS 全称是“cascading style sheets”，中文称为“层叠样式表”。它一般用来设置网页的字体颜色、背景颜色、超链接颜色、表格样式等各种样式。本示例将它们写在了一个专门文件中，其他网页文件通过调用该文件就可以快速应用这些样式了。

清单 12-2　guest.css　CSS 样式文件

```
body{background-color:#FFFFFF}
table,p{font: 12px "宋体", "新宋体"; color:#000033}
a{font: 12px "宋体", "新宋体"; color: #6633FF; text-decoration: none}
a:hover{color: #FF0033; text-decoration: underline}
```

程序说明

① 本文件第1行表示网页背景颜色为#FFFFFF。第2行规定了<table>和<p>标记中的文字的字体、大小和颜色。第3行规定超链接文字的字体、大小和颜色，并且规定不显示下划线。第4行规定当鼠标在超链接上盘旋时的字体颜色，并且此时显示下划线。

② 本书无意展开讲解CSS，更多知识请参考CSS专门教程。

③ 要注意后面的index.asp等网页文件调用该样式文件的语法。

（4）留言板首页 index.asp

本页面主要分为两部分：第一部分是添加留言的表单，表单会被提交到 insert.asp；第二部分用来显示所有留言，其实就是普通的查询记录的例子。该程序的代码不再一一赘述，

程序运行结果参见图 12-1。

本程序在提交表单时，使用了客户端 JavaScript 验证来判断用户填写的表单信息是否符合要求。

要使用客户端 JavaScript 验证，首先在表单的<form>标记中添加 onsubmit 属性，如：

```
<form name="frmGuest" method="POST" action="insert.asp"
onsubmit="JavaScript:return check_Null();">
```

说明：其中 onsubmit 表示在提交表单时，首先调用 JavaScript 函数 check_Null()，如果该函数返回 True，就可以继续提交表单；如果返回 False，则表示不可以提交。

下面再来看一下 check_Null 函数的代码。

清单 12-3　index.asp　check_Null 函数的代码

```
<script language="JavaScript">
    //该函数用来进行客户端验证
    function check_Null(){
        if (document.frmGuest.txtTitle.value==""){
            alert("主题不能为空!");
            return false;
        }
        if (document.frmGuest.txtName.value==""){
            alert("姓名不能为空!");
            return false;
        }
        if (document.frmGuest.txtTitle.value.length>50){
            alert("主题不能超过 50 个字符");
            return false;
        }
        return true;
    }
</script>
```

程序说明

① 这里实际上是用了几个 JavaScript 中的 if 判断语句：如果某条件成立，就结束函数，并返回 False，表示没有通过验证；如果几个条件都不成立，就返回 True，表示通过验证，可以继续提交表单。

② 以 if (document.frmGuest.txtTitle.value=="")为例，其中 document 表示当前页面，frmGuest 表示 FORM 表单名称，txtTitle 表示主题文本框，value 表示该文本框的值。联合起来就是如果主题文本框中为空字符串，就返回 False，表示没有通过验证。

③ length 表示字符串长度，alert 表示弹出一个对话框，return 表示结束函数，并返回

一个值。

④ 要特别注意 JavaScript 是区分大小写的。

在首页中，还要注意调用数据库文件、配置文件、函数文件和 CSS 文件的语法。

另外，在显示留言时，会调用 function.asp 中的函数，对留言主题和留言内容进行处理，以便原样显示 HTML 代码和实现换行效果。

（5）添加留言文件 insert.asp

在首页中填写留言后，就会提交到 insert.asp，在本文件中，将留言信息保存到数据库中后，再重定向回首页。

由于留言内容和留言人 E-mail 可以省略，所以在本示例中要添加不完整的记录。其中关键是要体会 SQL 字符串的建立过程，这里实际上是将 Insert 语句分成了前后两部分，分别建立，最后再组成一个完整的 Insert 语句。

清单 12-4　insert.asp　添加留言文件

```
<% Option Explicit                                      '强制声明变量%>
<!--#Include File="odbc_connection.asp"-->
<!--#Include File="function.asp"-->
<%
'下面首先获取提交过来的数据，注意其中会调用函数处理危险字符
Dim strTitle,strBody,strName,strEmail
strTitle=myDangerEncode(Request.Form("txtTitle"))
strBody=myDangerEncode(Request.Form("txtBody"))
strName=myDangerEncode(Request.Form("txtName"))
strEmail=myDangerEncode(Request.Form("txtEmail"))
'下面开始添加记录，因为内容和 E-mail 可以省略，所以将 SQL 语句分成前后两段分别建立
Dim sqlA,sqlB,strSql
sqlA="Insert Into tbGuest(strName,strTitle,dtmSubmit"
sqlB="values('" & strName & "','" & strTitle & "',#" & Now() & "#"
If strBody<>"" Then                                              '如果提交了内容，才添加
    sqlA=sqlA & ",strBody"
    sqlB=sqlB & ",'" & strBody & "'"
End If
If strEmail<>"" Then                                             '如果提交了 E-mail，才添加
    sqlA=sqlA & ",strEmail"
    sqlB=sqlB & ",'" & strEmail & "'"
End If
'下面将前后两段组成完整的 SQL 语句，并执行添加
strSql=sqlA & ") " & sqlB & ")"
conn.Execute(strSql)
'关闭对象
```

```
conn.Close
Set conn=Nothing
Response.Redirect "index.asp"
%>
```

程序说明

① 该程序看起来很麻烦，其实就是对字符串的处理。

② 本示例和 9.4.4 节示例的思想实际上是相似的，就是说如果没有提交某字段值，就不让其出现在 SQL 语句中，也就是说不给其赋值。请大家认真比较。

③ 在以后的编程中，如果大家熟练掌握了建立 SQL 字符串的方法，则可以用本示例的方法；否则可以使用 9.4.4 节的方法，不太容易出错；当然，也可以使用 8.3.2 节的方法，但是如果某字段值不允许赋值空字符串（""），就只能用本示例或 9.4.4 节的方法了。

（6）删除留言文件 delete.asp

当在首页中单击【删除】按钮后，将调用本文件，首先要求用户输入删除密码 123456，密码正确，才可以删除，之后重定向回首页。

这里不再列出代码，请大家自行研究，其中要注意 ID 的传递过程：首先将从首页中传递过来的 ID 值保存在隐藏文本框中；提交表单后再用 Request.Form 获取到该 ID。

12.2　聊天室

聊天室是较为吸引人气的栏目。我们在 5.2.2 节也曾开发过一个简单的聊天室，本节就在此基础上开发一个功能更加完善的聊天室，其主界面如图 12-3 所示。

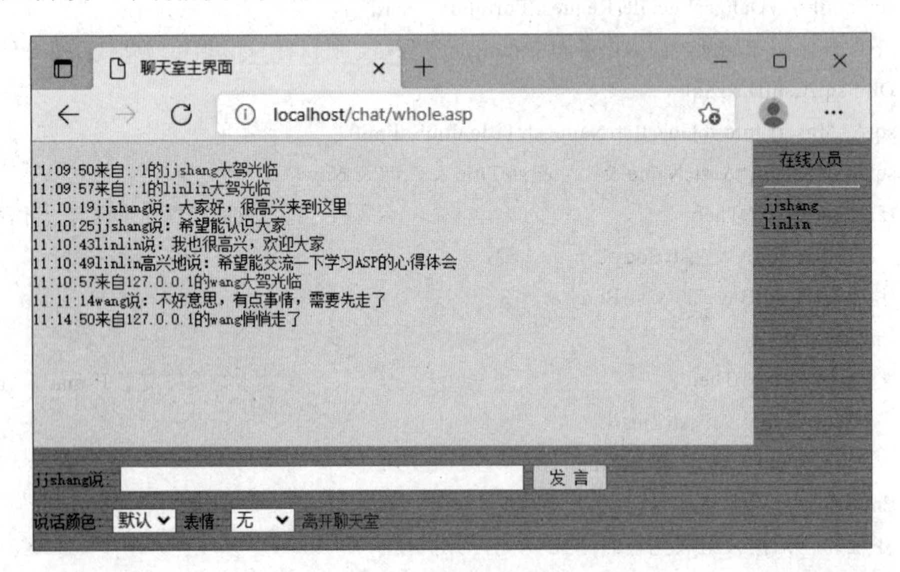

图 12-3　聊天室主界面

12.2.1　聊天室的总体设计

目前网上聊天室一般都是比较复杂的，通常包括公共交谈、秘密交谈、显示在线人数和名单、各种表情、开辟新的聊天房间等功能。不过本书希望讲解聊天室的主要功能语句，所以将以最简练的语句开发一个聊天室，实现公共交谈、选择说话颜色、添加说话表情、查看在线人员名单等基本功能。

根据这样的设计思想，本系统包括以下文件。

① 首页 index.asp——这是登录页，用户输入用户名后就可以进入聊天室，同时会将该用户添加到在线人员名单中。

② 聊天室主页面 whole.asp——这是一个框架页，其中显示 f1.asp、f2.asp 和 f3.asp。

③ 显示聊天信息页面 f1.asp——其中用于显示聊天信息。

④ 输入聊天内容页面 f2.asp——在其中就可以发言。

⑤ 显示在线人员名单页面 f3.asp——其中会显示当前在线人员名单。

⑥ Global.asa——当用户离开聊天室一定时间后就会触发其中的事件，将用户从当前在线人员名单中删除。

⑦ config.asp、function.asp、chat.css——这些是公共文件，用来存放几个常量、函数和 CSS 样式。其中要特别注意 function.asp，本示例将一些重要的操作都包装成了函数放在了其中。

关于聊天室的所有文件都存放在“/asptemp/chapter12/chat”文件夹里。另外，因为使用了Global.asa文件，所以测试时请为该文件夹添加应用程序，如chat，然后用“http://localhost/chat/index.asp”访问。

12.2.2　聊天室的关键技术

在开发聊天室过程中，一般会碰到这样几个比较困难的问题。

（1）管理聊天信息

初学者面对聊天室可能会一筹莫展，不过从 5.2.2 节的例子中已经看出，不管聊天室多复杂，显示出来的聊天信息其实就是一个由每个人的发言组成的字符串。

对于简单的聊天室，可以将每个人的发言用连接运算符&简单地连接在一起；对于复杂的聊天室，可以在其中添加发言人用户名和时间，另外，还可以添加 HTML 标记，使得显示出来的聊天信息更漂亮。

有的聊天室向上滚动、有的聊天室向下滚动。两者的区别就是在添加一条新发言时，是添加在原有聊天信息字符串的前面还是后面。

另外，聊天信息不能无限制增加，所以一般当聊天信息字符串超过一定长度时，可以使用 Left 或 Right 函数将其截短。

最后需要说明的是，本聊天室是使用 Application 对象保存聊天信息字符串的，当然也可以使用数据库或文本文件来保存。不过由于在聊天室中几秒钟就要刷新一下页面，需要频繁读取信息。而数据库文件和文本文件读取速度相对来说慢一些，Application 对象则相对要快一些，所以用 Application。

请大家牢记聊天信息就是一个字符串，可以使用各种字符串函数对其进行处理。

（2）管理在线人员名单

因为聊天室不停地有人进出，所以准确管理在线人员真的很难。现在先来想想生活中是怎么管理人员的？假如有一些人在排队，可能会有人进进出出，那么最好的管理方法就是，让后来的人站到末尾，如果中间有人走了，就让所有的人向前移动一个位置。

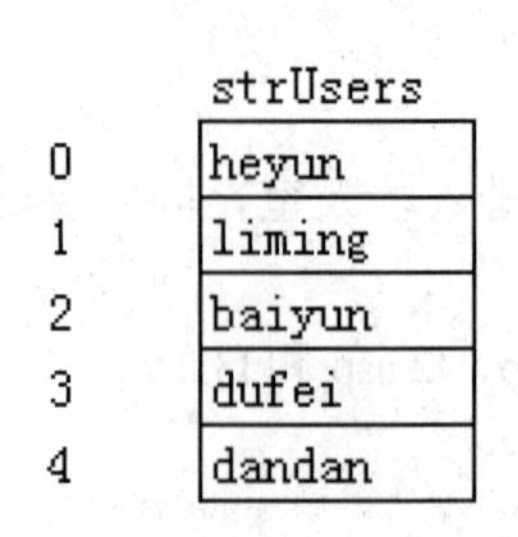

图 12-4　在线用户数组示意图

受此启发，在 ASP 中也可以让所有在线人员排成一个队。那么用什么方法来管理队列最方便呢？此时应该想到，数组是 ASP 中管理一批数据最简单的方法。比如建立如图 12-4 所示的数组 strUsers，目前有 5 位在线人员。

对于这个在线用户数组，一般有以下管理操作。

① 删除用户。如果用户 baiyun 走了，就将 dufei 和 dandan 向前移动一个位置。当然此时最后一个位置就没有用了，可以利用 Redim Preserve strUsers(3)语句重定义数组，只保留前 4 项的内容。

② 增加新用户。如果新来了一位用户 linlin，那么可以利用 Redim Preserve strUsers(5)语句重定义数组，不过此时保留前 5 项的内容，并增加一个新的位置，利用 strUsers(5)="linlin"自然就可以将新用户添加到末尾。

③ 查找用户。这个用户名是不能重复的，如果有新用户到来时，就要检查该用户名是否可以使用，此时可以利用循环在数组中逐个比较。

④ 统计在线总人数。数组的最大下标加 1 就是在线总人数。

现在对数组的管理基本没有问题了，可是又碰到了新的问题：由于该数组会被很多页面、很多用户存取，那么它应该保存在什么地方呢？因为只有 Application 对象可以保存数组，并且可以被任何用户、任何页面读取，所以当然只能保存在 Application 中了。当要对数组进行操作时，可以从 Application 中取出，操作完毕后将调整后的数组重新保存到 Application 中。

至此都还比较简单，现在要解决最后一个较难的问题，即什么时候将用户添加到数组中，什么时候又将其删除呢？

添加用户到数组中比较简单。当用户在首页输入用户名后，就可以将其添加到在线人员数组中。

但删除用户就比较困难，因为用户可能会直接关闭浏览器，这样就很难准确地知道用户究竟什么时候离开了聊天室。本示例采用 Global.asa 来解决该问题，其中规定 Session.TimeOut 时间为 3 分钟，当用户关闭浏览器大约 3 分钟后，就会触发其中的 Session_OnEnd 事件，在其中将用户删除即可。当然，因为客户关闭浏览器时不是立即触发该事件，所以大约有 3 分钟的延迟，不是非常精确。

管理在线人员名单的核心就是对数组的操作，请大家仔细研究 function.asp。

（3）客户端 JavaScript 特效

在聊天室中经常会涉及客户端的特效，比如将窗口滚动到最下方，将光标自动定位到发言文本框，自动刷新某个框架中的页面等，请大家仔细研究 f1.asp、f2.asp 和 f3.asp。

12.2.3　聊天室的具体实现

（1）配置文件 config.asp、样式文件 chat.css

这两个文件用来配置一些常数和 CSS 样式，类似于留言板，这里不再赘述。

（2）函数文件 function.asp

本程序有一个特点，就是将大量比较复杂的功能语句包装成了函数，统一放在 function.asp 中，其他页面只要调用这些函数即可。这也是大型程序常用的开发方法，请大家认真体会。

function.asp 中共包括 7 个函数，下面举例讲解几个重要的函数。首先来看 GetUserName 函数，它用来判断用户名是否可以使用。其中心思想就是用该用户名和数组中的每一项进行比较。

清单 12-5　判断用户名是否可以使用函数

```
Function GetUserName(strUserName)
    Dim strUsers,I
    strUsers=Application("strUsers")                    '获取在线人员数组
    '下面判断 strUsers 是否是数组，如果是才查找；否则表示无人在线，不必查找
    If IsArray(strUsers)=True Then
        For I=0 To Ubound(strUsers)                     '在数组中循环查找该用户名
            If strUserName=strUsers(I) Then
                GetUserName=True                        '找到该用户名，返回 True
                Exit Function                           '跳出函数
            End If
        Next
    Else
        GetUserName=False                               '无人在线，直接返回 False
    End If
End Function
```

下面再来看 AddUserName 函数，它用来将新用户添加到在线人员名单中，其中心思想是将该用户名添加到数组中。

清单 12-6　添加新用户函数

```
Sub AddUserName(strUserName)
    Dim strUsers,intTemp
    strUsers=Application("strUsers")
    '下面判断 strUsers 是否是数组，如果是就添加；否则表示无人在线，就创建一个数组
    If IsArray(strUsers)=True Then
        intTemp=Ubound(strUsers)                    '获取原来数组下标
```

```
            Redim Preserve strUsers(intTemp+1)        '重定义数组，使数组长度加 1
            strUsers(intTemp+1)=strUserName           '将新用户名添加到后面
            Application.Lock
            Application("strUsers")=strUsers          '将数组保存到 Application 中
            Application.Unlock
        Else
            Dim strNew(0)                             '定义一个长度为 1 的数组
            strNew(0)=strUserName                     '给数组赋值
            Application.Lock
            Application("strUsers")=strNew            '将数组保存到 Application 中
            Application.Unlock
        End If
    End Sub
```

下面是 DelUserName 函数，它用来删除一个用户。其中心思想是将该用户名从数组中删除，然后它后面的人可以向前移动一个位置。当然，如果只有他一人在线，直接将数组清空即可。

清单 12-7　删除用户函数

```
    Sub DelUserName(strUserName)
        Dim strUsers,intTemp,I,J
        strUsers=Application("strUsers")              '获取在线人员数组
        intTemp=Ubound(strUsers)                      '返回数组最大下标
        '下面分两种情况删除
        If intTemp>0 Then
            'intTemp>0 表示有多个人，首先查找该用户，用变量 J 记住该用户所在位置
            For I=0 To intTemp
                If strUserName=strUsers(I) Then       '该条件表示找到了用户名
                    J=I                               '用 J 记住所在位置
                End If
            Next
            '将该位置之后的所有人向前移动一个位置
            For I=J To intTemp-1
                strUsers(I)=strUsers(I+1)
            Next
            '重定义该数组的大小，令其比原数组少 1
            Redim Preserve strUsers(intTemp-1)        '重定义数组，保留原来值
            '下面将新的数组保存到 Application 中
            Application.Lock
```

```
        Application("strUsers")=strUsers            '将在线人员保存到数组中
        Application.Unlock
    Else
        'intTemp>0 不成立表示就只有他一个人，只要将 Application 中的值清空即可
        Application.Lock
        Application("strUsers")=""
        Application.Unlock
    End If
End Sub
```

程序说明：以上 3 个函数都是关于在线人员名单的，请大家结合上一节讲述的关键技术认真理解。

在 function.asp 中，还有 3 个函数是关于聊天信息字符串的，其中一个用于添加新发言，另外两个用于添加用户到来或离去的说明信息。下面只列出添加新发言函数的代码。

清单 12-8　添加新发言函数

```
'其中 strUserName 表示发言用户，strSaysColor 表示发言颜色，strEmote 表示发言表情
'strSays 表示本次发言内容
Sub AddUserSay(strUserName,strSaysColor,strEmote,strSays)
    '下面将组成本次发言的字符串
    strSays=Time() & strUserName & strEmote & "说：" & "<font color='" & strSaysColor & "'>"
    & strSays & "</font>"
    '下面几句将本次发言信息保存到 Application 中
    Application.Lock                                                        '先锁定
    Application("strChat")=Application("strChat") & "<br>" & strSays      '添加本次发言
    '如果聊天信息总长度超过 10 000 个字符，则截短
    If Len(Application("strChat"))>10 000 Then
        Application("strChat")=Right(Application("strChat"),10 000)
    End If
    Application.Unlock                                                      '解除锁定
End Sub
```

另外要特别注意，因为Global.asa会包含该函数文件，而Global.asa中不能使用<%和%>，所以function.asp使用了“<Script language="VBScript" runat="server">......</Script>”的形式。

（3）Global.asa

该文件主要用来规定 Session.TimeOut 的时间，并且当会话结束时调用函数将用户从在线人员中删除。

清单 12-9　Global.asa 文件

```
<!--#Include File="function.asp"-->
<Script language="VBScript" runat="server">
    '当会话开始时触发本事件
    Sub Session_OnStart
        Session.TimeOut=3                              '设置 Session 有效期为 3 分钟
    End Sub
    '当会话结束时触发本事件
    Sub Session_OnEnd
        '调用函数将该用户离去的信息添加到聊天信息中
        Call AddUserGo(Session("strUserName"),Session("IP"))
        '调用函数，从当前聊天室在线人员名单中删除当前用户
        Call DelUserName(Session("strUserName"))
    End Sub
</Script>
```

程序说明：在聊天室中，由于 f1.asp 每过 5 秒会自动刷新一次，所以该用户只要开着浏览器，实际上就一直不会过期，也就不会触发 Session_OnEnd 事件。只有当他关闭浏览器后，才会在大约 3 分钟后触发该事件。

（4）聊天室首页 index.asp

首页主要提供一个表单，用户输入用户名后，先在在线人员名单中查找，如果该用户名可以用，就将其添加到在线人员名单中，并引导至聊天室主页面。

要注意，其中的操作主要是调用 function.asp 中的函数实现的。

（5）聊天室主页面 whole.asp

这只是一个普通的框架文件，用来显示另外 3 个文件，其结构参见图 12-3。

（6）显示聊天信息页面 f1.asp

该页面很简单，只是读取 Application 中的聊天信息并显示在页面上。

要注意它会调用配置文件中的常量 conRefresh，默认每隔 5 秒就自动刷新页面，以显示最新聊天信息。

另外，因为本聊天室是从上往下滚动的，为了显示最下面的聊天信息，需要使用下面的 JavaScript 语句自动滚动到最下面。

```
<script language="JavaScript" for="window" event="onload">
    window.scroll(0,60000);
</script>
```

说明：对于这些 JavaScript 特效语句，如果有时间，可以学习专门的 JavaScript 教程。如果没有时间，简单记住常用的几句即可。

（7）显示在线人员名单页面 f3.asp

该页面也很简单，就是读取 Application 中的在线人员名单数组，然后利用循环逐个显

示在页面上而已。

要注意它也会调用配置文件中的常量 conRefreshOnline，默认每隔 60 秒就自动刷新页面，以显示最新在线人员。

（8）输入聊天内容页面 f2.asp

这是聊天室中最主要的文件，用来输入发言，并可以选择说话颜色和表情。下面来看该页面的具体代码。

清单 12-10　f2.asp　输入聊天内容页面

```
<%option explicit                                               '强制声明变量%>
<!--#Include File="config.asp"-->
<!--#Include File="function.asp"-->
<html>
<head>
    <meta http-equiv='content-type' content='text/html; charset=gb2312'>
    <title>发言区</title>
    <link rel="stylesheet" href="chat.css">
</head>
<body   background="images/bg.gif">
    <form name="frmInput" method="POST" action="">
    <br><%=Session("strUserName")%>说:
    <input type="text" name="txtSays" size="50" maxlength="100" >
    <input type="submit" value="  发言  " >
    <p>说话颜色:
    <select name="txtSaysColor">
        <option value="#000000"
        <%If Request.Form("txtSaysColor")="#000000" Then Response.Write "selected"  %>
        >默认</option>
        <option value="#0000FF"
        <%If Request.Form("txtSaysColor")="#0000FF" Then Response.Write "selected"  %>
        >蓝色</option>
        <option value="#FF0000"
        <%If Request.Form("txtSaysColor")="#FF0000" Then Response.Write "selected"  %>
        >红色</option>
        <option value="#FFFF00"
        <%If Request.Form("txtSaysColor")="#FFFF00" Then Response.Write "selected"  %>
        >黄色</option>
    </select>
    表情:
    <select name="txtEmote">
```

```
            <option value="" selected>无</option>
            <option value="高兴地">高兴</option>
            <option value="伤心地">伤心</option>
            <option value="气愤地">气愤</option>
            <option value="紧张兮兮地">紧张</option>
        </select>
    <a href="#" onclick="JavaScript:window.open('about:blank','_top').close();">离开聊天室
      </a>
        </form>
        <%
        '如果提交了发言信息，就执行下面的语句
        If Request.Form("txtSays")<>"" Then
            '下面先获取有关数据，这里调用了函数
            Dim strSaysColor,strEmote,strSays
            strSaysColor=Request.Form("txtSaysColor")          '获取发言者颜色
            strEmote=Request.Form("txtEmote")                  '获取发言者表情
            strSays=Trim(Request.Form("txtSays"))              '去掉前后的空格
            '下面调用函数将本次发言添加到聊天信息中
            Call AddUserSay(Session("strUserName"),strSaysColor,strEmote,strSays)
        End If
        %>
        <!--注释：下面利用 JavaScript 将光标定位到发言文本框，并刷新聊天内容框 f1.asp-->
        <Script language="JavaScript">
            document.frmInput.txtSays.focus();                 //定位光标
            top.main.location.href="f1.asp";                   //自动刷新 f1.asp
        </Script>
    </body>
    </html>
```

程序说明

① 本程序的重点是添加发言。当在发言文本框中输入内容，按回车键或单击【发言】按钮后，就会调用函数将当前发言添加到聊天信息中。

② 请注意关于说话颜色的下拉列表框，其中添加了If语句，主要目的是：当用户选择一种颜色后，以后如不改变选择将一直保持这种颜色。因为每一次提交发言内容后，整个页面都要刷新，如果不这样写，将无法保留刚才选择的颜色。这一点和8.3.4节更新记录的例子非常相似，请大家对比研究。

③ 请注意几条JavaScript特效语句：

“document.frmInput.txtSays.focus();”表示将光标定位到当前文档的frmInput表单中的txtSays文本框中。

“top.main.location.href="f1.asp";”表示自动刷新f1.asp页面。其中top表示整个框架窗口，main表示显示聊天信息的框架，location表示要载入文档，href表示文档路径，联合起来的效果就是重新载入f1.asp，也就是自动刷新f1.asp页面，以便立刻显示最新聊天信息。

“<a href="#" onclick="JavaScript:window.open('about:blank','_top').close();">离开聊天室</a>”表示单击该超链接会关闭整个框架窗口。

12.3　BBS 论坛

BBS 又称电子公告板，它给大家提供了一个空间，可以自由地讨论问题。不过 BBS 的实现技术其实比聊天室还要简单，它和留言板在本质上是一样的，都是将用户提交的信息添加到数据库中。只不过分成了多个栏目，并可以回复。也就是说，技术上并不难，只是更复杂而已。本节来制作一个功能基本完善的 BBS，其主要页面如图 12-5 所示。

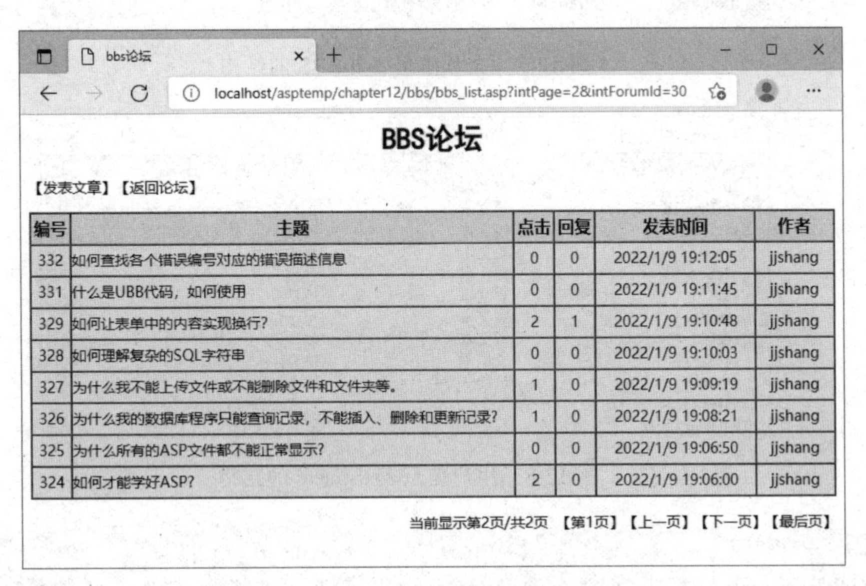

图 12-5　BBS 论坛的列表页运行结果

12.3.1　BBS 论坛的总体设计

网上的 BBS 大都是比较复杂的，一般支持多级回复，并可以根据关键字或作者查询，还可以统计每个人发表的文章数量等。而这里只能举一个比较简单的例子，因为要真正讲解一个完整的 BBS 的话，可能整本书都不够。

本示例可以实现的功能有：分为多个栏目、发表新文章、回复文章、统计点击次数和回复文章数、用户注册、登录和修改信息，主要是体会 BBS 的设计思想。

本示例从宏观上来说分为两个模块：一个是浏览、发表和回复文章的模块，主要是关于 BBS 文章的；另一个是用户管理模块，主要是关于 BBS 注册用户的。

根据以上要求，本系统包括以下文件。

① 数据库文件 bbs.mdb——由于涉及论坛栏目信息、文章信息和用户信息，所以依次建立了 tbForum、tbBBS 和 tbUsers 表，结构依次如图 12-6～图 12-8 所示。

tbForum

字段名称	数据类型	说明(可选)
ID	自动编号	栏目编号
strForumName	短文本	栏目名称
lngForumCount	数字	栏目文章数目

图 12-6　栏目信息表 tbForum 的结构

tbBBS

字段名称	数据类型	说明(可选)
ID	自动编号	文章编号
intForumId	数字	栏目编号（和tbForum表的ID字段对应）
strTitle	短文本	文章标题
strBody	长文本	文章内容
intLayer	数字	层数。1表示第1层；2表示第2层，即回复文章
intFatherId	数字	父文章编号，对于第2层文章有用
intChild	数字	回复文章数目，对于第1层文章有用
intHits	数字	点击次数，对于第1层文章有用
strUserId	短文本	作者用户名（和tbUsers表的strUserId对应）
strEmail	短文本	作者E_mail
strIP	短文本	作者IP
dtmSubmit	日期/时间	发表时间

图 12-7　文章信息表 tbBBS 的结构

tbUsers

字段名称	数据类型	说明(可选)
ID	自动编号	
strUserId	短文本	用户名。在tbBBS表中会用到
strPwd	短文本	密码
strName	短文本	真实姓名
strSex	短文本	性别
strTel	短文本	电话
strEmail	短文本	电子信箱
strQQ	短文本	QQ号码
strIntro	长文本	简介
dtmSubmit	日期/时间	注册日期
intArticle	数字	发表文章数目
intReArticle	数字	回复文章数目

图 12-8　用户信息表 tbUsers 的结构

说明

① 先看tbForum表，其中字段lngForumCount用来统计本栏目中的文章数目。有同学可能想，也可以不要这个字段，需要时在tbBBS表中统计不就可以了，这样固然可以，但是经常去统计要花费大量时间，而按照现在的设计，只要在用户发表或回复文章时更新一下该字段即可。

② 再看tbBBS表。本示例利用intLayer字段将文章分为两层，第1层是发布的主题文章，第2层是回复文章，不允许多层回复。这样对于第2层文章，使用intFatherId字段保存它的父文章编号，据此判断它是谁的回复文章。而对于第1层文章，使用intChild字段来保存它的回复文章数目，使用intHits字段来保存它的点击次数。

③ 最后看tbUsers表。其中的字段主要用来保存用户的个人信息，是在用户注册时输入的。不过intArticle和intReArticle字段用来统计该用户发表新文章的数目和回复文章数目，每次用户发表或回复文章后需要更新该字段的值。另外，因为用户名是不允许重复的，所以将strUserId字段设为主键。

④ 在这3个表中，要特别注意的是彼此之间的关系。大家重点看tbBBS表，其中的

intForumId字段和tbforum中表中的ID字段对应，用来确定该文章属于哪个栏目。strUserId字段和tbUsers表中的strUserId字段对应，用来确定这篇文章是谁发表的。

② 首页 index.asp——会显示栏目列表，并且显示用户登录表单。

③ BBS 列表页 bbs_list.asp——会分页显示当前栏目的第 1 层文章的主题。

④ 发表新文章页 bbs_insert.asp——在其中可以发表新文章。

⑤ BBS 详细页 bbs_particular——在 BBS 列表页单击某篇文章的超链接，就会打开该文章，其中可以看到所有回复文章内容，并可以回复当前文章。

⑥ 回复文章页 bbs_reinsert.asp——在 BBS 详细页下方的表单中就可以回复当前文章。

⑦ 用户注册第一步 log_register1.asp——注册用户名和密码。

⑧ 用户注册第二步 log_register2.asp——填写个人的详细信息。

⑨ 用户注册第三步 log_register3.asp——显示注册成功的信息。

⑩ 用户登录页 log_in.asp——用户在其中输入正确的用户名和密码后就可以登录 BBS，这样发表文章时就会使用该用户名和密码。如果不登录，则只能使用“过客”的名义发表文章。

⑪ 用户注销页 log_out.asp——会将当前 Session 信息清空，也就表示用户退出了 BBS。

⑫ 用户修改密码页 log_updatePwd.asp——修改当前用户的密码。

⑬ 用户修改个人信息页 log_update.asp——修改个人的详细信息。

⑭ odbc_connection.asp、config.asp、function.asp、bbs.css——这些是公共文件，用来存放数据库连接语句、几个常量、函数和 CSS 样式。基本上同 12.1 节中的留言板。

> 关于BBS的所有文件都存放在“/asptemp/chapter12/bbs”文件夹里。

12.3.2　BBS 论坛的关键技术

BBS 中也涉及许多关键技术，比如客户端 JavaScript 验证、添加不完整的记录、对文本进行处理等，不过这些技术在 12.1.2 节已经介绍过，这里只介绍几个特别的技术。

（1）复杂数据库设计

在这之前的例子中，通常只用到了一张数据表，而在大型程序中，通常会用到许多数据表。因此，请大家在本示例中要体会如何使用多张表。

比如在发表新文章时，除了更新 tbBBS 表外，还要同时更新 tbForum 和 tbUsers 表。

（2）数据分页显示的综合处理技术

在一个页面中，如果既要分页，又可以链接到详细页，就会比较复杂。比如，当用户单击某栏目第 2 页的某一篇文章进入详细页，阅读完毕后返回 BBS 列表页时，还应该显示该栏目第 2 页的记录，这样才比较人性化。而这就需要用某种办法记住当前栏目编号（intForumId）和当前数据页（intPage）这两个重要变量。

事实上，在 9.7 节中已经讲过该问题，本示例再一次巩固该方法。其实也很简单，就是不管从哪一页到哪一页，都时刻记住用 URL 后面的查询字符串传递这两个参数。而在 BBS 列表页 bbs_list.asp 就可以随时利用 Request.QueryString 获取这两个参数。

（3）用户管理技术

本示例的用户管理技术其实比较简单。

用户可以在线注册，填写个人信息。然后注册用户可以登录，登录后将用户名和 E-mail 保存到 Session 中，用户在发表文章时就可以用该用户名了。

用户登录后，自然可以随时修改个人信息和密码；如果用户不登录，则只能使用“过客”的名义发表文章。

当用户注销时，将 Session 清空即可。

12.3.3　BBS 论坛的具体实现

本示例文件较多，下面扼要介绍主要内容，请大家结合源文件中的注释仔细体会。

（1）数据库文件 bbs.mdb、数据库连接文件 odbc_connection.asp、配置文件 config.asp、函数文件 function.asp、样式文件 bbs.css

这几个文件类似于 12.1 节的留言板示例，这里不再赘述。不过要注意 function.asp 中的函数 PersonalInfo，它将某用户的信息返回到一个数组中，这样可以在需要的时候方便地调用。

（2）BBS 首页　index.asp

该页面比较简单，主要是利用循环显示所有栏目的超链接，单击超链接就可以进入相应的栏目。

该页面中还会显示用户登录的表单，要注意这里使用了判断语句。如果用户未登录，则显示登录表单和注册按钮；如果已经登录，则显示退出登录、修改个人信息、修改个人密码的超链接。

另外，为了追求美观，在打开注册页面时用的是一个按钮而不是超链接，如：

```
<input type="button" value="注册" onclick="window.open('log_register1.asp','_self')">
```

它和使用超链接的效果实际上是一样的。

（3）BBS 列表页　bbs_list.asp

在首页 index.asp 单击某栏目的超链接，就可以进入 BBS 列表页（参见图 12-5）。在其中会按发表文章时间倒序并分页显示该栏目的文章，不过只显示第 1 层主题文章，不显示第 2 层回复文章。

要注意两个特殊的变量 intForumId 和 intPage，前者用来确定显示哪个栏目，后者用来确定显示哪一页，这两个变量是传递过来的，而且从本页链接到别的页面时，也会将这两个变量传递过去，之后再传递回来。总之，在不同的页面之间要始终记得传递这两个变量。

在两种情况下 intPage 要设为 1：第一就是从首页打开木栏目时，第二是发表新文章后，这样可以确保马上看到新发表的文章。

（4）发表新文章页　bbs_insert.asp

这其实就是一个普通的添加记录的页面，在添加文章时，和留言板示例一样，可以添加不完整的记录。添加文章后，还需要更新另外两个表，以便更新该栏目文章数目和该用户发表文章数目。下面只列出其中部分代码。

清单 12-11　bbs_insert.asp　发表新文章页面的部分代码

```
<%
'如果提交了表单，就执行下面的添加语句
```

```
If Trim(Request.Form("txtTitle"))<>"" Then
    Dim strTitle,strBody,intLayer,intFatherId,intChild,intHits,strIP,strUserId,strEmail,intForumId
    strTitle=myDangerEncode(Trim(Request.Form("txtTitle")))          '返回文章标题
    strBody=myDangerEncode(Request.Form("txtBody"))                  '返回文章内容
    If Session("strUserId")<>"" Then
        strUserId=Session("strUserId")                               '返回作者用户名
    Else
        strUserId="过客"                                   '如果未登录，则统一命名为过客
    End If
    strEmail=myDangerEncode(Request.Form("txtEmail"))                '返回作者 E-mail
    intForumId=Request.Form("txtForumId")                  '获取隐藏文本框传递回来的栏目编号
    intLayer=1                                             '这是第一层
    intFatherId=0                                          '因为是第一层，父编号设为 0
    intChild=0                                             '回复文章数目为 0
    intHits=0                                              '点击数为 0
    strIP=Request.ServerVariables("REMOTE_ADDR")           '作者 IP 地址
    '以下将发表文章保存到数据库
    Dim sqlA,sqlB,strSql
    sqlA="Insert Into tbBbs(strTitle,intLayer,intFatherId,intChild,intHits,strIP,strUserId,
    dtmSubmit,intForumId"
    sqlB = "Values('" & strTitle & "'," & intLayer & "," & intFatherId & "," & intChild & "," &
    intHits & ",'" & strIP & "','" & strUserId & "',#" & Now() & "#," & intForumId
    If strBody<>"" Then                                    '如果有内容，则添加
        sqlA = sqlA & ",strBody"
        sqlB = sqlB & ",'" & strBody & "'"
    End If
    If strEmail<>"" Then                                   '如果有 E-mail，则添加
        sqlA = sqlA & ",strEmail"
        sqlB = sqlB & ",'" & strEmail & "'"
    End If
    strSql = sqlA & ") " & sqlB & ")"
    conn.Execute(strSql)
    '下面将该栏目的文章数加 1
    strSql="Update tbForum Set lngForumCount=lngForumCount+1 Where ID = " & intForumId
    conn.Execute(strSql)
    '下面将该用户的发表文章数加 1
    strSql="Update tbUsers Set intArticle=intArticle+1 Where strUserId='" & strUserId & "'"
    conn.Execute(strSql)
    '关闭对象
```

```
        conn.Close
        Set conn=Nothing
        '重定向回 BBS 列表页，请记住再将当前栏目号码传递回去
        Response.Redirect "bbs_list.asp?intForumId=" & Request.Form("txtForumId")
    End If
    %>
```

程序说明

① 添加文章的 SQL 语句比较复杂，不过和留言板中添加留言的思想是一样的，请大家参考 12.1.3 节中的解释。

② 请注意本示例中传递栏目编号 intForumId 变量的方法。首先将传递过来的 intForumId 存放在隐藏文本框中，然后提交表单后，再传递回 BBS 列表页。

③ 由于发表新文章后返回 BBS 列表页时应该显示第 1 页，所以这里不必传递 intPage 变量。

（5）BBS 详细页 bbs_particular.asp

在图 12-5 中单击某一篇文章的主题，就可以进入该文章的详细页。首先会根据传递过来的文章 ID，将本文章的点击数增加 1。

这之后将文章及回复文章全部列出来。其中显示记录时略微复杂一些，每一条记录用 2 行 2 列的表格显示，其中会显示关于文章和作者的一些信息。在显示作者个人信息时，会调用 config.asp 中的函数，获取个人信息数组。

在本页面下方，还会显示一个回复表单，用户在其中输入内容后，就提交到 bbs_reinsert.asp 中，并执行回复操作。

另外，要注意在回复表单中，会将几个重要的变量用隐藏文本框传递过去。

（6）回复文章页 bbs_reinsert.asp

当在 bbs_particular.asp 中提交回复表单后，就会打开本页面。其中就是添加一条记录，并且更新相关的表。

添加记录的语句和在 bbs_insert.asp 中的操作是非常相似的，不过要注意回复文章需要填写正确的父文章 ID。

因为回复文章并返回 BBS 列表页时，一般希望还显示原来的数据页，所以最后要将 intForumId 和 intPage 都传递回去。

以上是关于文章的几个文件，下面是关于用户管理的文件。

（7）用户注册文件 log_register1.asp、log_register2.asp 和 log_register3.asp

用户注册过程实际上就是在 tbUsers 表中增加了一条记录，本示例将其分为了 3 步。

首先在 log_register1.asp 中要注册用户名和密码，其次要注意会使用客户端 JavaScript 验证，使得输入的用户名和密码符合要求，最后添加记录前要注意判断该用户名是否已经存在。下面列出其主要代码。

清单 12-12　log_register1.asp　用户注册第一步的主要代码

```
<%
'各项验证正确无误，则可继续注册，否则返回
If Request("txtUserId")<>"" Then
    '下面首先获取提交的用户名和密码
    Dim strUserId,strPwd
    strUserId=Request.Form("txtUserId")
    strPwd=Request.Form("txtPwd")
    '以下检查该用户是否已经存在，如存在，则需要更换用户名
    Dim strSql,rs
    strSql="Select * From tbUsers Where strUserId='" & Request.Form("txtUserId") & "'"
    Set rs=conn.execute(strSql)
    If Not rs.Eof And Not rs.Bof Then
        Response.Write "<p align='center'>提示：已有人使用该用户名,请重新填写</p>"
    Else
        strSql="Insert Into tbUsers(strUserId,strPwd) Values('" & strUserId & "','" & strPwd & "')"
        conn.execute(strSql)
        Session("strUserId")=strUserId                    '记住用户名，以备后面使用
        Response.Redirect "log_register2.asp"             '重定向到下一个页面
    End If
End If
%>
```

程序说明：由于下一个页面还会用到用户名，所以这里将注册的用户名保存到Session 中待用。这也是不同页面之间传递数据的一种方法，相对于利用 URL 后的查询字符串来说，用 Session 更安全。

注册用户名和密码后，就会打开 log_register2.asp，用户可在此填写个人的详细信息，提交表单后，就利用 Update 语句更新信息。下面来看其中的主要代码。

清单 12-13　log_register2.asp　用户注册第二步的主要代码

```
<%
If Request.Form("txtName")<>"" And Request.Form("txtEmail")<>"" Then
    Dim strUserId,strSql
    strUserId=Session("strUserId")                        '从 Session 中获取用户名
    '因为有的字段是允许忽略的，所以下面要根据情况来建立 SQL 语句
    '首先更新肯定有的字段值，下面 4 行也可以写在一行中，这样写是为了看得更清楚
    strSql="Update tbUsers Set strName='" & Request.Form("txtName") & "'"
    strSql=strSql & ",strEmail='" & Request.Form("txtEmail") & "'"
```

```
        strSql=strSql & ",strSex='" & Request.Form("rdoSex") & "'"
        strSql=strSql & ",dtmSubmit=#" & Date() & "#"
        '下面根据是否提交了信息，从而更新相应字段值
        If Request.Form("txtQQ") <> "" Then
            strSql=strSql & ",strQQ='" & Request.Form("txtQQ") & "'"
        End If
        If Request.Form("txtTel") <> "" Then
            strSql=strSql & ",strTel='" & Request.Form("txtTel") & "'"
        End If
        If Request.Form("txtIntro") <> "" Then
            strSql=strSql & ",strIntro='" & Request.Form("txtIntro") & "'"
        End If
        strSql=strSql & " Where strUserId='" & strUserId & "'"
        conn.Execute(strSql)
        '关闭对象
        conn.close
        set conn=Nothing
        Response.Redirect "log_register3.asp"              '重定向到下一页
    End If
    %>
```

程序说明

① 这里建立 Update 语句的方法和添加文章时的 Insert 语句非常类似，也是根据是否提交了信息在 Update 语句中添加相应的字段。请参考 12.1.3 节中的解释。

② 要注意本页需要使用上一页通过 Session 传递过来的用户名。

更新个人信息后会进入第三步，打开 log_register3.asp，不过该文件只是简单地告诉用户注册成功了。

（8）用户登录和注销文件 log_in.asp 和 log_out.asp

用户注册后，就可以在 BBS 首页输入用户名和密码登录了，在 log_in.asp 中会检查该用户名和密码是否正确，如果正确，会将用户名和密码保存到 Session 中，然后重定向回首页即可。这就表示用户已经登录，可以用该用户名发表文章了。

至于注销，则更简单，只是利用 Session.Abandon 语句将 Session 清空而已。

（9）用户修改密码和个人信息文件 log_updatePwd.asp 和 log_update.asp

当用户在首页登录后，就可以打开这两个文件修改个人密码和个人信息了。

其中 log_updatePwd.asp 先判断旧密码是否正确，如果正确，就更新为新的密码。

log_update.asp 和 log_register2.asp 非常类似，都是利用 Update 语句来更新记录。不过这里稍微复杂一些，比如对于 QQ 号码，如果用户原来填写了 QQ，现在将其删除了，就需要用 NULL（也可以用空字符串）将其清空。例如：

```
<%
    If Request.Form("txtQQ") <> "" Then
        strSql=strSql & ",strQQ='" & Request.Form("txtQQ") & "'"
    Else
        strSql=strSql & ",strQQ=NULL"
    End If
    %>
```

12.4　本章小结

本章列举了网上最常见的 3 个例子，留言板、聊天室、BBS 论坛，虽然没有精雕细琢，但基本上将重要内容都讲明白了。请大家重点掌握本章要点中指出的关键技术。

其实，网络程序并不难，关键是如何综合运用各种技术。请大家自己到网上下载更多的示例来学习。

习题 12

1. 问答题

（1）本章在对文本进行 HTML 编码时是在读取记录时进行的，那么是否可以在添加记录之前对文本进行编码处理呢？两者有什么区别？

（2）使用 8.3.2 节、9.4.4 节和 12.1 节的方法添加不完整记录时，有什么区别？

（3）在聊天室中可以用数据库或文本文件保存聊天信息和在线人员名单吗？

（4）在本章聊天室中，如果用户进入聊天室后一直没有发言，那么过 3 分钟后从在线人员名单中他会被删除吗？

（5）如果关闭了服务器，聊天室中的聊天信息会保留下来吗？

（6）在 Session_OnEnd 事件中可以使用 Server.MapPath 和 Request.ServerVariables 吗？

（7）在 BBS 中，都是利用 URL 后的查询字符串传递栏目编号和页码，还有什么别的方法吗？

（8）在 BBS 的 log_register1.asp 中，可以将用户名附在 URL 后面的查询字符串中传递到 log_register2.asp 中吗？两者有什么区别？（提示：用户可以自己修改显示在浏览器地址栏中的查询字符串）

2. 实践题

（1）在本章留言板示例中，请进行以下修改。

① 保存到数据库的同时，给站长发一封 E-mail 通知。

② 增加站长回复功能，站长可以对每条留言进行回复（提示：增加一个字段，专门用来存放回复信息）。

③ 尝试将首页修改为分页显示（提示：此时就要注意传递页码参数）。

（2）在本章聊天室示例中，请进行以下修改。

① 在聊天室中不允许发言者使用 HTML 代码（提示：对输入文本进行处理）。

② 在其中添加更多的说话颜色和表情。

③ 增加一个姓名颜色框，可以添加姓名颜色。

④ 添加私聊功能，可以对指定的人说话（提示：此时的聊天信息字符串处理操作非常复杂）。

⑤ 可以添加多个聊天房间（提示：添加房间后，所有保存的信息要注意分房间保存）。

（3）在本章 BBS 论坛示例中，请进行以下修改。

① 添加论坛管理模块，可以在线添加和删除栏目，可以设置版主。

② 版主可以删除文章或置顶文章。

③ 添加用户管理模块，可以在线删除用户。

（4）（选做题）在本章聊天室示例中，用数据库文件保存在线人员名单。

（5）（选做题）在本章聊天室示例中，如果不使用 Global.asa，如何来删除用户？请编程实现（提示：在用户关闭浏览器时执行删除操作）。

附录A　常见问题答疑

（1）为什么所有的ASP文件都不能正常显示

可能是没有正确安装运行环境，请参考第1章中有关内容安装运行环境，并通过浏览器访问自己的ASP文件。

（2）怎样解决HTTP 500错误

该错误的原因和解决方法都比较复杂，要想彻底解决，请参考支持网站的说明或在网上搜索解决方法，有很多介绍。

无论是哪种解决办法，都需要先确保IIS中允许浏览器显示错误信息，设置方法为：打开IIS管理器，在中间区域的功能视图中，先选择“ASP”，然后在右侧操作区，单击“打开功能”，依次选择【编译】|【调试属性】|【将错误发送到浏览器】，在下拉列表中选择“True”，最后在右侧操作区单击【应用】按钮。

（3）为什么我的数据库总是连接不上

通常是数据库连接字符串的原因。首先检查数据库文件的路径或数据源的名字是否正确；其次要注意，如果采用ODBC的连接方式，Driver和(*.mdb)之间一定要有一个空格；最后因为Access数据库的ODBC连接方式有时可能不稳定，请大家采用基于OLE DB的连接方式，也就是第9章和第12章例子中广泛采用的连接方式。

（4）为什么我的数据库程序只能查询记录，不能添加、删除和更新记录

常见错误提示信息：“操作必须使用一个可更新的查询”，这主要是数据库的权限问题。

对于数据库文件，如果涉及写操作，就要去掉该文件的只读属性。此外，如果采用了NTFS文件系统，还需要将该文件设置为“IUSR、IIS_IUSRS”用户可以完全控制。具体请参考8.2.2节介绍。

（5）为什么查询、添加、删除和更新记录的操作总不能正确执行

通常是因为SQL字符串的原因。要注意，最后建立的字符串中文本型字段值两边要加引号；日期字段值两边加#号（SQL数据库中为引号）；数字、布尔型字段两边什么都不加。详细解释请参考本书支持网站中的SQL专门文章。

利用表单添加记录时要注意，如果用户输入的文本中包含单引号，就会和SQL字符串中的单引号发生冲突，此时可以如12.1节示例一样将单引号替换为连续两个单引号，或者采用9.4.4节的方法添加记录。

此外，在调试时，大家可以利用“Response.Write strSql”语句在页面上显示最后建立的SQL字符串，并复制到Access查询窗口中检查错误。

（6）为什么不能上传文件或对服务器端的文件进行操作

原因同（4）。在对服务器端的文件或文件夹进行写操作时，也要参考 8.2.2 节对该文件或文件夹设置相应的权限。

（7）如何让通过表单提交的文本实现换行

这需要用到 Replace 函数，将用户输入的回车符替换为 HTML 中的换行标记
，为了更美观，还可以将空格替换为字符实体 。具体请参看 12.1 节示例。

（8）关于标点符号

双引号（"）：一般在用到字符串时，一定要用双引号或单引号括起来，但当双引号嵌套使用时，内层双引号要用单引号代替，或者用两个双引号代替。

斜杠和反斜杠（/和\）：在写文件路径时，斜杠和反斜杠一般是没有区别的，不过网络文件路径一般可用/。

方括号（[和]）：在本书语法中，凡是用方括号括起来的，表示可以省略。

（9）什么是相对路径和绝对路径

其实在过去最初接触操作系统时，大家就熟悉了相对路径和绝对路径的关系，知道凡是以“/”开头的路径就是绝对路径，表示从根目录开始，而没有以“/”开头的路径就是相对路径，表示从当前目录开始。

在网页设计中也是类似的，只不过这里的根目录不是通常的 C:或 D:的根目录，一般是 C:\inetpub\wwwroot，根目录从这里算起。

下面举一个较详细的例子。假设目录结构如图 A-1 所示。

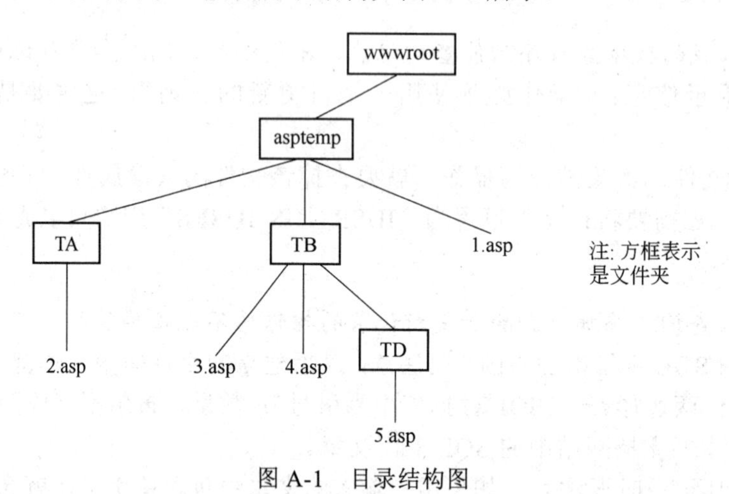

图 A-1　目录结构图

假设要在文件 3.asp 中分别链接到其他的 ASP 文件，注意其他 ASP 文件和 3.asp 的关系，1.asp 在上一层文件夹中，2.asp 在另外一个文件夹中，4.asp 和它位于同一个文件夹，5.asp 位于下一层文件夹中。

下面先用相对路径的方法写：

清单附录 A-1　3.asp　显示超链接

```
<html>
<body>
    <a href="../1.asp">1.asp</a>
    <a href="../TA/2.asp">2.asp</a>
    <a href="4.asp">4.asp</a>
    <a href="TD/5.asp">5.asp</a>
</body>
</html>
```

程序说明

① 如果用相对路径的方法写，../表示回上一层，如果再往上一层的话，就是../../了。
② 如果是当前文件夹的下一层文件夹，就直接写文件夹名称了。
③ 如果在同一个文件夹中，直接写文件名就行了。

下面再用绝对路径的方法写：

清单附录 A-2　3.asp　显示超链接

```
<html>
<body>
    <a href="/asptemp/1.asp">1.asp</a>
    <a href="/asptemp/TA/2.asp">2.asp</a>
    <a href="/asptemp/TB/4.asp">4.asp</a>
    <a href="/asptemp/TB/TD/5.asp">5.asp</a>
</body>
</html>
```

程序说明

① 如果是绝对路径，必须以“/”开头，从 wwwroot 算起。
② 如果用相对路径，移植就比较方便。但用绝对路径，写起来比较简单。

（10）什么是虚拟路径和物理路径

物理路径就是文件在服务器上实实在在的路径，比如，对于上面的 3.asp 来说，它的物理路径就是：C:\inetpub\wwwroot\asptemp\TB\3.asp。而虚拟路径一般指的就是上面说的相对路径和绝对路径。

在客户端的 HTML 中，通常使用虚拟路径；但在存取数据库和服务器端文件操作时通常使用物理路径。此时可以用 Server.Mappath 方法将虚拟路径转换为物理路径。具体请参考 6.2.5 节示例。

（11）什么是父路径

所谓父路径，就是指上一级文件夹。一般用“../”表示，如果再往上一层的话，就是“../../”了。比如前面清单附录 A-1 中的“../1.asp”，其中“../”就表示文件 3.asp 的上一级文件夹，也就是文件夹 asptemp，“../1.asp”，就表示上一级文件夹中的文件 1.asp，也就是文件夹 asptemp 中的 1.asp。

使用父路径时可能会出错，这是因为 IIS6.0 以上版本安装后默认是不支持父路径的，所以需要手动启用父路径。步骤如下：在“控制面板”的“管理工具”中打开 IIS 管理器（见图 1-6），在 IIS 管理器的中间区域选择“ASP”，在右侧“操作”区域选择“打开功能”，就会出现如图 A-2 所示的对话框，在其中的“启用父路径”下拉框中选择“True”即可。

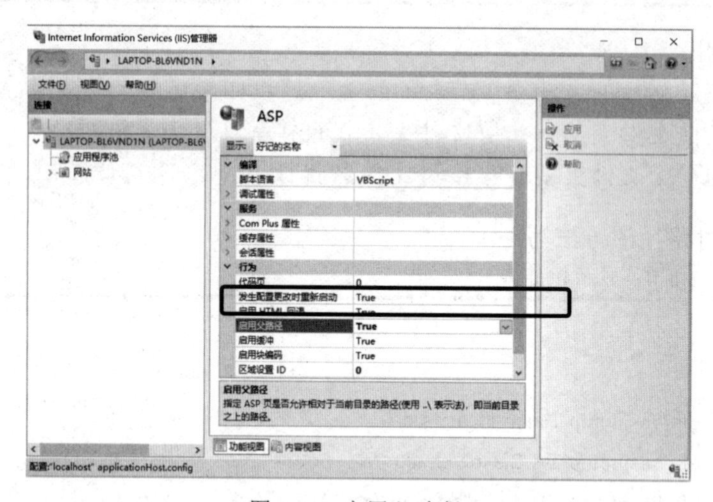

图 A-2　启用父路径

（12）为什么我的页面经常出现乱码

在浏览器中访问 ASP 文件时，有时候会出现乱码，这主要是文件的编码格式引起的。因为不同的浏览器对编码格式的支持有一些差异，有时就会导致乱码现象。

解决这个问题的方法如下：第一，在编辑 ASP 文件时，如 1.3 节所讲，将文件的编码格式转换为“GB2312”。或者如 1.4.2 节所讲，在保存文件时，选择编码格式为“GB2312”；第二，如果还有乱码问题，就在 ASP 文件的头部<head>…</head>中增加以下语句，基本上就没有问题了：

```
<meta charset="GB2312">
```

---

① 文件头部中的<meta>标记一般可以省略，如果省略，这里的 charset 属性值默认和文件的编码格式是一样的；

② 如果不省略，那么 charset 的属性值必须和文件的编码格式一致，这里都是“GB2312”。如果不一致，就会出现乱码；

③ 也可以用别的编码格式，如“UTF-8”，不过作为初学者，建议大家就用“GB2312”，不容易出问题。

（13）为什么对数据库操作时程序不稳定

大家在测试 8-1.asp 等对数据库操作的 ASP 文件时，可能会发现程序不稳定，时而可以成功，时而发生错误。解决该问题的方法如下。

第一步：打开 IIS 管理器（参见图 1-6），在左侧选择“应用程序池”，然后在中间选择“DefaultAppPool”，就会出现如图 A-3 所示的“应用程序池”对话框。在其中右侧单击【高级设置】，然后在弹出的“高级设置”对话框中的“启用 32 位应用程序”下拉框中选择“True”，然后单击【确定】按钮即可。

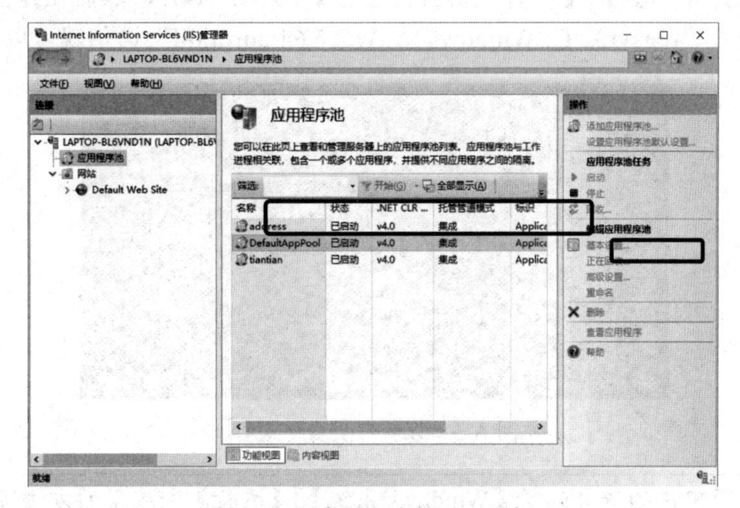

图 A-3 “应用程序池”对话框

第二步：在图 A-3 中右侧先单击【停止】，然后再单击【启动】，这样就可以重新启动应用程序池。

第三步：在图 A-3 中左侧选择“Default Web Site”，然后就会出现如图 A-4 所示的“主页”对话框（实际上就是图 1-6），在其中右侧先单击【停止】，然后再单击【启动】，或者单击【重新启动】也可以，这样就可以重新启动网站。

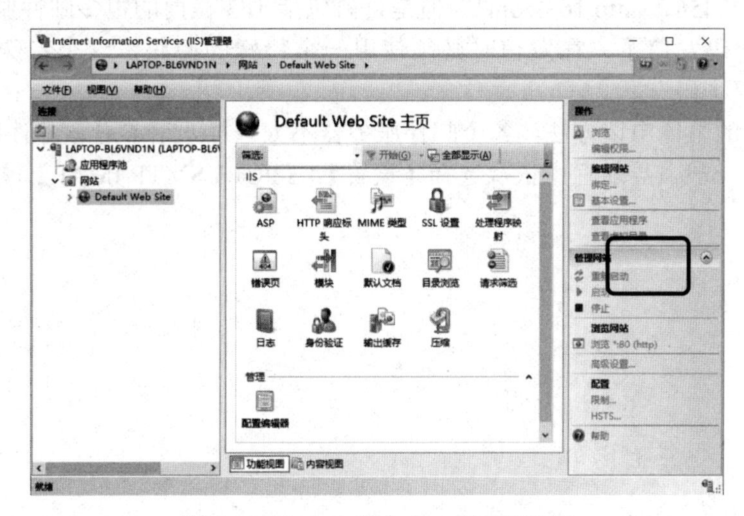

图 A-4 Default Web Site 主页对话框

简单地说，就是首先设置使 ASP 支持 32 位应用程序，然后重新启动网站和应用程序池，基本上就可以解决程序运行不稳定的问题。

（14）为什么注册组件时会报错

在 10.2 节注册组件时（其他节类似），如果出现错误，首先应检查拼写是否有错误。

其次，可能是因为需要用管理员的身份注册组件才行，方法如下：单击屏幕左下角的【开始】图标，然后在应用列表中单击【Windows 系统】，然后在下面对准【命令提示符】单击右键，依次选择【更多】|【以管理员身份运行】（见图 A-5），然后在弹出的“命令提示符”对话框中输入“regsvr32 C:\Windows\SysWOW64\adrot.dll”语句就可以注册组件了。

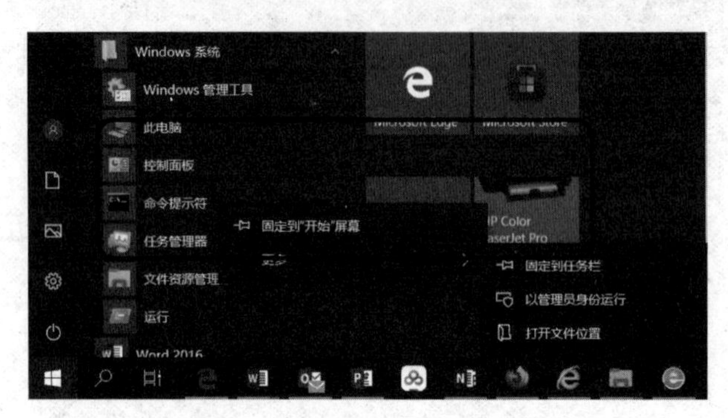

图 A-5　以管理员身份运行

> 10.2 节中讲的依次选择【Windows 系统】|【运行】和这里的方法实际上是一样的，都是调用“命令提示符”来注册，只不过这种方法可以用管理员身份运行。

（15）发送邮件服务时的 SMTP 服务授权密码是什么

在 11.2.2 节讲解了 W3Jmail 组件的 Send 方法，具体格式为“jmail.Send "用户名:SMTP 服务授权密码@发信服务器"”，这里的 SMTP 服务授权密码是什么呢？

早期的邮件服务器要求比较简单，就用自己邮箱的用户名和密码就可以了，比如“jmail.Send "aspbook:123456@smtp.163.com"”，但是目前包括 163 在内的很多邮件服务器都不再允许使用普通的密码发信了，在发信时必须使用一个特殊的密码，这个特殊的密码就叫作“SMTP 服务授权密码”。

关于该密码的具体申请方法，各个邮件服务器不太一样，请参看该邮件服务器的说明。在 163 信箱中，一般在导航栏中依次选择【设置】|【POP3/SMTP/IMAP】就可以申请了。

附录B 本 书 约 定

（1）关于对象的属性示例

许多对象的属性是读/写的，也就是说可以读取，也可以赋值。比如对于 Server 对象的 ScriptTimeOut 属性就有下面两种用法：

```
Server.ScriptTimeOut=300                    '赋值示例
intA=Server.ScriptTimeOut                   '读取示例
```

不过，限于篇幅，本书在表格的示例中只是举了最常用的例子（请参见表 6-1），并没有面面俱到地举例。

另外，在举属性的读取示例时，通常用 intA、strA、blnA、objA、varA 变量来获取返回的值。不同的前缀表示返回值的数据子类型，对于不确定类型的则用 varA。

（2）关于对象的方法示例

有的方法并不返回值，所以在举例时直接调用即可，比如：

```
Server.Execute "6-5.asp"                    '转去执行 6-5.asp 文件
```

而有的方法会返回值，在举例时一般也用 intA、strA、blnA、objA、varA 变量来获取返回的值，前缀意义同属性。比如：

```
strA=Server.HTMLEncode("<br>")              '转化 HTML 代码
```

有些方法可以返回值，也可以不返回值。对于这样的方法，本书在表格中通常只举最常用的例子。

（3）关于对象的方法中的括号

在使用对象的方法时，通常情况下可以使用括号，也可以不使用括号，例如，下面两句都是正确的：

```
Response.Write "abc"
Response.Write("abc")
```

不过，不同 IIS 版本的规定有所不同，比如 IIS 5.1 中，当方法带有多个参数时，通常不能使用括号，而有的版本就可以。

为了统一，本书大部分情况下都没有使用括号。不过，如果某个方法要返回值时，则一定要使用括号，如：

```
strA=Server.HTMLEncode("<br>")
```

大家在实际开发时可以反复测试一下。

（4）关于关闭数据库连接对象的语句

本书中很多例子都没有添加关闭数据库连接对象的语句，主要是为了节省篇幅，大家最好都加上。

参考文献

[1] CHAPMAN D．Visual Basic 5 Web 开发人员指南．沈刚，刘景华，孙彦华，译．北京：机械工业出版社，1998.

[2] ANDERSON R，BLEXRUD C．ASP3 高级编程．刘福太，张立民，译．北京：机械工业出版社，2000.

[3] VIEIRA R．SQL Server 2005 编程入门经典．叶寒，管贤平，译．2 版．北京：清华大学出版社，2007.

[4] JOHNSON S．Active Server Pages 详解．新智工作室，译．北京：电子工业出版社，1999.

[5] WALTER S．Active Server pages 2.0 揭秘．希望图书创作室，译．北京：北京希望电子出版社，2000.

[6] 石志国，李颖，薛为民．ASP 程序设计．北京：北京交通大学出版社，2005.

[7] 刘杰，魏志宏．网站开发新动力：用 ASP 轻松开发 Web 网站．北京：北京希望电子出版社，2000.

[8] 李世杰．Active Server Pages（ASP）2.0 网页设计手册．北京：清华大学出版社，1999.

[9] 杨珏，卢银娟．JSP 网络技术．北京：人民邮电出版社，2001.

[10] 汪晓平，吴勇强，张宏林．ASP 网络开发技术．北京：人民邮电出版社，2000.

[11] 周中雨，钟北京．Active Server pages（ASP）网页制作指南．北京：清华大学出版社，2000.

[12] 尚俊杰，姬虹，张益贞．信息技术应用基础．北京：中国铁道出版社，2004.

[13] 尚俊杰．网络程序设计：ASP．2 版．北京：北京交通大学出版社，2004.

[14] 尚俊杰．网络程序设计：ASP 案例教程．北京：北京交通大学出版社，2005.

[15] 尚俊杰．网络程序设计基础．北京：北京交通大学出版社，2003.

[16] 邹天思，孙明丽，庞娅娟．ASP 开发技术大全．北京：人民邮电出版社，2008.

[17] 易昭湘，聂元铭，杨眉．专家门诊：ASP 开发答疑．北京：人民邮电出版社，2005.

[18] 姜晓铭．VBScript 编程指南．北京：中国石化出版社，2000.

[19] 清源计算机工作室．ASP 动态网站设计与制作．北京：机械工业出版社，2000.

[20] 廖彬山，高峰霞．ASP 动态网站开发教程．北京：清华大学出版社，2000.

[21] 缪蓉．网络技术与教育技术．北京：北京大学出版社，2005.

[22] 谭浩强．C++程序设计．北京：清华大学出版社，2004.

[23] 谭浩强．C 程序设计．3 版．北京：清华大学出版社，2006.

[24] 薛元昀，顾佳英．网页数据库设计与发布．北京：清华大学出版社，1999.

[25] 薛凤武，周诺．VBScript 5.0 实践与提高．北京：中国电力出版社，2002.